教育部高等学校测绘类（含地理信息）专业教学指导委员会规划教材

空间数据库原理

Principle of Spatial Database

李　霖　蔡忠亮　尹章才　万　幼 **主编**

测绘出版社

·北京·

内容简介

空间数据库是地理信息科学的基础性知识。本书从空间信息与数据库两个视角出发,结合当前空间数据库的理论与应用现状,阐述了空间数据库的基本概念、基本原理和基本实现方法,主要包括空间数据库的体系结构、空间数据模型、空间索引及其查询和优化、空间数据的共享与互操作等,以及空间数据库设计、空间数据仓库、三维空间数据模型等内容。

本书可作为高等院校地理、大气、海洋、地质、测绘、土木、水利、矿业、建筑、规划、环境等专业的本科生和研究生教材,同时也可供相关专业的科技工作者阅读参考。

图书在版编目(CIP)数据

空间数据库原理 / 李霖等主编. – – 北京：测绘出

版社,2023.7

教育部高等学校测绘类(含地理信息)专业教学指导

委员会规划教材

ISBN 978-7-5030-4472-4

Ⅰ.①空… Ⅱ.①李… Ⅲ.①空间信息系统－高等学

校－教材 Ⅳ.①P208

中国国家版本馆 CIP 数据核字(2023)第 068248 号

空间数据库原理

Kongjian Shujuku Yuanli

责任编辑	巩　岩	执行编辑	安　扬	封面设计	李　伟	责任印制　陈姝颖

出版发行	测绘出版社	电　话	010－68580735(发行部)
地　址	北京市西城区三里河路 50 号		010－68531363(编辑部)
邮政编码	100045	网　址	www.chinasmp.com
电子邮箱	smp@sinomaps.com	经　销	新华书店
成品规格	184mm×260mm	印　刷	北京建筑工业印刷厂
印　张	15.5	字　数	380 千字
版　次	2023 年 7 月第 1 版	印　次	2023 年 7 月第 1 次印刷
印　数	0001－2000	定　价	48.00 元

书　号	ISBN 978-7-5030-4472-4

本书如有印装质量问题,请与我社发行部联系调换。

前　言

　　空间数据库是一项存储与管理地理空间数据的技术,包含空间数据对象的存储、访问、更新、维护等。随着地理信息系统在国民经济诸多领域的迅猛发展,作为核心的空间数据库管理技术也得到持续发展,从仅针对二维空间对象发展到包含三维空间对象,从仅针对静态空间对象延伸到包含动态空间对象。基于此,本教材以面向二维空间对象的数据模型、数据结构、数据访问与查询等空间数据库技术为基石,系统阐述了空间数据库的原理与方法,并对三维空间数据模型的相关知识做了简要介绍,也引入了时态数据模型和动态对象管理的基本技术特征。

　　全书共分 10 章。第 1 章空间数据库基本概念,从地理空间概念出发,简单介绍空间数据、空间数据库的基本特征以及空间数据库的发展状况。第 2 章空间数据库体系结构,基于地理空间现象建模,介绍空间数据库体系结构、组成以及基本功能。第 3 章空间数据模型,基于空间实体的概念,介绍常用的空间数据模型和数据结构。第 4 章空间索引,从二维空间线性化的角度,介绍填充曲线原理和几种重要的空间索引方法(网格、R 树、四叉树等)。第 5 章空间数据库查询与优化,基于 SQL 机制,介绍空间查询、空间操作和面向空间对象的查询描述,并且在空间索引机理上,简单介绍查询优化的基本原理和过程。第 6 章空间数据共享与互操作,通过引入共享与互操作的概念,介绍基于格式转换和基于互操作的空间数据共享方法,简单介绍共享平台的概念和空间数据共享技术标准化的基本情况。第 7 章空间数据仓库与数据挖掘,概略介绍空间数据仓库技术和面向空间数据挖掘的基本原理。第 8 章空间数据库设计,依据一般数据库开发工程的框架,简要介绍空间数据库设计的基本原则、流程,以及建库过程和数据库维护的基本要求。第 9 章三维空间数据模型,根据目前空间数据库的管理需要及三维数据的发展需求,介绍三维空间数据的基本特征和几种常用的三维空间数据模型,简要介绍应用比较广泛的 CityGML 数据模型。第 10 章空间数据管理技术发展趋势,基于空间数据库管理需要面向动态性的发展趋势,简单介绍面向时空数据库应用的核心技术——时空数据模型,着重介绍移动数据库管理的基本机制。

　　本教材可用于与地理信息科学相关的本科专业的教学,也适用于地理空间信息领域相关人员的自学和参考。由于笔者水平有限,书中难免存在不足之处,恳请读者批评指正!

目　录

第1章 空间数据库基本概念

空间数据库首先是数据库,然后才是空间数据的数据库。之所以提出空间数据库的概念,主要是因为通用数据库难以满足对空间数据进行有效组织、存储、管理、索引、查询等的需要,或者说,适用于非空间数据的通用数据库不太适合空间数据的管理与维护。在数据库领域,空间数据区别于一般非空间数据的本质特性主要包括非结构化、时空多维、多尺度、嵌套以及海量等。通用数据库技术与空间数据的本质特征,在相互作用、相互渗透的过程中,逐渐形成和发展了空间数据库技术。

空间数据库是空间数据的集合,是一类以空间目标为存储对象的专业数据库。由于地理信息系统(geographic information system, GIS)采集的数据为空间数据,即与空间位置有关的数据,因此空间数据库通常是地理信息系统在计算机物理存储介质上存储的与应用相关的空间数据的集合。空间数据库的历史可以追溯至 20 世纪 70 年代,当时人们在计算机辅助地图制图与遥感图像处理活动中,涉及大量的空间数据及其表示、存储、管理和检索等需求;然而,传统数据库如文件数据库、关系数据库等在处理空间数据时存在诸多不足,如无法有效支持复杂的图形、图像等空间几何对象,在克服这些不足的过程中逐步形成了空间数据库相关技术。空间数据库已广泛应用于土地利用、资源管理、环境监测、交通运输、城乡规划等领域。本章主要介绍空间数据库的基本概念、基本内容和基本功用。

1.1 引　言

1.1.1　个体层面的空间数据库

每天早上打开手机,手机与通信基站、无线局域网路由器(通过 WiFi)相连。基站和路由器具有空间位置,利用这些位置能估算出连接手机的位置。在出行方面,当人们使用共享单车或电动车时,共享交通软件会实时记录轨迹;当人们乘坐公共交通(如公交、地铁、火车、飞机)时,会留下刷卡数据,包括刷卡的时间和地点;当人们出行使用导航时,系统也会留下时空轨迹。在消费方面,当人们购物或取钱汇款时,会留下时间和地点的记录;当超市有打折信息时,途经该超市的顾客会接收到短信,这应用到移动空间数据库为超市商家提供的实时位置;当人们订购快餐、商品、服务时,商家会提供可以跟踪查询快递的时空信息。在使用网络方面,当人们异地登录社交软件时,服务商会提醒异地登录;当人们通过搜索引擎查询天气时,系统会将本地的天气查询结果排在最靠前的位置;当人们使用手机上的软件应用程序时,应用程序常常会询问是否同意获取地址;当人们查询家乡的经纬度时,地理编码服务能根据地名给出经纬度信息。此外,身份证、户口簿都有位置信息,并存储在相应的系统中。

共享单车服务商根据长期的用户使用大数据,会预测未来一段时间共享单车在每个区域位置的需求量,并提前平衡各地的共享单车供给量。经过长期的统计分析,个体的时空轨迹可以形成个体的出行模式,并能识别出个体感兴趣的空间区域。大量个体的时空轨迹,可以生成热点区域以及动态变化。

空间数据无处不在。据不完全统计,空间信息占日常生活信息的 80%。专门存储空间数据的数据库称为空间数据库,是上述各类空间数据应用的基础。

1.1.2　社会层面的空间数据库

据人民网报道,我国于 2014 年建成全球最大空间数据库。第二次全国土地调查(简称"二次调查")建成了全国土地利用基础数据库,涵盖了每一块土地的用途、权属、界线、面积,以及所有基本农田地块信息、各级行政区域界线,首次实现了对全国土地利用状况的数字化管理、三维浏览、动态查询和快速汇总分析。二次调查的重大成果之一在于实现了全国土地利用管理数字化。土地调查数据库在自然资源管理工作中发挥了重要的基础保障作用,也为其他领域重大工作提供了广泛服务。

1. 建成全球最大空间数据库

第二次全国土地调查按照统一的标准,自下而上建成了县、市、省、国家四级土地调查数据库。数据库由遥感影像数据、土地利用图形数据和属性数据构成。国家级数据库于 2009 年建设完成,是我国首个覆盖全国的空间数据库,也是全国最大的矢量空间数据库。

为维护调查成果的现势性,原国土资源部在 2009 年 12 月 31 日标准时点数据基础上,按照二次调查的工作制度、分类标准、组织流程和技术手段,建立了土地变更调查机制,使数据库内的各类土地数据保持"新鲜"。

2. 为自然资源"一张图"提供核心数据

土地调查数据库的建成,使全国土地有了"一本账",每一块土地的信息都登记在案,并能够随时调取。全国耕地总量是由全国数据库中 6 163 万个地块汇总得到的,每个地块的权属、范围、面积及遥感影像都可随时调取。土地调查数据库的建成,实现了对地块的精细化管理,为提升自然资源管理水平打下了坚实基础。

同时,土地调查数据库还为国家土地督察机构在线督查系统提供了基础数据。这些数据成为督察机构内业审查和外业核查的重要依据。例如,督察人员在进行实地核查时,手持一台便携式终端,接收的就是土地调查数据库的数据,可精确显示所在地块的权属、界线、面积、用途及遥感影像等各种信息,将这些信息对照土地实际现状,是否存在违法行为一目了然。

此外,土地调查数据库还为自然资源管理工作提供了多项数据服务,如耕地和建设用地等分地类数据抽取、专题调查数据制作、指定坐标范围的土地利用数据查询分析等。这些专项数据为建设用地审批、土地规划、地质调查、地质环境监测、土地整治等工作提供了基础数据保障。

3. 为多个领域和行业提供服务

全国土地调查工作是国务院部署开展的重大的国情国力调查,摸清了我国土地资源家底,相关调查成果也服务于各行各业,如农业、林业、畜牧业、民政、水利、环保、统计、规划、建设、公安、消防、税务、铁路、交通、电信、电力、石油、应急、灾后重建等行业得到广泛使用。

1.2　空间数据

空间数据是地理信息系统的核心和血液,这是因为地理信息系统的操作对象是空间数据,具体操作包括对空间数据进行采集、组织、存储、索引、查询、分析、可视化、输出等。空间数据不仅是地理信息系统的核心,还是云计算和大数据时代中空间信息服务的核心。因此,设计和使用地理信息系统、空间信息服务的首要任务就是获取空间数据并创建空间数据库。

1.2.1　空间数据概念

空间数据是空间信息的外延,空间信息则是空间数据的内涵。空间信息与空间数据中的"空间"分别是对信息和数据所属范围的限定。

1. 数据和信息

数据是信息的外延,即由信息所指的事物共同组成的类;信息是数据的内涵,即数据的特有属性的反映。

1)数据

数据是载荷或记录信息、按一定规则进行排列组合的物理符号。它可以是数字、文字、图像,也可以是计算机代码。数据本身并没有意义,如数字"1",只有与现实实体发生联系时才有意义,如"1"可表示位于学校,否则可采用"0"表示。

2)信息

信息是对客观世界中各种事物的运动状态和变化的反映,是客观事物之间相互联系和相互作用的表征。一般而言,信息具有以下特征:

(1)客观性。任何信息都是与客观事物或现象紧密相关的,这是对信息正确性和精确度的保证。

(2)实用性。信息对决策十分重要,信息系统将地理空间的巨大数据流收集、组织和管理起来,经过处理、转换和分析,将其变为对生产、管理和决策具有重要意义的有用信息。

(3)传输性。信息可以在信息发送者和接收者之间传输,既包括系统把有用信息送至终端设备(包括远程终端)和以一定的形式或格式提供给有关用户,又包括信息在系统内各个子系统之间的流转和交换,如网络传输。

(4)共享性。与实物不同,信息可以传输给多个用户,为多个用户所共享,而它本身并无损失。

此外,信息还具有时效性(信息的价值随时间的变化而变化)、载体的依附性(信息必须依赖一定的载体才能体现出来)等特征。这些特点使信息成为当代社会发展的一项重要资源。

3)数据与信息的关系

数据与信息是相互区别但又密切联系的两个概念,在逻辑上是内涵与外延的关系。

(1)信息是数据的内涵。信息来源于数据,是数据内涵的意义和数据内容的解释。信息是一种客观存在,不随数据形式的改变而改变,而数据可用不同的形式表示。例如,地图比例尺是一个信息,它不会因为这个信息的表达形式是数字、文字或图表而改变。数据所蕴含的信息不会自动呈现出来,需要利用一种技术(如统计、解译、编码等)对其进行解释,信息才能呈现出来。例如,从实地或社会调查数据中,通过分类和统计可获取各种专门信息;从测量数据中,通过量算和分析可以抽取地面目标或物体的形状、大小和位置等信息;从遥感图像数据中,通过解译可以提取各种地物的图形大小和专题信息等。

(2)数据是信息的外延。数据是客观对象的一种表示,是信息存在的一种形态或一种记录形式,其本身并不是信息。例如,"万分之一""1:10 000"等文字、数字式地图比例尺是数据,而信息可以是"图上 1 厘米相当于实际距离的 100 米"。

　　总之,对信息的接收始于对数据的接收,对信息的获取只能通过对数据背景的解读实现,对信息的表达往往借助数据进行描述。从这个意义上讲,数据往往是信息的出发点和归宿。

2. 空间数据和空间信息

1) 空间数据

　　空间数据简单地讲就是能体现"空间"概念的数据,然而"空间"本身是一个广泛而复杂的概念。在此,"空间"只是最基本的空间概念,如空间位置和形态以及相关关系等,而且主要指地理空间。地球上的地理空间一般指上至大气电离层、下至地壳与地幔交界的莫霍面之间的空间区域,是自然地理过程和生命及人类活动最活跃的场所。常使用"地理空间"表达空间的概念。因此,空间数据或地理空间数据是用来表示空间实体的位置、形状、大小及其分布特征以及空间实体之间的关系等诸多方面信息的数据。

　　地理空间数据有时也称地理数据,按照国际标准化组织(International Organization for Standardization)ISO 19109 中对术语的解释,地理数据是隐式或显式地参照到地球某位置的数据。这种解释与上述对空间数据或地理空间数据的解释基本相同,其含义是一致的,因此,这几个术语在很多场合下是可以相互替代的。

2) 空间信息

　　空间信息是对空间数据的解释,包括空间位置、空间分布、空间形态、空间关系、空间相关、空间统计、空间趋势、空间对比和空间运动等方面。作为信息的一种,空间信息具有信息的基本特征,即客观性、实用性、可传输性和共享性,还具有独特之处,即空间定位特性。

3) 空间数据和空间信息的关系

　　由于地理对象都具有一定的空间位置,因此可以简单地认为,地理数据和地理信息就是与空间位置相关的数据和信息。正因为如此,地理数据和地理信息有时也被称为空间数据和空间信息。空间数据和空间信息的关系与数据和信息的关系一样,前者是后者的外延,后者是前者的内涵。

　　——空间数据是空间信息的外延。地理空间数据是表达与地理环境要素有关的物质的数量、质量、运动状态、分布、联系和规律等特征的数字、文字、图像和图形等物理符号的总称。空间信息的外延就是古往今来一切空间信息所组成的类。地理环境是客观世界中一个巨大的信息源,随着现代科学技术的发展,特别是借助于近代数学、空间科学和计算机科学,人们已经可以迅速地采集地理环境中各种地理现象、地理过程等的空间位置数据、特征属性数据和时域特征数据。

　　——空间信息是空间数据的内涵。地理空间信息是地理空间数据所蕴含和表达的地理含义。空间数据的内涵就是具有空间定位的空间信息。地理学的主要任务之一就是从地理空间数据中抽取空间信息并加以应用,其中抽取过程包括空间数据的识别、转换、存储、传输、分析、显示等。

　　从空间实体到空间数据的描述,从空间数据到空间信息的抽取,再从空间信息到空间决策的实现,构成了人类认知自然、改造自然的主要内容。

3. 空间数据的来源与类型

1) 空间数据来源

　　从数据获取的渠道来看,空间数据的来源至少包括八个方面:地图数字化、实测数据、试验数据、遥感数据、理论推测与估算数据、历史数据、统计普查数据和集成数据等。

从数据生产者的角度来看,空间数据的来源可以分为两类:一类是专家生产的空间数据;另一类是业余用户通过互联网、手机、定位设备等生产的空间数据,如在网络地图上标注自己所在的位置,或上传自己的轨迹数据等,该类数据是对传统专家生产的空间数据的重要补充和延伸,也是大数据的主要和重要来源。

2)空间数据类型

空间数据类型根据不同的角度有不同的划分方法。

按照数据的性质和形式,空间数据可分为五种:①几何图形数据,来源于各种类型的地图和实测几何数据,它反映空间实体的地理位置及其空间关系;②影像数据,主要来源于卫星遥感、航空遥感和摄影测量等;③属性数据,来源于实测数据、文字报告、地图中的各类符号说明,以及从遥感影像中解译得到的数据等;④地形数据,来源于对地形等高线图的数字化、已建立的格网状的数字地形模型(digital terrain model,DTM)数据,或诸如不规则三角网(triangulated irregular network,TIN)等表示地形表面的其他形式数据;⑤元数据,来源于对空间数据进行推理、分析和总结等得到的关于数据的数据,如数据来源、数据权属、数据产生的时间、数据精度、数据分辨率、元数据比例尺、地理空间参考基准、数据转换方法等。此外,在智能化系统中还应有规则和知识数据。

按照几何特征,空间数据可分为点、线、平面、曲面和体五类。

按照表示方法,空间数据可分为七种:①类型数据,如考古地点、道路线、土壤类型分布等;②面域数据,如随机多边形的中心点、行政区域界线、行政单元等;③网络数据,如道路交点、街道、街区等;④样本数据,如气象站、航线、野外样方分布区等;⑤曲面数据,如高程点、等高线、等值区域等;⑥文本数据,如地名、河流名称、区域名称等;⑦符号数据,如点状符号、线状符号、面状符号(如晕线)等。

按照基础空间数据产品发布形式,空间数据可分为:①数字矢量地图(digital line graph,DLG),是现有地形图要素的矢量数据,它全面地描述地表目标,保存各要素的位置和属性信息,以及要素间的空间关系;②数字栅格地图(digital raster graph,DRG),是现有纸基地图经计算机处理后得到的栅格数据,每一幅地图经过扫描数字化、几何纠正、内容更新和数据压缩后,即可得到DRG;③数字高程模型(digital elevation model,DEM),是以数字形式表达的地形起伏数据;④数字正射影像图(digital orthophoto map,DOM),是遥感影像经逐像元的投影差改正、镶嵌等处理,并按国家基本比例尺地形图图幅范围剪裁所生成的影像数据。

1.2.2　空间数据特征

空间数据的基本特征主要是定位特征,涉及结构特征、关系特征、多态性、海量特征、异质性、不确定性。

1. 空间数据的结构特征

空间数据包括定位数据、非定位数据(简称"属性")和时间尺度数据三部分(图1.1)。

(1)定位数据,描述地理对象所在的空间位置或几何定位。空间性是地理对象及其运动过程中的位置、形状、方向、度量等性质,是空间信息的本质特征,是空间信息区别于其他信息的一个明显标志。这是因为,一般数据也包括属性和时态特征,只有空间位置特征是空间数据所特有的;缺乏空间位置特征就不能称为空间数据。例如,不少非空间数据的信息系统,如户籍管理系统、经济信息系统等,也包括大量街道或城镇居民点在不同时间、时段的经济、社会、资源、环境等数据,但不涉及空间位置,因而不属于空间数据。显然,这些数据与空间位置结合后就成为空间数据了。空间性表示空间实体的地理位置、几何特性以及空间实体间的拓扑关系,从而形成了空间实体的位置、形态及由此产生的一系列特性。空间性不但使空间实体的位置和形态的分析成为可能,而且还是空间实体相互关系处理分析的基础。如果不考虑地理对象的空间性,空间分析就失去了意义。

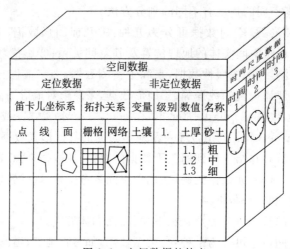

图 1.1 空间数据的特点

(2)属性数据,描述空间对象的附属特征,主要是表征空间对象本身的性质或数量,如对象的类型、语义、定义、量值等,因此属性数据有时又称非空间数据或专题数据。属性数据不是孤立的,而是与空间位置相联系的。属性通常分为定性和定量两类:定性属性包括名称、类型、特性等,主要是空间对象的定名量表;定量属性包括数量、等级等,主要是空间对象的顺序、间隔(等差)、比率(等比)等量表。

(3)时间尺度数据,用以描述地理现象发生的时间、地理数据采集和入库的时间等。按照时间尺度,空间数据可划分为超短期的(如台风、地震)、短期的(如江河洪水、作物长势)、中期的(如土地利用、作物估产)、长期的(如城市化、水土流失)和超长期的(如地壳变动、气候变化)等类型。时间尺度数据对地理过程分析非常重要,正受到 GIS 学界越来越多的重视。

2. 空间数据的关系特征

——空间位置与属性之间的关联性。空间数据包括空间位置与属性,两者是相互对应和关联的,表示空间实体是什么和在什么地方。在应用中,空间位置和属性相互依赖,缺一不可,有位置则有属性,反之亦然。然而,在空间数据库中,空间位置和属性往往独立组织并分开保存。这意味着,空间数据库中的位置数据和属性数据需要构建一种必要的联系才能表达将位置与属性作为整体的空间对象;否则,位置数据是非语义的,这是因为单独的位置数据可以是任何概念、语义或事物。例如,一条线既可以是湖的边界线,又可以是环湖的公路,关键在于它与什么样的属性相关联,当与湖泊属性联系时就是湖,当与公路联系时则是环湖公路。

——空间实体之间的空间关系特性。空间关系是空间实体之间基于几何、位置的一种联系,包括拓扑关系、顺序关系和度量关系等。

——空间相关性。空间相关性是一种空间实体之间基于语义的联系。地理学第一定理指出,任何地理事物都是相关的,并且在空间上相距越近则相关性越大,相距越远则相关性越小。

3. 空间数据的多态性

多态性即多种表现形态,包括两个方面:一是一个地理对象在不同的尺度下表现出不同的形态;二是同一空间位置上具有不同形态的空间对象,如河流中间线与境界线重合。

(1)空间数据的多尺度特征。空间数据具有空间和时间成分,时空的尺度特性使得空间数据具有尺度特征。时间尺度通常有年、季、月、周、日、时、分、秒等长短不一的时间周期。空间尺度通常有星球、大陆、洲、国家、地区、省、市、县、乡、村、独立屋等大小不同的空间范围。在不同的时间、空间尺度下,同一空间对象往往表现出差异化的形态。例如,对于同一栋独立房屋,当空间比例尺足够大时是一个面,足够小时则是一个点。因此,多尺度特征成为地理空间数据的重要特征。地图比例尺通常可划分为大、中、小比例尺。我国基本比例尺包括 $1:5\,000$、$1:1$ 万、$1:2.5$ 万、$1:5$ 万、$1:10$ 万、$1:25$ 万、$1:50$ 万、$1:100$ 万等。在当前的网络地图上,多尺度往往表现为可连续变化的比例尺,但空间数据库仍然是离散的比例尺。比例尺不仅影响空间数据的表达,如地图显示,还影响空间数据的采集。在不同尺度下,同一空间数据采集的内容、精度不同。空间尺度具有单向性,即空间数据可由大比例尺综合成小比例尺,反之则不然。

(2)空间数据的多维特征。空间数据不仅能描述立体空间的三维以及时间维,还能描述非空间属性(如分类、分级等)及其语义关系(如从属关系、聚类关系和相关关系等),以及元数据(如数据的测量方法、来源、载体等),从而可以实现多维信息的全面记录。这样的多维信息,有一个坐标位置上的多重属性,既包括地理位置、海拔高度、气候、地貌和土壤等自然地理特征,又具有相应的社会经济信息,如行政边界线、人口、产量、交通等;也有一个空间目标上的多重属性,如一些河流、山脊线等线状空间目标既是自然分界线,又是行政区划的分界线。这些多维信息可以采用分层的方法进行降维描述,因此有时称为空间数据的层次性。

4. 空间数据的海量特征

(1)载体的多样性。空间数据的载体可以分为三个层面:空间对象,即空间信息的第一载体,是空间实体和空间现象的物质和能量本身;符号信息,即空间信息的第二载体,是描述空间对象的文字、数字、地图和影像;物理介质,即空间信息的第三载体,是记录符号信息的纸质、磁带、光盘等物理介质。纸基地图不仅包括地图符号信息,还是记录地图符号的物理介质,因此是一种复合载体。

(2)数据(量)的巨大性。空间信息具有空间、时间、多尺度、多来源等特性,这使空间数据在描述空间信息时表现出巨大性,而且随着空间分辨率的不断提高和更新周期的变短,数据量更加庞大,通常称为海量空间数据。海量空间数据是指空间数据的数据量比一般的通用数据的要大得多。一个城市地理信息系统的数据量可能达几十吉字节,如果考虑影像数据的存储,可能达几百上千吉字节。这样的数据量在其他数据库中是不多见的。海量空间数据给计算机系统运转、数据组织与存储、网络传输等带来了一系列技术困难,自然也给数据管理增加了难度。正因为如此,地理空间数据往往需要在水平方向上划分块或图幅、在垂直方向上划分层进行组织和处理。

5. 空间数据的异质性

空间数据的特征及其变化趋势都依赖于空间位置,对空间数据的解释只有结合空间位置才合乎逻辑。由地理学第一定理可知,地理对象在空间上相距越近则差异性越小,相距越远则差异性越大。因此,随着空间距离的变化,空间数据具有异质性,包括空间多样性、空间区域性、空间分布性等。

(1)空间多样性。空间多样性是指空间数据及其需求在空间分布上的差异性。不同区域的人们对地理信息的服务、生产、存储、使用等的需求不同,会造成空间数据在不同区域呈现多样性。例如,在线地图能随用户所在位置的不同而出现差异化的自然语言注记。

(2)空间区域性。空间现象呈现区域性。区域性和综合性是地理的本质特性。同一地理特征及其变化趋势在区域内具有近似性,在区域间具有差异性。在空间数据库中,区域性不仅体现在数据上的分区组织,还体现在应用方面,即一个部门或专题必然也是面向所管理或服务的区域的。

(3)空间分布性。空间数据具有空间定位的特点,且不同位置的属性具有差异性和相关性,因此分布在不同位置的属性就具有了空间分布的差异性与趋势面特征。

6. 空间数据的不确定性

不确定性是空间数据最基本的特征之一。引起不确定性的因素有很多,如数据精度、数据完整性和数据一致性等,但概括起来主要有空间数据的抽样性和概括性两类。

(1)抽样性。为了能通过有限的载体(如屏幕、存储设备)表达连续分布的空间对象,GIS通常采用离散的数据形式;这种由连续的空间现象到离散的空间数据的转变,是一种抽样。抽样,意味着仅仅从连续现象中抽取部分信息(即样本),而忽略了大量未被抽样的信息。因此,作为样本点的离散信息未能完全包含地理对象的全部信息或某一类型的全部信息,这会造成样本点之间的空间信息具有不确定性。

(2)概括性。空间数据的尺度特征和采样数据对空间信息的代表性,使空间数据在表达现实世界时具有综合性、抽象性等概括性特征。概括性是对空间对象的概括,包括抽象、综合、取舍、分类、简化等科学手段,以提取空间对象中主要的、本质的信息。这意味着,同抽样性一样,概括性也忽略了未被概括的信息,主要是空间对象的次要的、非本质的信息,这会造成空间数据本身具有不确定性。

1.2.3　空间数据表达

为了能够利用空间数据库解决对现实世界的存储问题,首先必须将现实世界中复杂的空间事物和空间现象简化成计算机可存储的数据。这种简化是一个从感性认识到理性认识的抽象过程,包括去粗取精、去伪存真等环节。空间数据表达的基本任务就是将空间物体表示成计算机能够接收的数字形式,并通过计算机再现空间物体。

1. 线框/划图表示

在GIS中,空间数据往往采用线框/划图的形式表示,即采用点、线、面等几何体表示点状、线状、面状等空间对象及其空间关系。

1)空间实体的表示

地理空间数据的空间成分可由点、线、面等几何体构成,因此不同几何类型的空间数据都可以采用点、线、面等基本的图形要素表示。

——点,既可以是一个空间点状实体或点状现象的抽象,如水塔、测量控制点等,又可以是线的起点、终点或交点,以及面域的内点等。

——线,既可以是一个空间线状实体或线状现象的抽象,如道路、航线等,又可以是面状地物的边界或中轴线。

——面,既可以是一个空间面状实体或面状现象的抽象,如湖泊、武汉市区等,又可以是点状、线状地物的外围边界。

图形只是表示了空间实体的位置特征,还需要结合非空间数据(属性)才能完整地表达空间实体。

2)空间实体的关系表示

空间实体的关系是两两空间实体之间的相互联系,包括空间关系、语义关系和时间关系。其中,空间关系主要有拓扑关系、顺序关系和度量关系,时间关系类似地也可以分为拓扑关系、顺序关系和度量关系等。

——空间拓扑关系是空间实体之间在几何上的相邻、连通、包含和相交等关系。

——空间顺序关系是空间实体在地理空间上的排列顺序,如前后、上下、左右,以及东、南、西、北等方位关系。

——空间度量关系是对空间实体之间的距离远近等关系的度量。

2. 地图表达

现实地理世界是相关联的空间实体的有机整体,地图是这种整体的抽象表达。GIS 线框图表示了空间对象的图形,而地图则更形象化、更系统化地表示了地理世界。

1)地图对空间实体定位的表示

空间实体在地图中是通过地图符号来表示的。空间实体的形状及定位等位置信息分别由地图符号的几何形状及其在地图上的位置表示。

2)地图对空间实体属性的表示

空间实体的属性可通过地图符号的结构、色彩、大小、注记等表示,如线宽可区分道路的不同等级。

3)地图对空间实体关系的表示

地图提供了比例尺,因此能在地图上量算两点之间的距离;地图提供了指北针或默认的北方方向,因此能辨别两点的方向关系;地图采用图形表示了不同空间实体的位置信息,因此能识别空间实体之间的拓扑关系。

3. 电子地图表达

随着计算机技术的广泛应用,空间信息的表达已不仅仅是传统意义上的地图表达了,更多的是在数字环境下进行空间信息的表达,如电子地图、网络地图、数字地球等。

电子地图不仅能通过一般地图符号的结构、色彩、形状、大小来反映空间信息,而且还能通过视频、音频、图像、文字、动画等多媒体工具表达空间信息。在网络环境下,电子地图进一步发展为网络地图、数字地球等。

1.2.4　空间数据质量

空间信息工程并不缺少数据,而是受限于过量的冗余数据和数据的不一致性,即空间数据质量。我国空间信息产业不断发展,历经了从微机、小型机、大型机到数据库的变迁,虽然积累了大量的基础数据和专业数据,但是在很多情况下,数据的可利用率并不高,主要表现在两个方面:一是缺乏相应的规范机制,数据标准不统一,数据应用模式、数据结构千差万别,即数据多源异构;二是存在无效数据,大量过时、错误的数据基本上没有实际使用价值。这些都会引起数据质量问题,而数据质量的控制与保证对于工程而言是至关重要的,在不一致、不准确的数据基础上所做的处理、分析、挖掘工作是无法取得预期的成果的。空间数据的质量主要表现为数据不正确、数据不完整、数据不一致等,直接影响空间数据分析和空间决策的质量。

1. 空间数据质量的概念

1)狭义定义

由于现实世界存在复杂性和模糊性,以及人类认识和表达能力存在局限性,因此空间数据在抽象表达地理世界时总是不可能完全达到真值,而只能是在一定程度上接近真值。从这种意义上讲,数据质量发生问题是不可避免的,对空间数据的处理(如化简)也会导致一定质量问题的出现。空间数据质量是空间数据在表达空间实体时所能够达到的准确性、一致性、完整性,以及三者之间统一的程度。

2)广义定义

空间数据质量是指数据适用于特定应用的能力。在很长一段时间内,数据质量的概念主要是指在数据生产过程中形成的质量指标,如精度、一致性、完整性等,也称本征质量。随着数据资源的积累与广泛应用,数据质量的概念有所扩展。用户使用数据时的满意程度成为衡量数据质量的重要指标。在这种意义上,数据质量可以说是满足使用要求的相对状态,也称为广义数据质量,着重从用户评价或数据共享的角度描述数据质量。因此,除本征质量外,可得性(即获取的难易程度)、满足用户要求的程度、表达是否清晰易懂以及动态质量等也成为衡量数据质量的重要方面。

由上述分析可知,空间数据质量与应用相关,这是广义空间数据质量区别于狭义本征质量的重要方面。例如,适合小比例尺制图的空间数据,不一定适合大比例尺制图或应用,如导航;对于小比例尺制图,精度过高的空间数据会增加数据购买、计算和分析的成本,从而降低制图的效率,并导致用户对数据的满意度降低。因此,空间数据质量侧重于两个方面:

——数据的可信度,是在数据生产过程中形成的质量,为本征质量。

——数据的可用度,是从用户或数据共享的角度出发所形成的质量,包括三个子类:①与应用有关的质量,即与具体任务的环境有关的数据质量,包括增值、关联、适时、完整、合适的数据量;②表达方面的质量,即计算机系统存储与表达信息的质量,包括可解释性、易懂性、一致性、简明性;③可访问方面的质量,即强调计算机系统必须可访问且安全,包括可访问性及访问的安全性。

2. 与空间数据质量相关的概念

1)与可信度相关的概念

——误差(error),即数据与真实值或者大家公认的真值之间的差异,是一种常用的数据准确性表达方式。数据误差的类型可以是随机的,也可以是系统的。归纳起来,数据的误差主要有四大类,即几何误差、属性误差、时间误差和逻辑误差。在这几种误差中,属性误差和时间误差与普通信息系统中的误差概念是一致的,几何误差是 GIS 所特有的,几何误差、属性误差和时间误差都会造成逻辑误差。

——准确度(accuracy),即结果、计算值、测量值或估计值与真实值或者大家公认的真值的接近程度,可用误差来衡量。如图 1.2 所示,圆心表示真实值或大家公认的真值,三角形、正方形、菱形、圆形分别表示不同组的测量值。这样,测量值离圆心越近,表示具有越高的准确度。

——精密度(precision),即数据表示的精密程度,亦即数据表示的有效位数。它表现了在

对某个量的多次测量中,各测量值之间的离散程
度。由于精密度的实质在于它对数据准确度的
影响,同时在很多情况下,它可以通过准确度而
得到体现,因此常把二者结合在一起称为精确
度,简称精度。精度是对现象描述的详细程度,
通常表示成一组重复监测值的统计量,如标准
差。空间数据的精度,包括位置精度、属性精度
和时间精度。例如,A 组测量值只有一个离圆心
较近,准确度低,数据比较分散,精密度低;B 组

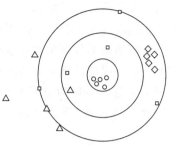

△ A 组测量值
□ B 组测量值
◇ C 组测量值
○ D 组测量值

图 1.2　数据质量相关概念关系

测量值有两个离圆心较近,准确度中等,数据分散,精密度最低;C 组测量值离圆心较远,准确
度最低,数据较集中,精密度中等;D 组测量值都离圆心近,准确度最高,数据集中,精密度
最高。

　　——不确定性(uncertainty),即关于空间过程和特征不能被准确确定的程度,是自然界各
种空间现象自身固有的属性。在内容上,它是以真值为中心的一个范围,这个范围越大,数据
的不确定性也就越大。空间数据的不确定性包括空间位置不确定性、属性不确定性、时域不确
定性、逻辑不一致性(即空间数据关系上的可靠性,如拓扑一致性)及数据不完整性等。例如,
在一幅地图上,停车场与周围的公路没有道路相连,则说明道路数据被遗漏,数据不完整,这幅
地图数据具有不确定性。

　　此外,空间分辨率和比例尺也影响空间数据质量,主要影响空间数据的精度。分辨率是
两个可测量数值之间最小的可辨识的差异,那么空间分辨率可以看作记录变化的最小距离。
地图的比例尺决定地图上一条线的宽度所表示的地面距离。例如,在一幅 1:1 万比例尺的地
图上,一条 0.5 mm 宽的线对应 5 m 的地面距离。如果这是线的最小宽度,那么就不可能表示
小于 5 m 的空间实体。

　　2)与可用度相关的概念

　　——时间性,是数据与时间有关的特性,如数据库时间(空间数据入库的时间)、现实时间
(空间现象或事件发生的时间)、采集时间(记录空间现象或事件的时间)等。其内容包括评价
数据是当前数据还是历史数据、数据状况是否稳定、数据是否在有效期内或数据是否具有反映
现实环境的能力。

　　——可得性,是数据相对于用户而言的获取难易性,影响因素有价格、保密级别、稀缺性
等。其内容包括评价数据来源是否可靠、数据版权是否合法、数据使用期限是否满足系统
要求。

　　——满意度,是用户使用数据的满意程度。其内容包括评价用户对数据情况是否满意、数
据表达方式是否清晰易懂、数据是否具有动态质量的扩充能力。

3. 空间数据质量问题的来源

　　引起数据质量问题的因素众多,许多因素并不明显或者很难确定,因此其中一些因素可以
减小甚至消除,另一些则难以检测和控制。空间数据从形式表达到生成,从处理变换到应用,
都会产生数据质量问题。下面按照空间数据自身存在的规律性,从几个方面来阐述数据质量
问题的来源。

1)空间现象自身存在的不稳定性

空间数据质量问题首先来源于空间现象自身存在的复杂性、模糊性和不稳定性,这意味着空间数据存在质量问题是不可避免的。这种不稳定性包括空间实体在空间、时间和属性上的不确定性。空间上的不确定性指空间实体在空间位置分布上的不确定性,如气候带边界的模糊性。时间上的不确定性表现为空间实体在发生时间段上的游移性,如全球气候变暖是从哪年开始的。属性上的不确定性表现为属性类型划分的多样性,以及非数值型属性值表达的不精确性。

2)空间数据生产过程中的误差

在原始数据的获取和表达过程中出现的空间数据误差,主要受人类认知水平和表达水平的限制。这类误差大体上可以归纳为以下四个方面:

(1)认知的不同或差异。人们对空间对象的特征和变量在概念认知上的不确切或不一致,必然导致获取、测量、记录数据的差异和不确定。

(2)测量误差。测量仪器、手段和方法的不完善、不确定以及观测时外界条件的影响,使测量成果存在误差和偏差。

(3)表达方式的合理性问题。地理现象千差万别,GIS 主要采用有限的几种表达方法(如矢量、栅格),这就存在图形表达上的合理性和准确性问题,如在地图投影中由椭球体到平面的投影转换必然产生误差。

(4)数据依存的物理介质问题。纸基地图易受外界温度、湿度等影响而产生变形及图形变化。

3)空间数据处理过程中的误差

在空间数据处理过程中,容易产生的误差有以下几种:

(1)投影变换误差。地图投影是三维地球椭球面到二维平面的拓扑变换。在不同投影形式下,地理特征的位置、面积和方向的表现会有差异。

(2)地图数字化或地图扫描矢量化误差。数字化过程中采点的位置精度、空间分辨率、属性赋值等都可能出现误差。

(3)数据转换误差。在矢量格式和栅格格式之间的数据格式转换中,数据所表达的空间特征的位置具有差异性,如位置发生移动。

(4)空间分析误差。空间分析是空间数据得以超越本身实际意义的操作过程,但在数据的抽象与拓扑关系的建立以及不同数据层的匹配、叠加与更新等分析中,会产生空间位置和属性值的差异:①数据抽象引起的误差,在数据发生比例尺变换时,对数据进行聚类、归并、合并等操作会产生误差,如要素的局部特征可能被综合;②建立拓扑关系引起的误差,主要是可能产生要素的遗失;③与主控数据层的匹配引起的误差,在一个数据库中,常存储同一地区的多个数据层,为保证各数据层之间空间位置的协调性,一般建立一个主控数据层以控制其他数据层的边界和控制点,这样在与主控数据层匹配的过程中会存在空间位移,导致误差;④数据叠加操作和更新引起的误差,数据在进行叠加运算以及更新时,会产生空间位置和属性值的差异;⑤数据集成处理引起的误差,指在来源不同、类型不同的各种数据集的相互操作过程中所产生的误差,数据集成是包括数据预处理、数据集之间的相互运算、数据表达等过程在内的复杂过程,其中位置误差、属性误差都会出现。

(5)数据的可视化表达误差。数据在可视化表达过程中为适应视觉效果,需对数据的空间特征位置、注记等进行调整,如在地图制图综合中为避免要素冲突而对非定位作用的要素进行位移处理,由此产生数据表达上的误差。

(6)数据处理过程中误差的传递和扩散。在数据处理的各个过程中,误差是累积和扩散的,前一过程的累积误差可能成为下一阶段的误差起源,从而导致新误差的产生。

4)空间数据使用过程中的误差

在空间数据使用的过程中会出现误差,主要包括两个方面:一是在数据的解释过程中,不同用户由于知识背景的差异对同一空间数据的解释和理解可能不同,甚至完全相反;二是缺少文档,即缺少对某一地区不同来源的空间数据的说明,如缺少投影类型、数据定义等描述信息,这样往往导致用户对数据的随意性使用而使误差扩散,应随空间数据一起提供各种相关的文档说明,如元数据。

上述空间数据质量问题的来源,一方面说明空间数据质量问题是不可避免的,另一方面也为空间数据质量的控制提供了基本思路。

4. 空间数据质量的控制

数据质量控制是个复杂的过程,应从数据质量产生和扩散的所有过程和环节入手。数据采集是数据质量控制的首要环节,这是因为一旦错误的数据进入系统,修正的代价将十分巨大。据统计,错误数据的修正成本是阻止其发生成本的 10 倍。

1)广义的质量控制

数据质量并非越高越好,如果进入数据库中的数据质量过高,超过实际需要,则可能造成不必要的浪费;反之,质量太低,则达不到要求,不能满足生产需要。因此,应当从费用分配、生产方水平、用户方(人、制度、技术)需求等方面制定切实可行的数据质量控制要求。在进行数据产品的质量控制时,应当将空间数据作为产品看待,相应的要求包括:①理解客户的信息需求;②将数据作为具有明确定义的生产过程的产品进行管理;③将数据作为具有生命周期的产品进行管理;④设置数据产品管理员并管理数据的生产过程与结果。总的来说,空间数据质量控制可从以下五个方面进行:

(1)总体技术方案的控制,是贯穿整个数据生产流程和质量保证的关键。总体技术方案的科学性和可行性是最终保证空间数据质量的前提。科学、合理、可行的总体技术方案应在充分调研用户需求的基础上,根据现有的软硬件条件、时间、人员等情况,以充分满足用户需求为前提提出切实可行的技术方案。

(2)数据源质量控制,即根据用户需求及数据产品的生产目的选择满足要求的数据源,这是决定数据产品质量的关键因素。尽量收集有关的、现势性好的图像和图形资料,以及属性、文档资料,在此基础上进行评价,提出可利用的方案和对存在问题的解决意见。对原始资料的正确处理,不仅可以减少数字化误差,还可以提高工作效率。

(3)数据生产质量控制,包括数据生产前和数据生产中两个阶段。数据生产前,须做好准备工作,包括组织学习有关技术文件(如数字化测绘产品质量标准等),检查数据采集的软硬件是否满足数据质量标准和技术设计书的要求;数据生产中,经常抽查采集数据的质量,发现问题及时解决。

(4)数据加工处理质量控制,包括计算误差、拓扑分析质量和图层叠置质量等,以及对空间要素的位置精度、属性精度进行的质量控制检查。

(5)数据质量控制策略,包括数据清洗、生产组织管理、质量保障体系建立、监理机构设定及目标与效益关系评价等。

2)狭义的质量控制

空间数据质量是一个相对概念,并具有一定程度的针对性。尽管如此,仍可以脱离具体的应用,从空间数据存在的客观规律性出发,对空间数据的质量进行评价和控制。空间数据质量控制常见的方法如下:

(1)传统的手工方法。该方法主要是将数字化数据与数据源进行比较。其中,图形部分的比较包括目视或绘制到透明图上与原图进行叠加等方法,属性部分的比较采用与原属性逐个对比的方法或其他比较方法。

(2)元数据方法。元数据中包含了大量有关数据质量的信息,如精度、日期、比例尺、分辨率,通过它可以检查数据质量。同时,元数据也记录了数据处理过程中质量的变化,如对数据库的更新、集成等的说明,通过跟踪元数据可以了解数据质量的状况和变化。

(3)地理相关法。该方法用地理特征自身的相关性来分析数据的质量。例如,从地表自然特征的空间分布着手分析,山区河流应位于微地形的最低点,因此,叠加河流和等高线两层数据时,若河流的位置不在等高线的外凸连线上,则说明两层数据中必有一层数据有质量问题,当不能确定哪层数据有问题时,可以通过将其分别与其他质量可靠的数据层叠加进行进一步分析。因此,可以建立一个关于地理特征要素相关关系的知识库,以备各空间数据层之间地理特征要素的相关分析之用。

1.2.5 空间元数据

随着海量空间数据的日益增长,管理和访问大型空间数据库的复杂性也成为数据生产者和用户面临的突出问题。生产者需要有效的数据管理和维护方法;用户需要找到更快、更加全面和有效的方法,以便从空间数据库中发现、访问、获取和使用现势性强、精度高、易管理和易访问的空间数据。在这种情况下,空间数据的内容、质量、状况等元数据信息就变得更加重要,受到的重视日益增多。

1. 元数据与空间元数据

1)元数据概念

元数据应主要归于数据管理范畴,它并不是一个新的概念。实际上,传统的图书馆卡片、出版图书的版权说明、磁盘的标签等都是元数据。纸基地图的元数据主要表现为地图类型、地图图例,内容包括图名、空间参照系、图廓坐标、地图内容说明、比例尺、精度、编制出版单位、日期或更新日期、销售信息等。"元数据"一词的原意是关于数据变化的描述,一般认为元数据是"关于数据的数据",即数据的标识、覆盖范围、质量、空间和时间模式、空间参照系和分发等信息。

元数据的内容,可以从以下几个方面进行描述:

——对数据集的描述,如对数据集中各数据项、数据来源、数据所有者及数据生产历史等的说明。

——对数据质量的描述,如数据精度、数据逻辑一致性、数据完整性、分辨率、比例尺等。

——对数据处理信息的说明,如量纲的转换等。

——对数据转换方法的描述。

——对数据库更新、集成等的说明。

由上可知,元数据是关于数据的描述性数据,它应尽可能地反映数据集自身的特征规律,以便用户对数据集进行准确、高效与充分的开发与利用。

2)空间元数据概念

(1)定义。空间元数据是关于空间数据的数据,即关于空间数据及其信息资源的描述性信息,可看成空间数据集的使用说明书,有助于用户对空间数据产品的理解。空间元数据标准是实现空间数据共享的核心标准之一。

(2)内容。空间元数据的内容包括:①关于地理空间数据集的空间、属性和时间的外部形式,如数据存储格式、存储位置、获取方法等;②关于地理空间数据集的空间、属性和时间的内部特征,如空间图形的表达方式、属性的组织、数据精度、数据内容、数据的空间参考等;③有关获取、处理、使用数据集的详细描述,如数据集的管理方式。

(3)层次和类型。一般而言,针对元数据所描述的数据情况,可以把元数据分为数据库元数据、数据集元数据、数据层(特征层)元数据、空间实体元数据等层次,分别用于描述数据库、数据集、数据层和空间实体。建立不同层次的元数据可以适应不同层次的用户需求。

(4)特征。空间元数据与其他领域元数据的区别在于其内容包含大量关于空间位置及与空间位置有关的信息。

3)空间元数据的标准

空间元数据标准的建立是空间数据标准化的前提和保证,是国家空间数据基础设施的一个重要组成部分。

(1)国际标准。针对空间元数据,已经形成了一些区域性或部门性的标准。例如,美国联邦地理数据委员会(Federal Geographic Data Committee,FGDC)提出的空间元数据内容标准(Content Standard for Digital Geospatial Metadata,CSDGM);欧洲地图事务组织、加拿大标准委员会、国际标准化组织地理信息技术委员会(ISO/TC 211)等也分别提出各自的空间元数据标准。在所有标准中,1994年正式确定的空间元数据内容标准的影响最大,它确立了地学空间数据库的元数据内容,包括七大部分,即数据标识信息、数据质量信息、空间数据组织信息、空间参照系信息、地理实体及属性信息、数据传播及共享信息和元数据信息。

(2)我国标准。质量特性是数据集的重要特性,是用户决定数据集能否使用的关键因素,包括我国在内的所有元数据标准对质量特性都有明确的要求。我国的《地理信息 元数据》(GB/T 19710—2005)定义了描述地理信息及其服务所需要的模式,提供了有关数字地理数据标识、覆盖范围、质量、空间和时间模式、空间参照系和分发等信息。

2. **空间元数据的结构**

元数据按层状结构进行组织,包括子集、实体和元素三个层级。其中,元素是不可再分的基本单元,实体是同类元素的集合,子集是相互关联的实体和元素的集合。每个元数据子集、实体和元素的八个特征为名称、标识符、定义、性质、约束条件、最大出现次数、数据类型和值域。空间元数据内容可分为元数据信息、主要子集和次要子集三部分。

(1)元数据信息,其实体是描述空间数据的全部元数据信息,包含必选的和可选的元数据元素,是其他主要子集的聚集。

(2)主要子集包括:标识信息,包含唯一标识一个数据集,说明其空间和时间范围、状况、法律限制和保密限定所需的信息;数据质量信息,包含数据集质量的一般评价;数据志信息,包含有关数据集应用、数据源,以及生产数据集时所用的工艺方法;空间数据表示信息,包含与数据集中表示空间信息所用方法有关的信息;参照系统信息,包含数据集中应用的空间和时间参照系统说明;要素分类信息,包含数据集具有的要素类型、要素功能、要素属性和要素关系的定义和说明;发行信息,包含有关获取信息所需的数据发行者及买卖权限的信息;元数据参考信息,包含元数据现势性及负责单位信息。

(3)次要子集包括:引用文献信息实体,提供引用文献的标准格式;负责单位信息实体,包含与数据集有关的单位和个人的标识;地址信息实体,提供与数据集有关的单位和个人的地址及其他通信方式。

3. 空间元数据的作用

空间元数据对空间数据的管理、使用和共享具有重要的作用,综合起来有如下几个方面:

1)数据生产方面

(1)空间元数据帮助数据生产单位有效地组织、管理和维护空间数据,建立数据档案,保证即使主要工作人员离开,后续工作人员通过元数据仍然能对数据集有较全面的了解,以实现对数据集的维护、更新,确保数据生产者对数据的持续投资。

(2)通过空间元数据将大量零散的数据收集起来,为用户处理和使用数据提供有用的信息。根据元数据指定的数据标准、规范和格式,数据生产者可以整合不同种类及来源的数据,为用户提供有关数据存储、数据内容、数据质量等方面的信息。

2)数据管理方面

地理空间元数据最本质的特性之一就是具有目录索引的作用。通过目录索引,数据管理人员可以用最核心、最少的信息来有效、清晰地管理海量地理空间数据,以方便用户使用。同时,它也是用户检索所需数据的导航器。

3)数据使用方面

(1)空间元数据提供通过网络对数据进行查询和检索的方法和途径,以及与数据交换和传输有关的辅助信息。网上空间数据资源具有海量性、分布性、异构性等特点,为了使地理空间数据生产者能有效地管理和维护数据,使用户能够从生产方获取快捷、安全、有效、全面的服务,元数据是必不可少的。通过元数据可以从海量数据中快速、准确地发现(识别、定位)、访问、获取和使用所需的数据,以及有效地集成、挖掘空间信息资源。

(2)空间元数据帮助用户了解数据,以便就数据是否满足其需求做出正确的判断,从而确定地理空间数据对某种应用的适宜性。

4. 空间元数据的应用

1)在用户数据获取中的应用

通过元数据,用户可以对空间数据库进行浏览、检索和研究。一个完整的地理数据库除了应提供空间数据和属性数据外,还应提供丰富的元数据。通过这些元数据,用户可以明白一系列问题,如"这些数据是何时采集的"和"这个数据库的建库时间"等,从而能有效地获取所需数据。

2)在数据质量控制中的应用

无论是统计数据还是空间数据,都存在数据精度问题。影响空间数据精度的因素主要有两个:一是源数据的精度,二是数据加工、处理过程中精度的控制情况。无论哪个因素,元数据都有助于空间数据的质量控制。

3）在数据集成中的应用

元数据记录了数据格式、空间坐标体系、数据的表达形式、数据类型、数据使用软硬件环境、数据使用规范、数据标准等信息。这些信息,在数据集成的一系列处理中,如数据空间匹配、属性一致化处理、数据转换等,是必要的。

4）在数据管理中的应用

元数据在数据库管理中的应用主要表现在可以借助元数据高效地建立并维护符合一定标准和规范的科学数据库。通过元数据建立的逻辑数据索引,可以高效查询、检索分布式数据库中任何物理存储中的数据,避免数据的重复存储,缩短数据库建库及更新周期,实现系统资源的合理利用和分配。同时,元数据的开发和利用也大大增强了数据库的功能(如数据转换、数据分析等)。此外,应用元数据,管理人员就清楚各数据的来源、精度、期限或寿命、物理存储地址、数据间关系等情况,从而知道哪些是需重点维护的数据,以及如何维护,以达到减少数据库维护的工作量的目的。

1.3　空间数据库

空间数据库是一个空间数据应用系统基本且重要的组成部分。数据生产者将收集的空间数据存储在空间数据库中;用户通过访问空间数据库获得空间数据,以进行空间分析、管理和决策;用户将分析的结果和决策的信息也存储到空间数据库中。

1.3.1　空间数据库概述

空间数据库是一种专门针对具有空间特征的数据的数据库,是数据库技术在空间信息领域的应用和延伸。它已经成为空间信息领域最重要的技术之一,是一种理想的空间数据管理技术。

1. 数据库

数据库(database)技术是 20 世纪 60 年代中期开始发展起来的一门数据管理自动化的综合性新技术,是计算机科学的重要分支。数据库意为数据基地,即统一存储和集中管理数据的基地。数据库的应用领域相当广泛。从一般事务处理,到各种专门化数据的存储与管理,都可以建立不同类型的数据库。

数据库类似资料库,实际上,数据库的许多特征资料库都有。在资料库中,各类资料都有严格的分类系统和编码表,并存放在规定的资料架上,为管理和查找资料提供了极大的方便。当资料以数据形式存放在计算机中时,它失去了直观性,因而更需要建立严密的分类和编码系统,实现数据的标准化和规范化,为数据管理和查询提供方便。因此,数据库可以看作一种现实世界的抽象模型,是统一组织、存储和管理特定领域信息的系统,具有较小的数据冗余和较高的应用独立性。

2. 空间数据库

1）空间数据库定义

空间数据库是数据库学科的一个分支,用于管理非结构化的空间数据。空间数据库尚无公认、统一的定义。但具体地讲,可以将其理解为描述与特定空间位置有关的真实世界对象的数据集合。空间数据库既要能处理空间参考对象类型,又要能处理非空间参考对象类型。建立空间数据库的目的就是要将相关的数据有效地组织起来,并根据其地理分布建立统一的空间索引,进而可以快速调度数据库中任意范围的数据,实现对整个地形的无缝漫游,并根据显示范围的大小灵活方便地自动调入不同层次的数据。

随着对地观测技术的迅速发展和社会需求的不断增大,基于空间数据的应用领域(如电子地图、导航服务等)正在不断扩大,空间数据的管理将成为今后信息管理的重要组成部分。

2)空间数据库基本形式

空间数据的存储和管理方法通常有两种方式:空间数据文件形式和空间数据库形式。

空间数据文件存储和管理,即空间数据以操作系统的文件形式保存在计算机中,如MapInfo 的. wor 和. tab 文件,ArcInfo 的 Coverage 和 Shapefile 文件等。空间数据存储在不同的文件中,数据是面向应用的,一方面导致多个文件之间彼此孤立,不能反映数据之间的联系,另一方面导致数据冗余且可能产生数据不一致等问题,如图 1.3(a)所示。这些问题的解决,需要引入一种新的数据存储和管理模式,即空间数据库,如图 1.3(b)所示,使空间数据的存储、管理独立于具体应用。

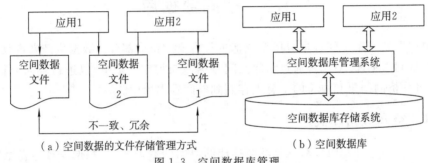

（a）空间数据的文件存储管理方式 　　（b）空间数据库

图 1.3　空间数据库管理

一个完整的数据库应该包括数据库存储系统、数据库管理系统(database management system,DBMS)和数据库应用系统三部分。其中,数据库存储系统是按照一定的结构组织在一起的相关数据的集合,通常是一系列相互关联的数据文件;数据库管理系统是一种软件系统,是数据库建立、使用和管理的工具,典型的有 Access、SQL Server、Oracle,以及 Sybase、IBM DB2、MySQL 等;数据库应用系统是为了满足特定的用户处理数据的需求而建立的,是具有数据库访问功能的应用软件,它提供给用户一个访问和存储特定数据库的用户界面。

空间数据库也由三部分组成,如图 1.3(b)所示。其中,空间数据库存储系统是在计算机存储介质上存储的地理空间数据的总和,一般是以一系列特定结构的文件形式存储在硬盘、光盘等存储介质中;空间数据库管理系统是指能够对介质上存储的地理空间数据进行语义和逻辑上的定义,提供必需的空间数据查询、检索和存取服务,以及能够对空间数据进行有效维护和更新的一套软件系统;由空间分析模块和应用模块所组成的软件可以看作空间数据库应用系统,通过该系统不但可以全面地管理空间数据,还可以运用空间数据进行分析和决策。值得一提的是,空间数据库管理系统的实现可以建立在常规数据库管理系统之上,它除了需要具备常规数据库管理系统所必需的功能(如地理属性数据的管理)之外,还需要具备特定的、针对空间数据的管理功能,如空间几何对象的管理。

3)空间数据库标准

GIS 和数据库研究机构及厂商纷纷推出了各自的空间数据库产品。这一方面提高了空间信息的存储效率和管理功能,另一方面也导致大量的空间数据库分散在不同的组织、部门、企业和个人手中,形成了许多彼此封闭的系统。由于缺乏互操作的标准和规范,数据和资源难以实现共享和利用,导致重复投资和信息资源浪费。

为适应空间数据管理的需要,许多标准化组织正在开发和完善空间数据存储和结构化查询语言(structured query language,SQL)的规范,主要包括开放式地理空间信息联盟(Open Geospatial Consortium,OGC)推出的空间信息简单要素的 SQL 实现规范(Simple Feature Access SQL,SFA SQL)、国际标准化组织/国际电工委员会第一联合技术委员会数据管理和交换分技术委员会(ISO/IEC JTC1 / SC32)发布的 SQL 多媒体及应用包的第三部分(SQL Multimedia and Application Packages Part 3:SQL/MM Spatial)。

3. 空间数据库特征

与一般数据库相比,空间数据库具有如下主要特征:

(1)综合抽象特征。空间数据描述的是现实世界中的地物和地貌特征,非常复杂,必须经过抽象处理。不同主题的空间数据库,人们所关心的内容也有差别,对地物的抽象程度和方面也不同。抽象性还会使数据产生多语义问题,如河流既可以抽象为水系要素,又可以抽象为行政边界。

(2)非结构化特性。当前通用的关系数据库管理系统(relational database management system,RDBMS)要求记录是结构化的、非嵌套的。如果将一个空间对象表达成一条记录,则记录的数据项可能是变长的。例如,1 条弧段的坐标的长度是不可能限定的,它可能是 2 对坐标,也可能是 10 对坐标。如果利用 1 条记录表示 1 条弧段,那么 1 条包含多条弧段的多边形的记录就可能嵌套多条弧段记录。因此,空间数据的非结构特性、嵌套特性不能满足关系数据库管理系统的第一范式要求,这也是空间数据难以直接采用关系数据库管理系统的主要原因。

(3)分类编码特征。根据国家、行业或地区标准,每个空间对象往往对应一个分类编码。在空间数据库中,一个地物类型对应一个属性数据表,一个属性数据表也可以对应属性项相同的几种地物实例。

(4)复杂性与多样性。空间数据来源广、数据量大,经常出现类型不一致、数据噪声大的情况。

4. 空间数据库与一般数据库的差异

1)信息描述差异

(1)在空间数据库中,数据比较复杂,不仅有与一般数据库性质相似的地理要素的属性数据,还有大量的空间数据,即描述地理要素空间分布位置的数据,并且这两种数据之间具有不可分割的联系。

(2)空间数据库是一个复杂的系统。空间数据库的数据不仅量大,而且还具有丰富的隐含信息。例如,DEM 除了有高度信息外,还隐含了地质岩性与构造方面的信息;植物的种类是显式信息,但还隐含了气候的水平、垂直地带性等信息。

2)数据管理差异

(1)一般数据库管理的是不连续的、相关性较小的数据,而空间数据是连续的,具有很强的空间相关性。

(2)一般数据库管理的实体类型少,且实体类型之间通常只有简单固定的空间关系,而空间数据库的实体类型多,实体类型之间存在复杂的空间关系,并且能产生新的关系(如拓扑关系)。

(3)空间数据库存储、操作的对象可能是 1 维、2 维、3 维甚至更高维。一方面可以将空间数据库看作一般数据库的扩充；另一方面空间数据库突破了一般数据库的理论，如将规范关系推向非规范关系、将等长记录推向变长记录、将简单对象推向复杂对象（如图形、图像）。

(4)空间数据库包含拓扑信息、距离信息、时空信息，通常按复杂、多维的空间索引结构组织数据，能支持特有的空间数据访问方式，经常需要空间推理、几何计算和空间知识表达等技术。

3)数据操作差异

(1)数据操作类型不同。从数据操作的角度，空间数据库需要进行大量的空间数据操作和查询，如矢量地图的裁剪、合并、叠加等空间操作，影像的特征提取、分割、代数运算等计算，空间数据的拓扑与相似性查询等，而一般数据库只操作和查询文字与数字信息，难以适应空间操作。

(2)访问的数据量不同。一般数据库每次访问的数据量较少，而空间数据库访问的数据量大，这是由空间数据的海量性决定的，因此要求有较大的网络带宽。

4)数据更新差异

(1)数据更新的周期不同。一般数据库的更新频率较高，而空间数据库的更新频率一般以年度为限。

(2)数据更新的角色不同。空间数据库更新一般由具有专门技术的人员负责，以保证空间数据的准确性，而一般数据库的更新可能是由任何使用数据库的人员进行。

(3)数据更新的策略不同。一般数据库通常采用现势数据替换过时数据，而空间数据库在更新时往往保存过时数据，这主要是因为作为决策支持系统的 GIS 需要使用历史数据，以便于跟踪变化、预测未来。

5)服务应用差异

(1)空间数据库的服务和应用范围相当广泛，如地理研究、环境保护、土地利用和规划、资源开发、生态环境、市政管理、交通运输、税收、商业、公安等许多领域，这是由人类社会信息近80％与空间位置有关的特性决定的。

(2)空间数据库是一个共享或分享式的数据库，这是由空间数据的分布式特性决定的。

5. 空间数据库的类型

空间数据库可以分为基础地理空间数据库和专题数据库（thematic database，TD）。基础地理空间数据库包括 DLG、DEM、DOM、DRG 以及元数据库（metadata database，MD）、地名数据库、控制点数据库等。专题数据库包括土地利用数据、地籍数据、规划管理数据、道路数据等。

1)基础地理空间数据库

(1)DLG 数据库，是利用计算机存储的各种数字地形矢量数据及其管理软件的集合，含有政区、居民地、交通与管网、水系及附属设施、地貌、地名、测量控制点等内容。

——结构。DLG 数据库既包括以矢量结构描述的带有拓扑关系的空间信息，又包括以关系结构描述的属性信息。

——功能。用 DLG 可进行长度、面积量算和各种空间分析，如最佳路径分析、缓冲区建立、图形叠加分析等。

——内容。DLG 数据库全面反映数据库覆盖范围内自然地理条件和社会经济状况,可用于建设规划、资源管理、投资环境分析、商业布局等,可作为人口、资源、环境、交通、报警等各专业信息系统的空间定位基础。

——应用。利用 DLG 数据库可以制作水系、交通、政区、地名等单要素或几种要素组合的数字或模拟地图产品;可以与其他数据库的有关内容进行叠加,生成其他数字或模拟测绘产品,如分层设色图、晕渲图等;与国民经济各专业有关信息相结合,可以制作各种不同类型的专题测绘产品。

(2)DEM 数据库,是定义在 X、Y 域离散点(规则或不规则)的以高程表达地面起伏形态的数据集合。DEM 数据库是计算机存储的 DEM 及其管理软件的集合,可以用于与高程分析有关的地貌形态分析、透视图与断面图制作、工程中土石方计算、表面覆盖面积统计、通视条件分析、洪水淹没区分析等。除高程模型本身外,DEM 数据库还可以用来制作坡度图、坡向图,可以与地形数据库中有关内容进行结合,生成分层设色图、晕渲图等复合数字或模拟的专题地图产品。

(3)DOM 数据库,是具有正射投影的数字影像数据及其管理软件的集合。DOM 生产周期较短,信息丰富、直观,具有良好的可判读性和可测量性,既可直接应用于国民经济各行业,又可作为背景从中提取自然地理和社会经济信息,还可用于评价其他测绘数据的精度、现势性和完整性。DOM 数据库除直接提供 DOM 外,还可以结合 DLG 数据库中的部分信息或其他相关信息制作各种形式的数字或模拟正射影像图,也可以作为有关数字或模拟测绘产品的影像背景使用。

(4)DRG 数据库,是 DRG 及其管理软件的集合。DRG 是现有纸质地形图经计算机处理后的栅格数据文件。纸质地形图扫描后经几何纠正(彩色地图还需经彩色校正),以及内容更新和数据压缩处理后得到 DRG,保留了模拟地形图的全部内容和几何精度,生产快捷,成本较低。DRG 可用于制作模拟地图,可作为有关信息系统的空间背景使用,也可作为存档图件使用。DRG 数据库的直接产品是 DRG,增加简单现势信息可用于制作有关数字或模拟事态图。

(5)元数据库,是描述数据库(或子库)及其各数字产品的元数据所构成的数据库,包括系统中各数据库及与数字产品有关的基本信息、日志信息、空间数据表示信息、参照系统信息、数据质量信息、要素分层信息、发行信息和元数据参考信息等。

2)专题数据库

专题数据包括土地利用数据、地籍数据、规划管理数据、道路数据、文物保护数据、农业数据、水利数据等。它们的形式基本是矢量或栅格,所以可采用矢量或栅格数据结构进行存储和管理。

1.3.2 空间数据库建模

空间数据库作为对地理空间事物与现象进行组织、存储和分析的计算机系统,必须先将现实世界描述成计算机能理解和操作的数据形式。在现实世界到数字世界的转换过程中,数据模型起着极其重要的作用。现实世界被抽象和综合成概念世界后,必须先选择一种数据模型对概念世界进行数据组织,然后选择相应的数据结构及存储结构实现概念世界信息到计算机世界(比特)数据的映射。地理世界通过概念世界到计算机世界的抽象过程称为空间数据的建模,其结果就是空间数据模型。数据模型是对现实世界进行认知、简化和抽象表达,并将抽象结果组织成有用的、能反映现实世界真实状况的数据集的桥梁。其中,现实世界是存在于人脑之外的客观世界,概念世界是现实世界在人脑中的反映,数字世界是概念世界的信息化或数字化形式。

1. 地理现象的空间实体建模

地理空间中存在着复杂的空间事物或地理现象,如山脉、水系、道路网系、土地类型、城市分布、资源分布、环境变迁等。它们可能是物质的,也可能是非物质的,共同构成了现实世界。这些空间事物或地理现象通过人们的观察抽象、综合取舍,以数据形式存入计算机内就形成了地理空间实体,是对空间事物或地理现象进行再认识和分析的基础。

地理空间实体是对复杂空间事物和地理现象进行简化抽象所得到的结果,简称空间实体。空间实体反映存在于现实世界中的地理实体,与地理空间位置或特征相关联,是空间数据中不可再分的最小单元现象。这种结构单一的空间实体又称为简单实体。相互联系的简单实体的集合构成了复杂实体。简单实体、复杂实体和空间关系构成了空间概念的基本描述模型。

空间实体的一个典型特征就是与一定的地理空间位置有关,即具有一定的几何形态、分布状况以及彼此之间的相互关系。

2. 地理世界的空间数据库建模

地理世界到空间数据库的映射过程就是空间数据库的建模。

1)建模方式

空间数据库的建模过程就是人们对现实地理世界认知和分析的过程。首先,对地理事物进行观察,认知其类型、特征、行为和关系,以形成定性知识;然后,对地理事物进行分析、判别、归类、简化、抽象和综合取舍,以形成定量知识,为地理事物在数据库中的数字化存储提供基础。

由于空间事物和地理现象的复杂性及人们认识地理空间在观念或方法上的差异,不同学科或部门按照各自的认识和思维方式构造了不同的地理空间模型,或者说,不同学科或部门的空间数据库对空间事物或地理现象的抽象方式存在一定的差别。因此,对于同一空间事物,关注点、视点和尺度等差异使分析和抽象的结果不尽相同。例如,一栋建筑物,在宏观尺度或小比例尺下观察,将会被简化为一个点;在小范围或大比例尺下得到的抽象结果是完整的三维建筑物或其投影的多边形。

为了促进人们对地理空间信息有一个统一的认知和一致的使用方法,并促进空间数据库的互操作,国际标准化组织地理信息技术委员会制定了对地理空间认知的规范或模式,明确了以数据管理和数据交换为目的的空间信息基本语义和结构。空间数据库的基本建模思路为:先确定地理空间领域,再建立概念模式(概念建模),最后构成既方便人们认知又适合计算机解释和处理的实现模式。

2)建模层次

通过对现实世界的抽象、描述和表达,可以逐步得到便于人们认知的概念模型。物理模型是在空间数据库中组织和存储空间数据的模式,以易于数据被计算机解释和处理。作为连接概念模型与物理模型的逻辑模型,兼顾了人们的认知和计算机的解释与处理。概念模型、逻辑模型和物理模型是空间数据建模的三个基本层次。

（1）概念模型是人们对现实世界中的客观事物或现象的一种认识，是地理事物与现象的概念集，是系统抽象的最高层。空间概念模型包括用于描述空间中连续分布现象的场模型、用于描述空间中各种地物的对象模型和用于模拟现实世界中各种网络的网络模型。

（2）逻辑模型是概念模型中实体及其关系的逻辑结构，是系统抽象的中间层。常用的空间逻辑模型有矢量数据模型、栅格数据模型和面向对象模型等。

（3）物理模型是计算机内部具体的存储形式和操作机制，即在物理磁盘上如何存放和存取，是系统抽象的最底层。

地理空间世界通过从概念模型、逻辑模型到物理模型的转换，在便于计算机解释和处理的同时也逐渐增加了人们认知的难度。因此，空间数据库中的数据只有借助 GIS 等空间信息软件，才能被还原成易于人们认知的图景，如地图、DEM 等。

1.3.3　空间数据库管理

空间信息技术包括空间数据的获取、处理和应用三个部分，而空间数据管理则是空间信息技术的基础和核心。在数据获取过程中，空间数据库用于存储和管理空间信息及非空间信息；在数据处理过程中，空间数据库既是资料的提供者，又是处理结果的归宿处；在检索和输出等应用过程中，空间数据库是形成绘图文件或各类空间信息产品的数据源。对传统数据库来说，空间数据以其惊人的数据量及空间上的复杂性，使空间数据的组织与管理成为巨大挑战，因此形成了基于传统数据库管理与空间特征相结合的空间数据库管理模式。空间数据库管理主要包括空间数据的管理、组织、索引和查询等。

1. 空间数据的管理

栅格数据和矢量数据是空间数据的基本类型。

矢量数据的属性和图形往往分开组织，其中属性数据与通用的数据一样易于在关系数据库中存储，而图形数据的非结构化特征使其难以被关系数据库存储。因此，矢量数据往往采用文件—关系数据库、全关系数据库、对象—关系数据库等管理模式。在文件—关系数据库管理中，矢量数据的图形、属性分别存储在文件系统、关系数据库中。在全关系数据库管理和对象—关系数据库管理中，矢量数据的图形、属性同时存储在关系数据库中。其中，对象—关系数据库管理分别采用关系模式、对象表来表示属性、图形。

栅格数据不仅包含了属性信息，还包含了隐藏的空间位置信息（即格网的行、列信息）以及属性数据与空间位置数据之间的关联关系。栅格数据的管理分为基于文件系统管理、文件—关系数据库管理、全关系数据库管理三种方式。

空间数据的数据库管理模式新老并存，各有优缺点。

2. 空间数据的组织

空间数据的组织方式涉及空间数据的存取和检索速度，因此在数据库中显得非常重要。为了对海量空间数据进行有效的组织，需要对具有多类型、多来源、多尺度、多频率、多区域、多结构的空间数据重新进行分类和再组织。通常情况下，空间数据按照不同比例尺、横向分幅、纵向分层的方式来组织（图 1.4）。具体方法为：首先，确定一定的比例尺；其次，对空间数据进行分幅，对属性数据进行专题分层；最后，对同一幅面同一专题层的地理对象按照点、线或面状目标分别进行组织和存储。

（1）空间分幅。将整个地理空间划分为许多子空间，再选择要表达的子空间幅面（图 1.5）。

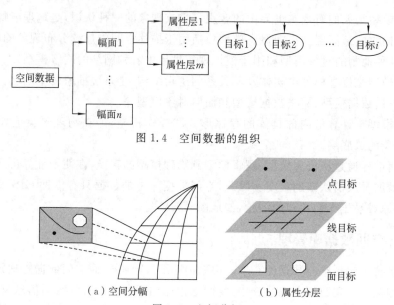

图 1.4　空间数据的组织

（a）空间分幅　　　　　　　　（b）属性分层

图 1.5　空间分幅

（2）属性分层。将所选择的每个幅面中的空间数据抽象成不同属性类型的专题数据层，如土地利用、地形、道路、居民区、土壤单元、森林分布等。

3. 空间数据的索引

作为一种辅助性的空间数据结构，空间索引介于空间操作算法和空间对象之间。空间索引通过筛选，排除大量与特定空间操作无关的空间对象，从而提高空间操作的速度和效率。因此，空间索引可以看成空间数据集合的一种"目录"。

空间索引指依据空间对象的位置和形状或空间对象之间的某种空间关系，按一定顺序排列的一种数据结构，其中包含空间对象的概要信息，如对象的标识、最小外接矩形及指向空间对象实体的指针等。空间索引性能的优劣直接影响空间数据库的整体性能，是空间数据库的一项关键技术。常见的空间索引一般采用自顶向下、逐级划分空间的方式，比较有代表性的有 BSP 树、KDB 树、R 树和 R^+ 树等。此外，结构较为简单的格网空间索引有着广泛的应用。

4. 空间数据的查询

查询是分析的基础。空间数据查询一般定义为从空间数据库中找出所有满足属性约束条件和空间约束条件的地理对象。

空间数据查询的方式主要有"属性查图形"和"图形查属性"两大类。属性查图形主要是用 SQL 语句进行简单的和复杂的条件查询。例如，在全国年均降水量图上查找降水量大于 2 000 mm 的城市，将符合条件的"城市"属性与其图形进行关联，然后在全国年均降水量图上高亮度显示"城市"图形。图形查属性可以通过点、矩形、圆和多边形等图形查询所选空间对象的属性，也可以查找空间对象的几何参数，如两点间的距离、线状地物的长度、面状地物的面积等。

空间数据查询的内容很多，包括空间对象的属性、空间位置、空间分布、几何特征，以及与其他空间对象的空间关系等。

1.3.4　空间数据库设计

空间数据库设计是指在现有空间数据库管理系统基础上建立空间数据库的整个过程。

1. 数据库设计的意义

数据库技术是信息资源开发、管理和服务的最有效手段,从小型的单项事务处理系统到大型的信息系统都采用了数据库技术来保证系统数据的整体性、完整性和共享性。数据库设计是数据库技术的基础和核心,其合理与否在很大程度上决定了数据库技术的优劣。

随着空间信息技术的发展,空间数据库所能表达的空间对象日益复杂,用户功能日益集成化,从而对空间数据库的设计提出了更高的要求。许多早期的空间数据库设计者着重强调的是数据库的物理实现,注重数据记录的存储结构和存取方法;而现在,空间数据库设计要求设计者能够根据用户需求、当前的经济技术条件和已有的软、硬件实践经验,选择行之有效的设计方法与技术。

2. 空间数据库设计的主要内容

不同的应用要求使数据库有各种各样的组织形式。数据库设计就是根据不同的应用目的和用户要求,在一个给定的应用环境中,确定最优的数据模型、处理模式、存储结构、存取方法,建立能反映现实世界中空间实体及其联系的数据库,它既能满足用户要求,又能被一定的数据库管理系统接受,同时还能实现系统目标并有效地存取和管理数据。简言之,数据库设计就是把现实世界中在一定范围内存在的应用数据抽象成一个数据库的具体结构的过程。

按照软件工程的规范化设计方法,数据库设计分为六个阶段:①需求分析,准确了解与分析用户需求;②概念结构设计,对用户需求进行综合、归纳与抽象,把用户需求抽象为数据库的概念模型;③逻辑结构设计,将概念结构转换为某个数据库管理系统所支持的数据模型,并对其进行优化;④物理结构设计,在数据库管理系统上建立逻辑结构设计确立的数据库结构;⑤数据库实施,建立数据库,编制与调试应用程序,组织数据入库,并进行试运行;⑥数据库运行和维护,对数据库系统进行评价、调整与修改。

设计一个完善的空间数据库应用系统是不可能一蹴而就的,往往是上述六个阶段的不断重复。上述过程既是空间数据库设计的过程,又是空间数据库应用系统的设计过程。将空间数据库设计与其应用系统设计有机结合起来,通过各自的需求分析、模型抽象、结构设计、系统实现各个阶段的相互作用、相互补充,有助于形成和完善空间数据库及其应用系统。

1.4　空间数据库应用与发展

作为空间数据的存储场所,空间数据库是空间数据应用的基础和关键,因此在与空间数据相关的领域有着广泛的应用空间。据不完全统计,人类收集数据的 80% 与空间位置有关,这意味着空间数据库的应用前景将更加广阔。

1.4.1　空间数据库的应用

在通用数据库技术不断发展的推动,以及遥感、地理信息等空间数据库应用需求的拉动下,空间数据库技术不断走向成熟,已经在地理空间各领域得到广泛的应用,并带动了空间信息产业化的发展。

1. 空间数据库的功能

空间数据库是地理信息系统中空间数据的存储场所,在一个包含空间数据的工程项目中发挥着核心的作用。

1）海量数据存储与管理

地理空间数据是海量的,其数据量远远大于一般数据库,这就对空间数据库的布局和存取能力提出了更高的要求,主要是空间数据库应具有快速响应能力。专用空间数据库,一方面为空间数据的管理提供了便利,解决了数据冗余问题,大大加快了数据访问速度,防止了由数据量过大引起的系统“瘫痪”等现象;另一方面充分利用关系数据库管理系统安全用户管理、数据备份等功能,实现了空间数据和属性数据真正的无缝连接,从而提高了数据管理和应用效率,既便于数据共享,又为系统采用完全的客户—服务器(client/server,C/S)模式提供了基础。

2）空间数据处理与更新

为保证空间数据在内容、逻辑、数值上的一致性和完整性,空间数据库应具备强大的数据完整性和一致性检查等处理功能。空间数据的时效性非常强,这在客观上要求空间数据库能支持数据的更新。空间数据更新是通过空间信息服务平台,用现势性强的现状数据或变更数据更新数据库中现势性弱的数据,保持现状数据库中空间信息的现势性和准确性或提高数据精度;同时,将被更新的数据存入历史数据库,为时态分析、历史状态恢复等应用提供数据储备。因此,空间数据的更新并不是简单的删除和替换,还需要保持更新数据与原有数据的正确连接等。

3）空间分析与决策

空间数据库技术能够支持空间数据的结构化查询和分析,可以从海量数据库中高效地选择所需数据,并通过软件再现出来,为用户决策提供辅助支持。在此基础上,空间数据库能根据用户的需求组织空间数据库中的源信息并提供数据,即根据主题内容通过专业模型对不同空间数据库中的原始业务数据进行抽取和聚集,给用户提供集成的、面向主题分析的决策支持环境。

4）空间信息交换与共享

空间数据具有异构性,主要原因有:一方面,空间数据库的应用范围非常广,对于不同的用户群,其要求、使用方法及所需数据的差异很大;另一方面,空间数据库系统选用不同的专题数据库和不同的数据模型。空间数据的这种异构性在一定程度上阻碍了空间数据的共享。空间数据库系统支持空间信息的交换和共享,尤其是随着网络技术的发展,这种交换与共享变得更加便捷。

2. 空间数据库的应用现状

我国虽然在空间数据库的建设方面起步较晚,但发展势头迅猛。针对各行各业对空间信息技术的需求,空间信息产业的开发与应用突飞猛进。作为空间信息产业的一种综合性的新技术、新方法,空间数据库技术已延伸到国民经济建设的各个领域,为扩大空间信息的应用范围、保障空间信息的时效性,以及提高空间信息的准确性和共享程度提供了基础。

1）在应用宽度方面

一批国家级的空间数据库已经建立,包括国家基础地理信息系统1∶100万和1∶25万数据库,与海洋信息相关的资源、环境、灾害等数据库,气候气象数据库,环境信息监测数据库,矿产资源数据库,1∶50万土地利用数据库,1∶10万土地资源数据库等。

2）在应用深度方面

以我国农业领域为例,空间数据库的应用不断细分,例如:中国农林文献数据库、中国农业文献数据库、农副产品深加工题录数据库、植物检疫病虫草虫名录数据库、农副渔业科技成果数据库、中国畜牧业综合数据库、全国农业经济统计资料数据库、农产品集市贸易价格行情数据库、农业合作经济数据库等,世界上四个有名的与农业技术有关的大型空间数据库,即联合国粮农组织的农业系统数据库、国际食物信息数据库、美国农业部农业联机存取数据库、国际农业生物中心数据库。

1.4.2　空间数据库的演变

空间数据库的演变可以从空间数据库计算平台、空间数据模型和空间数据管理模式三个方面描述。

1. 空间数据库计算平台的发展

空间数据库计算平台的发展大致经历了三个阶段:集中式系统、经典客户—服务器系统、分布式系统(图 1.6)。

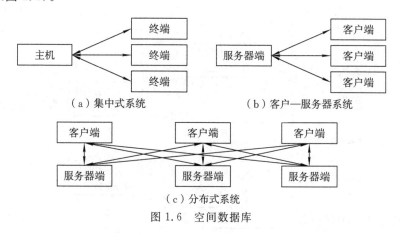

（a）集中式系统　　　　　　（b）客户—服务器系统

（c）分布式系统

图 1.6　空间数据库

1)集中式系统

在集中式系统中,一个主机带多个终端,如图 1.6(a)所示。终端没有数据处理能力,运算全部在主机上进行。这样,当主机或数据库不能运行时,所有终端都不能使用系统;从终端到主机或数据库的通信开销往往是昂贵的。

2)客户—服务器系统

随着计算机网络技术的发展,集中式系统的主机—终端逐步演变成了客户—服务器系统,如图 1.6(b)所示。客户端一般是个人电脑或工作站,而服务器端是大型工作站、小型计算机系统或大型计算机系统,服务器端和客户端之间通过网络连接。在经典的客户—服务器系统中,传统的由主机完成的部分数据库功能模块和图形显示模块等事务性功能放在客户端,减轻了服务器端开销、客户—服务器通信开销,平衡了服务器端和客户端的负载,大大提高了空间数据库的效率,也增强了空间数据的共享能力。

3)分布式系统

分布式系统可以看成多个不同客户—服务器系统的有机组合和无限延伸,如图 1.6(c)所示。一个客户端的数据可以来源于多个不同的服务器端;一个服务器端上的数据可以被多个不同的客户端操作。分布式空间数据库可以减少客户端对一个服务器端的依赖,也提高了客户端使用数据的灵活性,因此是当前空间数据共享的主要潮流。

2. 空间数据模型的发展

空间数据模型的发展,从维度上可以分为二维模型、三维模型和时空模型等阶段;从数据结构上可以分为栅格模型、矢量模型和对象模型等阶段。其中,三维模型总体上可分为基于体描述的数据模型和基于面表示的数据模型。

3. 空间数据管理模式的发展

通用数据库作为数据管理的高级阶段,是建立在结构化数据基础上的。空间数据具有其自身的特殊性,主要表现在空间数据的变长性、嵌套性,这就造成通用数据库管理系统在管理空间数据时表现出较多不适应的地方,空间数据库则应运而生。空间数据库是数据库学科的一个分支,用于管理非结构化的空间数据,因此空间数据库的演化发展,一方面脱离不了通用数据库演化发展的历程,如空间数据管理中的人工管理系统、文件系统、全关系数据库管理系统和面向对象数据库管理系统等;另一方面出现了专门管理空间数据的混合模式,如文件—关系数据库管理系统、对象—关系数据库管理系统等,如图1.7所示。

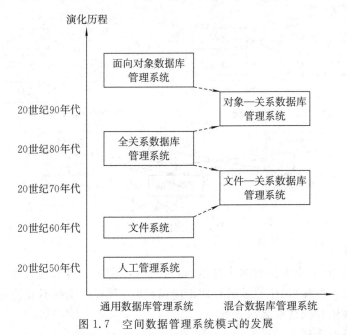

图 1.7　空间数据管理系统模式的发展

空间数据管理主要有五种方式:文件系统、文件—关系数据库管理系统、全关系数据库管理系统、面向对象数据库管理系统和对象—关系数据库管理系统。

(1)文件系统已基本不再使用。

(2)文件—关系数据库管理系统是目前应用最多的,在今后一段时间内还将继续存在并被使用,但最终会因存在诸多缺陷而退出历史舞台。其缺陷主要包括:①需要同时启动图形文件系统和关系数据库,甚至两个系统来回切换,使用起来不方便;②属性数据和图形数据通过标识符联系起来,使查询运算、模型操作运算速度缓慢;③数据发布和共享困难;④属性数据和图形数据分开存储,在数据的安全性、一致性、完整性、并发控制以及数据损坏后的恢复方面缺少基本的功能;⑤缺乏表示空间对象及其关系的能力。

(3)全关系数据库管理系统将空间图形和属性数据都存储在关系数据库中,以避免空间数据和属性数据的分割管理。然而,由于关系数据要求记录定长、不允许嵌套,因此未做特定规划的变长性、嵌套性的空间数据是不能直接存储在关系数据库中的。

(4)面向对象数据库管理系统最适合于空间数据的管理和表达,不仅支持变长记录,而且支持对象的嵌套、信息的集成和聚集。此外,它还允许用户定义对象和对象的数据结构及操作。然而,面向对象数据库管理系统目前还不成熟,导致其在地理信息领域还不太通用。

(5)对象—关系数据库管理系统是面向对象数据库管理系统与全关系数据库管理系统的复合体。从用户的角度来看,空间数据是面向对象的,即用户可以按照面向对象的方式定义、组织和操作空间数据;从数据库的角度来看,空间数据则是全关系数据库管理系统,即所有的空间数据和属性数据都存储在全关系数据库管理系统中。然而,对象—关系数据库管理系统仍未能解决对象的嵌套问题,用户无法根据需要进行扩展。

空间数据库的复杂性和特殊性,使现有数据库管理系统难以满足要求,从而促进空间数据库管理系统不断发展。

思考题

1. 什么是数据和信息?两者之间有何联系和区别?

2. 什么是空间数据和空间信息?两者之间有何联系和区别?

3. 空间数据的主要来源有哪些?

4. 空间数据的类型划分方法有哪些?

5. 简述空间数据的结构特征。

6. 简述空间数据的时空特性。

7. 分析空间数据库中空间位置数据与属性数据的关联性。

8. 什么是空间数据的多态性?主要有哪些方面?

9. 空间数据的海量特征表现在哪些方面?

10. 空间数据的异质性包括哪些方面?

11. 简要说明引起空间数据不确定性的主要因素有哪些。

12. 简要说明空间数据表达的类型有哪些。

13. 简述空间数据质量控制的意义。

14. 简述空间数据质量的概念。

15. 区分误差、准确度、精密度、不确定性等与可信度相关的几个概念。

16. 分析空间数据质量问题的主要来源。

17. 总结空间数据质量控制的主要方法。

18. 什么是空间元数据?分析空间元数据的功能与作用。

19. 什么是空间数据库?比较分析空间数据库与通用数据库的特征。

20. 简述空间数据库的类型。

21. 简述空间数据库建模的三个基本层次。

22. 简述空间数据组织的方法。

23. 分析空间数据库设计的意义。

24. 简述空间数据库的功能。

25. 空间数据库计算平台的发展经历了几个阶段?

第 2 章 空间数据库体系结构

随着计算机技术的飞速发展,处理地球表面相关信息的地理信息系统也在不断发展。与其他处理日常事务的信息系统(如银行管理系统、图书管理系统)不同,地理信息系统是采集、存储、管理、分析和描述某区域内与地理位置和空间分布有关数据的空间信息系统。其内容涉及空间数据、属性数据及各种复杂的空间关系,这些数据的组织和管理较一般的信息系统要复杂得多。为此,人们对空间数据库建模、空间数据库系统体系结构及其管理模式等进行了大量的研究,形成了一系列适用于空间数据组织管理的方法和技术。本章将介绍与此相关的空间数据库建模体系、空间数据库系统体系结构、空间数据库管理系统和空间数据库引擎四部分内容。

空间数据库是描述与特定空间位置有关的真实世界对象的数据集合,一般情况下指空间数据及模型。但有时空间数据库的概念被泛化,被称为空间数据库系统。此时,空间数据库系统是一个系统工程的概念,包括空间数据库、硬件设施、系统软件、应用软件和人员五部分。而空间数据库管理系统(如 Oracle),作为空间数据库内部组织管理和实施的核心软件,常常被用来区别不同的空间数据库。因此,空间数据库、空间数据库系统、空间数据库管理系统三个概念的理解和使用应根据上下文而定,强调数据和模型时使用空间数据库,强调数据库系统构成时使用空间数据库系统,强调数据库管理软件时则使用空间数据库管理系统。

2.1 空间数据库建模体系

由于计算机不能直接处理现实世界中的地理空间对象,因此人们必须先把地理空间对象转换成计算机能够处理的空间数据和信息,然后才能实现对地理空间对象的各种操作。在空间数据库中,使用空间数据模型抽象、表示和处理现实世界中的空间数据。空间数据模型是对现实世界进行抽象的结果,是关于地理空间数据组织的概念和方法,反映了现实世界中空间实体及其相互之间的联系,是描述地理空间数据组织和进行空间数据库模式设计的基础。空间数据模型是空间数据库的基础,空间数据库借助空间数据模型组织和管理客观事物。现有的空间数据库均是基于某种空间数据模型设计实现的,因此了解空间数据建模体系是学习空间数据库的第一步。

空间数据库的建模通过两个步骤将现实世界中的具体事物抽象、组织为计算机能够处理的数据。首先将现实世界抽象为信息世界,然后再将信息世界转换为机器世界。也就是说,首先把信息世界中的客观对象抽象为某一种信息结构,这种信息结构并不依赖于具体的计算机系统,不是某一个数据库管理系统支持的数据模型,而是概念模型;其次把概念模型转换为计算机上某一个数据库管理系统支持的逻辑模型和物理模型,这一过程如图 2.1 所示。空间数据模型应满足三方面的要求:一是比较真实地模拟现实世界;二是容易为人所理解;三是便于在计算机上实现。

为了更好地组织和存储复杂的空间数据,通常将空间数据库设计成三层体系结构,分别为概念模型、逻辑模型和物理模型。这一结构分割了空间数据的内部存储、逻辑结构和外部应用,构成了空间数据库的内部体系结构。它们是在抽象、组织、存储空间数据过程中形成的三个重要的数据模型。

2.1.1　空间概念模型

由图 2.1 可以看出,数据库设计人员通过认知、抽象等手段对现实世界的实体或现象进行概念化建模。概念模型必须是对现实世界本质的、确实存在的内容的抽象,并忽略现实世界中非本质的和与主题无关的内容。概念模型还要具有完整、精确的语义表达力,能够模拟现实世界中本质的和与主题有关的各种情况,并且易于理解和修改。此外,概念模型还应易于向信息世界所设计的数据模型转换,这是因为现实世界抽象成概念世界的目的就是用计算机处理现实世界中的信息。

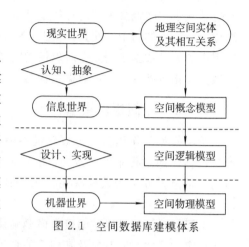

图 2.1　空间数据库建模体系

空间概念模型是从地理空间的现象到计算机能处理的数据所要经过的一个阶段。它不考虑数据的内部存储和组织,而是按用户的观点对数据和信息进行建模,用自然的、逻辑的方式描述现实世界的数据及其联系。空间概念模型描述地理空间现象和基本特征,以及相关的实体及实体间的相互联系等,从而确定数据库的数据内容。该模型的核心在于抽象得到数据类型以及数据之间的联系,描述研究范围内数据的概念结构,而具体的实现留给后面的步骤完成。空间概念模型可以使用图、语言或者二者的结合来描述,其中最常见的是实体—关系(entity-relation, E-R)模型。E-R 模型将现实世界的客观存在理解为实体(考虑问题的对象),用属性描述客观存在,用联系描述客观存在之间的关联,并使用 E-R 模型直观地描述模型。在 E-R 模型中,矩形表示实体型,矩形框内写明实体名;用椭圆形表示属性,并用无向边线将其与相应的实体连接起来;用菱形表示联系,并用无向边分别与有关实体联系起来,同时在无向边旁标写联系的类型(1∶1,1∶N,M∶N)。有关空间概念模型的具体设计流程将在第 8 章进行详细介绍。

专门针对空间数据的概念模型有三种:对象(要素)模型、场模型和网络模型。对象模型主要研究离散的空间对象,根据离散对象的边界线以及与这些对象相关的其他对象,就可以详细描述这些离散对象。场模型主要研究在二维、三维空间中被看作连续变化的对象,该模型适合模拟与描述具有连续分布特点的对象,如物理上实现的地球表面的温度、空气质量(污染情况分布)等对象。网络模型主要研究复杂对象以及这些对象之间的关系,如物理上实现的电力线缆、水流、交通流,这些复杂的对象一般都具有时效性与方向性,需要用到这种特殊的空间数据模型。

其实以上空间概念模型的分类也不是硬性的,对于具体的研究对象,根据数据来源、数据特性以及研究的侧重点,要选择合适的空间数据模型进行分析建模。有时空间对象被当作场模型来研究,有时候又被当作对象模型来研究,这取决于空间数据的测量方式。如果空间数据采集于卫星影像图形,数据主要靠图形区域的位置提供某个现象的值,如地面植被的类型就可以采用场模型描述。如果空间数据来自测量区域的边界线,并且区域内部的值都是相同的,则可以采用对象模型描述。在一定程度上场模型和对象模型可以相互转化,这需要根据研究的侧重点而定。

　　本小节阐述的空间概念模型的内容涵盖了3.3节的对象模型和场模型,空间数据模型并不是独立于空间概念模型之外的模型。对象模型和场模型是根据抽象过程中涉及的具体对象细化分类得出的两个空间数据模型,在本质上是空间概念模型的一个子集。此外,在一般实际应用中的矢量数据模型是在对象模型的基础上具体化得出的,而栅格数据模型是以场模型为原型具体化得到的。矢量数据结构与栅格数据结构属于空间逻辑模型的范畴。

2.1.2　空间逻辑模型

　　逻辑模型的作用就是把概念世界中的数据转换成信息世界支持的数据类型,同时还要考虑数据转换过程中的一致性、完整性问题。逻辑模型在整个转换过程中起到承上启下的作用。信息世界中的数据既能代表和体现信息,又向机器世界前进了一步,便于用机器进行处理。

　　空间逻辑模型是以空间概念模型确认的空间信息对象为基础,通过计算机信息化的形式表达现实世界的空间对象及其相互关系。专门针对空间数据的逻辑模型主要有矢量、栅格两种类型。对于空间概念模型中定义的对象模型和场模型,可以使用这两类逻辑模型来描述数据内部的逻辑关系。矢量数据模型建立在二维平面上,利用欧氏几何学中的点、线、面及其组合体表示地理实体的空间分布。它适用于在空间位置上不具有连续分布和变化趋势特性的空间对象。矢量数据模型与传统地图最为相像,所以是目前应用最广泛的逻辑模型。栅格数据模型使用面域或者空域的枚举描述现实世界中的对象。它最适合表示由场模型抽象来的具有连续分布和具有变化趋势特性的空间对象。栅格数据模型的栅格一般使用数字矩阵表示,并且坐标信息隐含在矩阵的行列之中。栅格数据模型主要包含点实体、线实体和面实体。其中,点实体表示一个栅格单元(像元),线实体由一系列点实体按照一定的规则相连而成,面实体则是由一系列大小相同的相邻像元构成。图2.2给出了点、线、面三种类型空间要素的矢量和栅格数据模型示例。

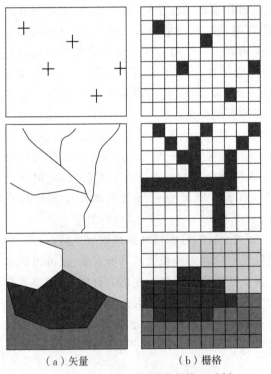

（a）矢量　　　　（b）栅格
图2.2　矢量和栅格数据模型示例

　　空间概念模型与空间逻辑模型在实现过程中不是一对一的关系,而是类似于一对多的交叉关系,需要根据实际情况而定。空间逻辑模型并不涉及物理实现细节,为了最终将数据转换为计算机能够接受的存储内容并方便操作,需要对信息世界中的有关信息经过加工、编码、格式化等处理,将逻辑模型转换为物理模型。

2.1.3　空间物理模型

物理模型是数据面向计算机的组织方式,涉及数据的存储方法、物理组织、数据库总体结构等,主要包括对数据格式、索引、约束等方面的定义。物理模型的建立一般是与平台相关的,但现代操作系统的硬件抽象特性可以隔离这种相关性。操作系统中的文件系统对数据存储提供了直接物理支持,同时对外提供了统一的数据存取方式。对于用数据库管理的数据来说,一旦逻辑模型选定之后,其物理模型可以由数据库管理系统自动完成,不需要人工确定。

在对空间数据进行操作之前,数据必须经过组织,用比特(bit)来存储,用字节、记录和磁盘页来组织,成为计算机可以直接操作和存储的形式。这种映射的空间数据结构叫作空间物理模型。空间物理模型是空间数据抽象过程中的最后阶段,它是空间概念模型以及空间逻辑模型在计算机内部具体的存储形式和操作机制,是空间数据面向计算机的物理组织和数据存取方式。

空间物理模型的大部分功能由具体的数据库自动完成,使用者只需要根据前期的数据模型设计表结构、视图、索引等特殊结构即可。数据库物理设计对确保各种查询的合理性能至关重要,一个好的物理数据库设计目标是让数据量、传输量保持绝对最小值,这对于数据量庞大的空间数据非常重要。

以上三层空间数据模型构成了空间数据库的基本结构,它们是有效组织、存储、管理各类空间数据的基础,也是有效传输、交换和应用空间数据的基础。在设计时,需要对客观事物有充分的了解和深入的认识,科学、抽象、概括地反映自然界和人类社会各种现象空间分布、相互联系及动态变化。然后,在计算机存储介质上完整地描述、表达和模拟现实世界中地理实体或现象、相互关系及分布特征。

2.2　空间数据库系统体系结构

空间数据库系统是指在计算机系统中引入空间数据库之后的系统。广义的空间数据库系统,除了包含一个存放大量数据集合的数据库外,还包含相应的计算机硬件设施、系统软件和应用软件。此外,一个完整的空间数据库系统还应包含人的因素。空间数据库的建立、使用和维护等工作通常需要专门的数据库管理员完成,而用户是各类应用软件的终端使用者。以上这五个部分相互联系,共同作用,构成一个系统,称为空间数据库系统。

2.2.1　空间数据库系统组成

空间数据库系统五个部分的层次结构关系如图 2.3 所示,下面将简要介绍各部分的功能。

1. 空间数据库

空间数据库是长期存储在计算机内、有组织、可共享的大量空间和非空间数据的集合。空间数据库中的数据按一定的数据模型组织、描述和存储,具有较小的冗余度、较高的数据独立性和易扩展性,并可被各种用户共享。

从应用层面上说,空间数据库可分为基础地理空间数据库和专题数据库两种(图 2.4)。基础地理空间数据库的数据源包括数字矢量地图、数字高程模型、数字正射影像图、数字栅格地图等数据产品,以及相应的用来描述各数据产品数据特征的元数据。而专题数据库是面向特定专题的数据库,如土地利用专题数据库、地籍专题数据库、规划管理专题数据库、路网专题数据库等。

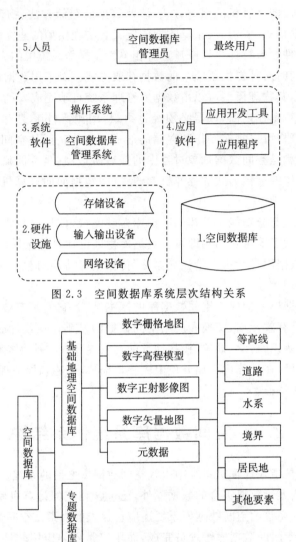

图 2.3 空间数据库系统层次结构关系

图 2.4 空间数据库的分类

2. 硬件设施

空间数据库需要创建和存储在计算机存储设备上,并且空间数据的输入输出、异地传输也需要输入输出设备和网络设备的支持。

用于空间数据存储的存储设备可分为服务器、图形工作站和个人计算机三种。其中服务器需要具备网络化管理、数据库服务、文件服务和输入输出等功能,同时应满足在多用户并发访问时的高数据吞吐量、快速服务响应、海量数据存储等需求。图形工作站是空间数据显示和处理的主要平台,通常需要有高分辨率和大尺寸的显示器、高速的中央处理器和图形加速卡。而个人计算机通常用于单个用户的轻量级数据库服务和输入输出等任务。

用于空间数据输入输出的设备种类繁多。其中主要的输入设备有扫描仪、数字相机、卫星定位接收机、全站仪、测距仪、解析立体测图仪、数字摄影测量工作站等,主要的输出设备有图形显示器、绘图仪、刻图仪、投影仪、激光照排机、打印机、立体观测系统等。

3. 系统软件

系统软件包括操作系统和空间数据库管理系统。

操作系统是在底层与计算机硬件交互的系统软件,同时负责计算机资源在各应用程序之间的调度。它提供的服务有硬件管理、进程管理、资源分配、存储管理和访问、内存管理、文件管理、系统和用户资源管理等。

空间数据库管理系统是位于用户与操作系统之间的一层数据管理软件,目的是科学地组织和存储空间数据,并高效地管理和维护空间数据。它完成针对空间数据的存储、管理和检索等任务。由于其在空间数据库系统中处于最重要的位置,本书将在 2.3 节对其功能、分类模式和实现技术进行更详细的说明。

4. 应用软件

应用软件包括应用开发工具和应用程序两类。应用开发工具是为应用开发人员和最终用户提供的高效率、多功能的应用生成器及第四代语言等各种软件工具,为空间数据库系统的开发和应用提供了良好的环境。而应用程序是为特定应用环境开发的空间数据库应用系统。

5. 人员

人员包括空间数据库管理员和最终用户两类。空间数据库管理员负责全面管理和控制空间数据库系统。具体职责包括组织数据库中的信息内容和结构、选择数据库的存储结构和存取策略、定义数据的安全性要求和完整性约束条件、监控数据库的使用和运行,以及日常维护和重组重构数据库等。最终用户可分为数据采集人员、应用开发人员、专业分析人员三种,他们通过应用软件所提供的用户接口使用数据库。常用的接口方式有浏览器、菜单驱动、表格操作、图形显示与编辑、报表书写等,此外还有专门针对空间数据的数据库开发环境、空间数据库引擎、空间数据挖掘工具等。

目前数据库系统已成为现代信息系统不可分离的重要组成部分,普遍存在于科学技术、工业、农业、商业、服务业和政府部门的应用之中。数据库系统的出现,使信息系统从以加工数据的程序为中心转向以共享的数据库为中心的新阶段。这样既便于数据的集中管理,又有利于应用程序的研制和维护,提高了数据的利用率和相容性,提高了决策的可靠性。

2.2.2　空间数据库系统结构

空间数据库系统可以实施在不同的计算机平台上,范围从台式个人计算机到网络环境下的工作站或计算机集群。空间数据库系统结构可划分为集中式和分布式两类架构,大多数科研、商业和政府组织的数据库都实施在这两类硬件架构上。

1. 集中式空间数据库系统架构

在集中式空间数据库系统中,所有的数据处理工作都在一台计算机上完成,所有的数据也都存储在这台计算机中。用户通过本地连接访问数据库,并且本地数据库并不与其他外部计算机系统交互。此类系统通常运行在分时共享和多任务的操作系统环境中,允许在一个中央处理器(central processing unit,CPU)上并发执行多个操作。

2. 分布式空间数据库系统架构

微型机的出现以及 20 世纪 90 年代通信技术的发展,改变了数据库系统的硬件架构。目前大多数数据库系统都支持分布式环境下的处理。在分布式环境下,数据的存储和请求响应等操作是分离的。

分布式空间数据库系统是由若干个物理上分散而逻辑上集中的空间数据库集成的数据库系统。这里的空间数据库分布在不同的物理位置,通过计算机网络连接起来组成一个逻辑上统一的数据库系统。分布式空间数据库系统的体系结构如图 2.5 所示。

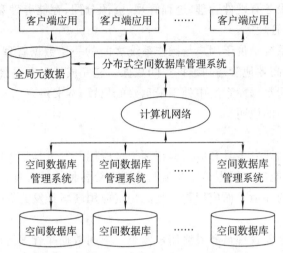

图 2.5　分布式空间数据库系统的体系结构

由图 2.5 可以看到,在分布式空间数据库系统中,所有的空间数据库单元(包括一个空间数据库和对应的空间数据库管理系统)通过计算机网络由一个统一的空间数据库管理系统进行管理,称为分布式空间数据库管理系统。分布式空间数据库管理系统对外部客户端应用提供统一的数据访问接口,使得全局用户可以透明地访问物理上分散的多个空间数据库;而对内负责管理多个空间数据库的控制信息,通过与各空间数据库管理系统进行交互,完成全局用户的数据访问请求及响应。

分布式空间数据库架构不仅指位于不同站点上的计算机在物理上的分散,也指在这些计算机上的数据库存储和数据操作在物理和逻辑实现上的分散,即分布式空间数据库系统不仅允许物理上分离操作和数据,还可以把某个操作或数据文件划分为更小的单元放在不同的计算机上。这种分布式空间数据库系统的划分方法旨在更好地实现资源优化和资源共享。

数据库系统在由集中式向分布式架构转变的过程中,利用了客户—服务器模式。客户—服务器模式是在物理上分散的计算机之间通过共享资源运行程序的方法。客户—服务器模式把一个数据库应用系统划分为两个部分,前端发送服务请求程序的计算机称为客户端,后台接收请求并提供应答的计算机称为服务器端,二者通过网络进行互联。通常,一个服务器端可以同时为多个客户端提供服务。在运行特定的应用程序时,一个客户端也可以向多个服务器端发送请求。

根据客户端和服务器端主机的功能分配策略,可将客户—服务器模式细化为瘦客户—胖服务器模式和胖客户—瘦服务器模式。图 2.6 给出了数据库系统的客户—服务器模式的功能分配,随着个人计算机处理能力的增强,更多的应用处理功能可以被移至客户端,使客户端的功能越来越强大,而服务器端的功能则逐步退化成单纯的数据库管理这一项核心功能。当前常见的客户—服务器模式也更倾向于胖客户—瘦服务器模式。客户—服务器模式的缺点是开放性差,软件的开发和维护成本较高。

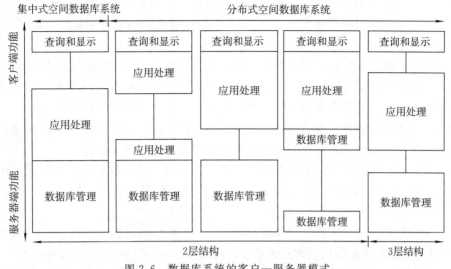

图 2.6　数据库系统的客户—服务器模式

因特网的出现和万维网协议的广泛应用都对数据库系统的发展产生了重要影响。目前许多基于因特网的数据库都采用一种浏览器—服务器模式的三层结构,如图 2.6 所示,即在客户端将浏览器作为用户界面,通过互联网访问网络上的数据库资源,并且将数据处理任务从客户端移到了中间的应用服务层。采用浏览器—服务器模式会增加服务器端的工作量,但是客户端的任务得到了大幅缩减,使得客户端可以不再需要高性能的个人计算机,并且浏览器—服务器模式的三层结构使其在系统维护方面也相对容易。

2.3　空间数据库管理系统

空间数据库不仅包含内容丰富的属性数据,如社会、政治、经济、文化等统计数据,而且还包含大量与地理位置相关的空间数据。这些空间数据具有非结构化、分类编码等特征,使得对空间数据的管理比普通属性数据要复杂得多,通用的数据库管理系统无法满足要求。为了实现"空间—属性数据一体化""矢量—栅格数据一体化"和"空间信息—业务信息一体化"的管理模式,现在的空间数据库软件普遍采用集成结构。在统一的空间数据模型支持下,利用成熟的商用关系数据库管理系统来存储和管理海量数据。将实现这一集成化数据管理的软件称为空间数据库管理系统。

空间数据库管理系统是位于用户与操作系统之间的一层数据管理软件。它提供高效的数据组织存储平台及访问接口,完成针对空间数据的存储、管理和检索等任务。由于发挥着重要作用,因此它被视为空间数据库的核心。

2.3.1　空间数据库管理系统功能

空间数据库管理系统需要具备以下几项主要功能:

(1)合理的空间数据存储与组织。空间数据库管理系统在统一的空间数据模型及关系数据库管理系统的支持下,实现空间数据的组织和存储,同时通过建立合理的包括拓扑在内的空间关系、空间索引机制,提高空间数据的访问和操作效率。

(2)统一的空间数据访问。空间数据访问是现有关系数据库管理系统的有效扩充。由于传统 SQL 不适用于典型的空间查询,因此所有的空间数据访问需采用扩展 SQL 统一的接口来实现。

(3)高效的空间数据操作。所有的空间数据操作以统一的空间数据模型为基础,紧密结合商用数据库管理系统的特点和优点,利用商用数据库管理系统的功能,从数据库管理系统底层实现空间数据的操作,并合理利用空间数据索引技术,实现空间数据的高效操作。

(4)统一的元数据管理。参考国际和国内的相关标准,设计和实现空间数据库管理系统的元数据规范,为用户访问和操作空间数据提供充分的空间数据语义信息。

(5)用户管理。用户管理是实现数据安全的有效保障。空间数据库管理系统的用户管理需紧密结合商用数据库管理系统中的用户管理,是商用数据库管理系统用户管理的扩充和发展。

(6)并发管理。空间数据库管理系统支持多用户并发访问,设计合理的多用户并发访问控制机制可以大大提高系统的稳定性和可靠性,并使得空间信息实现最大程度的共享。

(7)长事务处理。长事务处理是空间信息处理中的一个必需的功能。利用关系数据库管理系统的对应功能,可以设计和实现长事务处理的合理机制。

(8)支持空间数据仓库的建立。空间数据仓库和联机空间分析是进行空间分析决策的基础,空间数据仓库集成现有的空间数据库系统数据,进一步发掘空间数据的潜在信息。

空间数据库管理系统体系结构如图 2.7 所示。

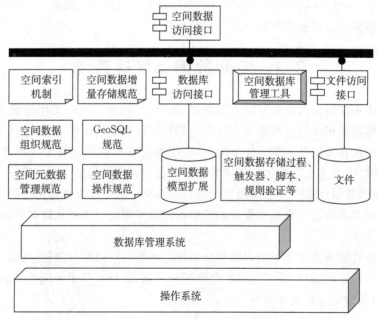

图 2.7　空间数据库管理系统体系结构

2.3.2　空间数据库管理系统模式分类

围绕空间数据管理和组织方法,出现了几种不同的空间数据库管理系统模式。从 20 世纪

50 年代开始发展到现在,空间数据库管理系统模式经历了六代演变:文件系统模式、传统数据库管理系统模式、文件—关系数据库管理系统模式、全关系数据库管理系统模式、面向对象数据库管理系统模式和对象—关系数据库管理系统模式。图 2.8 形象地说明了空间数据库管理系统的演变历程。

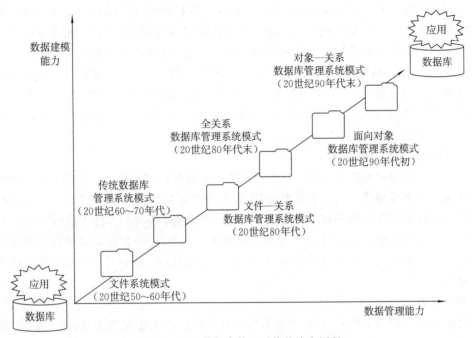

图 2.8　空间数据库管理系统的演变历程

1. 文件系统模式

基于文件系统的管理模式流行于 20 世纪 50～60 年代,加拿大土地调查局于 1962 年建立了最早的 GIS 应用系统,采用的就是纯文件管理模式。文件系统模式实际是基于文件管理系统(file management system,FMS)的,它包含在计算机操作系统中。文件系统模式是把数据的存取抽象为一种模型,即在使用时只要给出文件名称、格式和存取方式等,其余的一切组织和存取过程由专用软件 FMS 来完成,如图 2.9 所示。

1)模式介绍

在文件系统模式中,所有的空间数据和属性数据都存储在自行定义的空间数据结构及操作工具的一个或多个文件中,二者通过标识符建立联系。空间数据库的建立就是对空间数据目录下空间数据文件的存储和组织。对文件的管理不是采用专门的数据管理软件,而是直接采用操作系统通用的文件管理方式。其基本结构如图 2.9 所示。

图 2.9　文件系统模式

采用文件管理的优点是结构灵活,操作简便,软硬件投资较小。每个软件厂商可以依据本企业内部标准定义文件格式以及操作工具,管理各种数据。这一点对存储需要加密的数据以及非结构化的、不定长的几何体坐标记录是有帮助的。这种模式的缺点也显而易见,其难以适应大批量数据处理,属性数据管理功能较弱,需要开发者自行设计和实现对属性数据的更新、查询、检索等操作,并且在数据的一致性、完整性、安全性、并发控制及恢复性等方面能力也较弱。因此,文件系统模式只适合对数据处理、系统安全等要求较低的小型地理信息系统。

2)模式实例

在 20 世纪 60～70 年代,地图主要由普通的计算机辅助制图(computer aided design,CAD)软件绘制。CAD 数据模型以二进制文件格式存储地理空间数据,并用点、线、面的形式来描述,相关的形状、颜色等属性与几何要素存储在一起,对属性的主要表达方式为图层和注记号。可见,CAD 存储格式不能完全表达空间实体的属性信息,空间数据内部也不能建立拓扑关系或实现空间分析。另外,空间数据不是存储在数据库中,给 GIS 软件开发和 GIS 数据共享都带来了困难,存储结构的局限使 CAD 数据模型在地理信息系统随后的发展过程中逐步被淘汰,目前的应用主要是在工程制图领域。

2. 传统数据库管理系统模式

空间数据库发展初期主要采用传统数据库管理系统管理空间数据。传统数据库管理系统按照其采用的数据模型可分为层次模型、网络模型和关系模型三类。尤其是以关系数据模型为基础的数据库系统在理论和技术方面都非常完善和成熟,基本上占据了目前数据库市场中全部的传统应用领域和 90% 以上的非传统应用领域。然而,传统数据库管理系统更适合那些数据结构较为简单且访问有规律的数据,对于复杂的空间数据,用这几种模型进行管理和操作是很困难的。

1)层次模型

层次模型是一种树结构模型,它把数据按其自然的层次关系组织起来,用上下、主次和从属关系表达空间实体之间的关系,用便捷、可视、容易理解的方式表达实体间的层序构造,并为数据的整合调优提供支持。在这种数据模型中只能表示逐层的 $1:N$ 联系。层次模型由处于不同层次的各个节点组成(记录型),是满足有且仅有一个根节点、非根节点有且仅有一个父节点的基本层次联系的集合(图 2.10)。

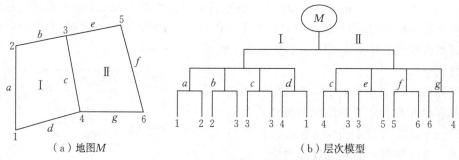

(a)地图M　　(b)层次模型

图 2.10　空间数据库层次模型

层次模型的优点是存储方便,容易理解。但在地理空间数据库中使用层次模型存在以下问题:

(1)只能使用数据管理上的重复方式描述多对多的联系,因此对于盘根错节的空间实体间的关系较难表述。

(2)只能从树的父节点出发对所需目标进行查询,导致对于下层的目标,查询速度很慢,并且反方向搜索困难。

（3）数据不能单独使用,依赖于整体结构。一些基本的数据库操作(如插入、删除等)比较困难。如果删除根节点,那么其下层的节点都会消失。

（4）缺乏演算能力和关系代数基础。

2）网络模型

用网状结构表示实体之间联系的数据模型称为网络模型。网络模型可以有一个以上节点,无父节点,且至少有一个节点具有多于一个的父节点(图 2.11)。在网络模型中,其数据结构的实质为若干层次结构的并,从而具有较大的灵活性与较强的关系定义能力。可以说,层次模型是网络模型的一种特殊现象,而网络模型表达了地理世界中更普遍的多对多关系,在很多情况下能够满足数据的重塑,数据独立和分享性比层次模型强,且具有较快的工作速度。

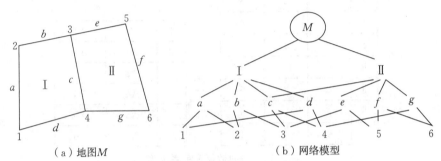

（a）地图 M （b）网络模型

图 2.11 空间数据库网络模型

然而,在地理空间数据库中使用网络模型的主要问题如下:

（1）网络模型错综不一,对于使用者搜索定位具有一定的局限,需要使用者对数据的逻辑构造清楚,明确本身所处的路径。

（2）对于具有层级、上下、从属结构的表达不直接支持。

（3）演算能力和关系代数基础基本不具备。

3）关系模型

关系模型由关系数据结构、关系操作集合和关系完整性约束三部分组成。

（1）关系数据结构。在关系模型中,显示世界的实体以及实体间的各种联系均用关系来表示。在用户看来,关系模型中数据的逻辑结构是一张二维表。

（2）关系操作集合。关系操作的特点是集合操作方式,即操作的对象和结果都是集合。这种操作方式也称为一次一个集合的方式。关系模型中常用的关系操作包括选择、投影、连接、除、并、交、差等查询操作和增、删、改操作两大部分。查询的表达能力是其中最重要的部分。

（3）关系完整性约束。在关系数据库中,完整性约束用于确保数据的准确性和一致性。关系模型允许定义三类完整性,包括实体完整性、参照完整性和用户定义的完整性。其中实体完整性和参照完整性是关系模型必须满足的完整性约束条件,应该由关系系统自动支持。用户定义的完整性是应用领域需要遵循的约束条件,体现了具体领域中的语义约束。

关系模型可以简单、灵活地表示各种实体及其关系,其数据描述具有较强的一致性和独立性。在关系数据库系统中,对数据的操作是通过关系代数实现的,具有严格的数学基础。但是,这种方式的数据存取涉及复杂的关系连接运算,效率不高。例如,一个由多边形构成的实体,需要涉及四张关系表,包括实体—多边形对应表、多边形—弧段对应表、弧段—节点对应表、节点坐标表。图 2.12 为空间实体 E 与其组成要素用关系模型描述的过程。

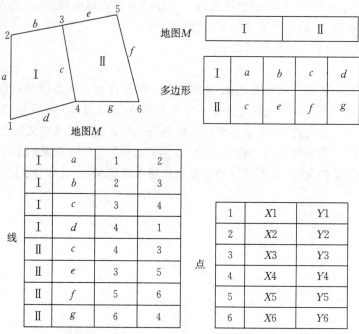

图 2.12　空间数据库关系模型

使用关系模型对地理空间数据建模存在诸多问题,主要如下:

(1)关系模型简单,不能表达数据之间的层次以及继承、聚合、泛化或特化等在地理空间中广泛存在的关系。在模拟和控制复杂空间对象方面,其作用有限。

(2)数据类型简单,不能很好地表达非结构化数据,也难以表示具有复杂结构的空间要素。对于具有复杂结构和含义的地理对象,如果使用关系模型描述,那么对地理实体进行的分解将不自然,在语义上,查询途径、存储模式、操作等方面均显得不甚合理。

(3)与数据操纵语言,如 SQL 和通用程序设计语言,特别是目前流行的面向对象设计语言之间不能很好匹配。

(4)概念结构的设计与逻辑结构和物理结构的设计是有区别的。要达到内容间的联动,就不得不进行连接运算,使得系统资源占用变多,速度变慢。

由此可以看到,地理空间对象的复杂性是关系模型不能有效管理的主要原因。

3. 文件—关系数据库管理系统模式

20 世纪 80 年代,随着关系数据库技术的发展,出现了文件和关系数据库混合的空间数据管理模式,比较典型的如 Esri 的 Shapefile 和 Coverage 文件格式。由于空间数据的非结构化特点,因此当时的关系数据库管理系统无法对其进行存储和管理。因此,在这种管理模式中,用文件系统管理几何图形数据,用商用关系数据库管理系统管理属性数据,它们之间的联系通过目标标识符或者内部连接码进行连接,如图 2.13 所示。

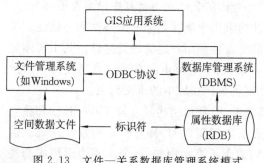

图 2.13　文件—关系数据库管理系统模式

这种数据管理模式在 GIS 发展中发挥了重要的作用,20 世纪 90 年代很多国内外的主流地理信息系统产品都采用这种管理模式,如 ArcInfo、MapInfo。

1)模式介绍

这一管理模式的基本思想是用两个子系统分别存储和检索空间数据与属性数据,其中空间数据存储在文件系统中,并采用高级语言(如 Fortran、C 等)编程实现空间数据管理。属性数据存储在关系数据库系统中,关系数据库系统提供了高级语言接口,并遵循开放数据库互联(open database connectivity,ODBC)协议,使得两个子系统可以高效连接。由于这种混合结构模式的一部分是建立在标准关系数据库管理系统上,故存储和检索数据比较有效、可靠。但因为使用了两个存储子系统,它们有各自的规则,查询操作难以优化,并且无法克服文件管理系统的诸多弱点。随着信息技术的飞速发展,这种管理模式难以胜任网络环境下对海量空间数据管理、操作、访问的需求,仅在桌面级应用系统还保留了这种数据管理模式。

2)模式实例

20 世纪 80 年代初,美国 Esri 公司推出了商业化软件 ARC/INFO。ARC/INFO 实现了第二代数据模型——Coverage 数据模型,也称为地理关联模型(georelational data model),如图 2.14 所示。该模型属于文件—关系数据库管理系统模式,在很多方面领先于 CAD 的文件系统模式,为地理信息系统提供了有效的数据库平台支持。该模式具有以下两方面优点:

(1)利用"空间实体模型+空间索引"的结构,将空间数据与属性数据分开管理。空间实体是对地理实体的抽象,主要包括点、线、面三种基本类型。受到当时计算机硬件和数据库技术的限制,数据库不能直接存储和管理空间数据,Coverage 数据模型采用了与 CAD 数据模型一样的存储策略,将数据存储在二进制文件中。不过该数据模型采取了分布式存储的方案,将空间数据与属性数据分别存储,利用特殊的标识符连接的方式进行关联集成管理。空间数据存储在具有索引表的二进制文件中,这些文件经过优化处理可进行数据显示和存取。属性数据以 INFO 表的形式存储,INFO 表中的记录与图形要素通过特殊的标识符关联。Coverage 以目录形式存储,而目录中的每个要素类以一线文件的形式存储(图 2.14)。每个 Coverage 工作空间都有一个 INFO 表,存储在 INFO 文件夹下。每个要素类的 Coverage 目录中的每个 adf 文件都与 INFO 文件夹中的一对 dat 和 nit 文件关联。Coverage 目录中的 arc.dir 文件用于追踪与 adf 文件关联的 nit 和 dat 文件。Coverage 数据模型兼顾了空间数据和非空间数据两种不同性质数据的特点,有效地实现了两类数据的联合操作和管理,使得高性能 GIS 成为可能。尤其是属性数据得到了高效关系数据库管理系统的支持,使地理空间数据模型得以进一步发展:1991 年 Esri 分别推出了基于图像和格网组织结构的 Image Catalog 和基于地理关联的栅格数据模型 Grid;1994 年,Esri 在空间数据存储结构的解决方案中推出了面向多用户、基于 Coverage 要素的要素级图库 ArcStorm 和基于地理关联的矢量数据格式 Shapefile。

(2)能够描述矢量空间对象之间的拓扑关系,使得对空间数据的分析成为可能。用户可以拓展甚至定义特征表,也可以与外部动态或静态数据库建立关联,这种拓展性使得用户操作具有更大的灵活性和客观性。Coverage 数据模型强调几何特征和空间要素的拓扑关系,在记录一条线空间要素时,包含许多附加信息,如哪些节点为这条线确定界限,以及由此推断出哪些线与之相连,哪些多边形在这条线的左(右)边。Coverage 数据模型存储拓扑关系有助于地理表达和分析,也提高了数据采集的准确性。

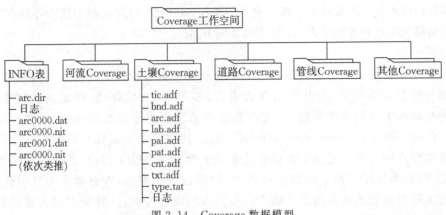

图 2.14　Coverage 数据模型

　　因为这些优点,Coverage 数据模型在其出现后的近 20 年时间里一直处于空间数据库管理系统模式的标准地位。但受存储方式的限制,Coverage 数据模型在数据查询、存取、显示等方面的性能存在缺陷。该模型仅采用点、线、多边形等简单的几何元素描述空间实体,所有空间实体由具有统一行为的点、线、多边形集合聚合而成,不能很好地对空间对象具有的行为特征进行抽象和描述。例如,对于河流和道路,都用线来表示,二者的行为特征一样,尽管这种一般性的行为保证了数据集的拓扑完整性,但是这显然与实际情况是不一致的。又如,河流是往低处流的,当两条河流合并为一条时,合并后的流量是上游的两条河流的流量之和。再如,当两条路相交时,除非有高架桥或地下道,那么十字路口就应该在这两条路的交点处,但是 Coverage 数据模型并不能区分上述情况,它在描述丰富、复杂的地理对象时受到限制。为了解决此类问题,在 Coverage 数据模型中,用户可以通过用 ARC 宏语言(AML)编写代码向要素添加某些类型的行为,实现定制和区分要素的目的。然而,随着应用变得复杂,Coverage 数据模型依然难以描述复杂空间实体之间的关系和行为,并且,对于开发商来说,要将数据模型与最新的应用代码保持一致,是一个难度很大的问题。因此,Coverage 数据模型目前仅应用于小型桌面 GIS 中。

4. 全关系数据库管理系统模式

　　随着关系数据库的发展和日臻完善,利用关系数据库管理系统去组织、管理海量的空间数据成为可能。在全关系数据库管理系统中,使用统一的关系数据库管理系统组织和管理空间数据和非空间的属性数据,其基本结构如图 2.15 所示。

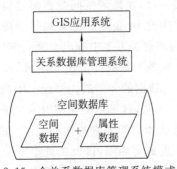

图 2.15　全关系数据库管理系统模式

　　全关系数据库管理系统模式有以下两种实现方式:

　　(1)关系模型方式。如 2.2.3 小节关系模型所述,将图形数据按照点、线、面分类,从而转化成用坐标表示的图形,然后将这些坐标建成相关联的表,从而实现利用关系模式组织图形数据。例如,存储一个面的时候,会存在四种表,分别为属性表、索引表、坐标表和弧段表。具体的操作运算则通过复杂的关系连接运算实现,相当费时。关系模型在处理空间目标方面的问题时效率很低。

　　(2)扩展关系型方式。将空间数据以二进制的形式存储在关系数据库管理系统提供的二进制大对象字段中,以适应管理可变长度数据类型的需要。这种存储方式,虽然省去了前面所述的大量关系连接操作,但是二进制大对象字段的读写效率要比定长的属性字段慢得多,特别是涉及对象的嵌套时,效率也不高。

采用全关系数据库管理系统的优点是提供了一致的访问方式(如 SQL)来操作空间及非空间数据,支持多用户的并发访问,保证了数据的完整性、安全性和一致性。一个实体对应数据库中的一条记录,避免了对“连接关系”的查找,使得属性数据检索速度加快。但是,由于空间数据的不定长,会造成存储效率低下。此外,现有的 SQL 并不支持空间数据检索,需要软件厂商自行开发空间数据访问接口。如果要支持空间数据共享,则要对 SQL 进行扩展。最后,全关系数据库管理系统在空间数据的封装和操作上也存在不足,不能处理复合、聚集关系等抽象的空间特征关系。

表 2.1 对前面提到的文件系统模式和全关系数据库管理系统模式进行了比较。

表 2.1 文件系统模式和全关系数据库管理系统模式的比较

特点	文件系统模式	全关系数据库管理系统模式
海量数据管理	可以	擅长
空间与属性数据的一体化	难以实现,需要通过标识符进行一致性维护	可实现一体化
开放性	特殊格式的文件	工业标准,开放式互联
可扩充能力	弱	强
多用户并发能力	难以实现	由关系数据库管理系统提供强大的并发控制
数据维护与更新	文件数量大,维护困难	由关系数据库管理系统提供统一方便的维护更新策略
权限控制	弱	强

5. 面向对象数据库管理系统模式

20 世纪 90 年代初,面向对象的方法被应用到空间数据库管理系统的设计中。面向对象方法充分利用了面向对象的四种核心思想(分类、概括、聚集和联合),对问题领域进行自然分割,以更接近人类通常思维的方式建立问题领域的模型,并对客观的信息实体进行结构和行为模拟。通过它可以建立比较完整的、易于理解的软件系统的概念和机制。

面向对象数据库管理系统(object-oriented database management system,OODBMS)模式基本结构如图 2.16 所示。与全关系数据库管理系统不同,面向对象数据库管理系统支持的数据结构不是记录或元组,而是以独立、完整、具有地理意义的实体为基本单位对地理空间进行表达。应用面向对象的数据模型将地理空间实体的空间图形和属性数据集成在同一对象中,对空间数据和非空间数据以及操作进行统一建模,并支持对象的嵌套、信息的继承和聚集,允许用户自定义对象的数据结构以及操作。面向对象数据库管理系统还提供了对于各种数据的一致的访问接口以及部分空间服务模型,不但实现了数据共享,而且实现了空间模型服务共享,使系统软件可以将重点放在数据表现以及开发复杂的专业模型上。

图 2.16 面向对象数据库管理系统模式

面向对象数据库管理系统可扩展性较强,提供基本对象模型、对复杂对象的支持、模式演化、面向对象的查询语言及查询处理机制、索引机制、客户—服务器体系结构等。理论上,采用面向对象的模式进行空间数据库的表达与管理最为合适,也最能满足 GIS 开发者以及用户的需求。但是,将面向对象技术应用于数据库管理系统还不够成熟,通用性较差,许多问题仍需要进一步的研究。例如,目前面向对象数据库尚没有统一可行的标准,尽管已提出一个标准草案 ODMG-93,但没有得到普遍遵循。同时,面向对象数据库产品在安全性、完整性、坚固性、可伸缩性、视图机制、模式演化等许多方面还不完善,缺乏坚实的理论支持。另外,面向对象数据库缺少结构化查询语言支持,也不能像关系数据库那样简单、方便地管理结构化数据,与传统关系数据库之间缺少应用的兼容性,而且很难在数据库中查询空间数据。

6. 对象—关系数据库管理系统模式

由于采用通用关系数据库管理系统管理空间数据的效率低,而面向对象数据库管理系统又不够成熟,20 世纪 90 年代后期许多数据库管理系统软件商纷纷对关系数据库进行了扩展,增加了面向对象建模的能力。在对现实世界进行抽象的过程中,将空间数据和属性数据都存储在关系数据库系统中,用关系模式表示空间要素的属性数据,而用对象表示其空间数据,并通过空间数据库引擎提供对复杂空间数据存储和管理的支持,这种管理模式被称为对象—关系数据库管理系统(object relational database management system,ORDBMS)模式,其基本结构如图 2.17 所示。它在底层物理实现上是基于关系数据库的关系表,并利用二进制大对象字段存储空间对象的坐标数据,但是在管理层面采用的是更接近现实世界语义表达的面向对象的方法和特有的空间数据库引擎技术。

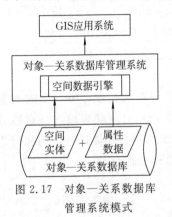

图 2.17 对象—关系数据库管理系统模式

1)模式介绍

对象—关系数据库管理系统对关系数据库系统的扩展方式有两种。

一种是在现有关系数据库管理系统上扩充空间数据表达功能,支持用户自定义的基本抽象数据类型(abstract data type,ADT)。这种方法可以利用成熟的关系数据库技术方便地实现空间数据的完整性、安全性、一致性维护,以及并发控制、事务管理、数据库恢复等。在这种管理方式下,关系数据库本身并不能直接很好地支持对空间对象的操作和管理,而是由 GIS 软件商设计和定义面向专业领域的地理空间对象的空间数据类型、空间操作、空间索引等。然后在传统关系数据库管理系统上建立一层空间数据库功能扩展模块(通常称为空间数据引擎,将在 2.4 节介绍),外部应用程序通过空间数据引擎这一"中间件"实现空间数据的功能管理,而空间数据的后台存储管理交由关系数据库管理系统完成。这种方法改变了以往的空间数据的存储方式,实现了自定义地理空间实体的属性和特定的行为特征,将地理空间查询语言转换成标准的 SQL 查询,借助索引数据的辅助关系实施空间索引操作。Esri 的 ArcSDE、MapInfo 的 SpatialWare、SuperMap 的 SDX+都是针对关系数据库系统的扩展空间数据库引擎。

另一种是数据库软件商在自己的关系数据库管理系统内进行扩展,提供管理空间数据的完全开放的体系结构,其管理功能与属性数据的管理相集成。其倡导者主要是两家商用数据库公司 Oracle 与 IBM,都在其关系数据库管理系统内部增加了空间数据管理的专用扩展模块

（也称为空间数据库引擎），即将空间对象点、线、面等封装成类。Oracle 采用的是抽象数据类型技术封装的 Geometry 类（图 2.18），而 IBM 的 Spatial Extender 则采用类似的统一数据类型技术封装了同样的空间类。数据库管理系统提供了定义和操纵这些空间对象的应用程序接口。这些接口对各种空间对象的数据结构进行预先定义，用户使用时必须满足它的要求，不能自行进行扩展。例如，这种函数涉及的空间对象一般不带拓扑关系，多边形数据是直接跟随边界的空间坐标，那么 GIS 用户就不能对设计的拓扑数据结构采用这种对象—关系模型进行存储。这种扩展的空间对象管理模块主要解决了空间数据变长记录的管理问题，该模块由关系数据库软件商自己扩展，所以效率要比二进制大对象字段的管理方式高得多。但是它没有解决对象的嵌套问题，空间数据结构也不能由用户任意定义，使用上仍然受到一定限制。

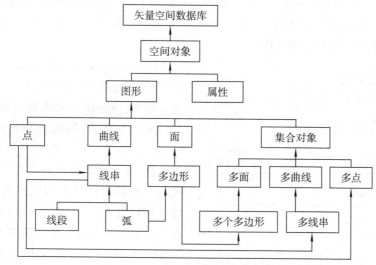

图 2.18　Oracle 空间对象组织结构

　　对象—关系数据库管理系统模式可支持多种几何类型，如弧段、圆、复合多边形、复合线、最优矩形，几何物体采用单行单列的模式。对象—关系数据库管理系统还可利用扩展的函数和索引方法，对数据库中自定义的数据类型进行定义、存储、检索和处理。这样，对象—关系数据库管理系统就能够处理用空间数据类型表示的空间信息，也能够处理使用空间索引方法和函数存取或操作的空间信息。在核心数据库管理系统中进行数据类型的直接操作很方便、有效，并且用户还可以开发自己的空间存取算法，但由此带来的麻烦是，用户必须在数据库管理系统环境中实施自己的空间数据类型，这对有些复杂的 GIS 应用系统将相当困难。

　　对象—关系数据库模型结合了关系数据库和面向对象数据库的优点，可以充分利用关系数据库管理系统提供的数据库管理功能，如海量数据管理、事务处理、并发控制、数据损坏后的恢复以及安全性、一致性、完整性维护等。同时，对关系数据库的扩展较好地实现了对复杂数据类型的定义、存储、检索和处理。GIS 软件可直接在对象—关系数据库中定义空间数据类型、空间操作、空间索引等，方便地完成空间数据的管理和操作。对象—关系数据库管理方式真正实现了空间数据与属性数据的一体化集成，因此，采用对象—关系数据库实现对空间数据的管理成为目前较为理想的方式。

　　2）模式实例

　　Geodatabase 模型是 Esri 公司在其商业 GIS 软件 ArcInfo 8 中推出的一种新型的面向对

象的地理数据模型。它是建立在关系数据库管理系统上的统一、智能化的空间数据库模型。"统一"是指 Geodatabase 在逻辑上统一了 ArcInfo 以往的空间数据模型，实现了数据源系统内的无缝集成，并为上层应用提供了统一的数据接口。所有地理数据，包括 CAD、影像、矢量数据、栅格数据、TIN、地址数据等，都可存储于 Geodatabase 中，从而实现在同一数据库中无须进行数据转换而统一存储和处理各种模型的空间数据。"智能化"是指在 Geodatabase 中引入了地理空间要素的行为、规则和关系，并搭建了一个用户可以轻易创建智能化要素的框架，这些智能要素能够非常形象地模拟现实世界中对象之间的交互作用和行为。在基于 Geodatabase 模型的应用中，面向用户的不再是抽象的点、线、面，而是面向具体应用的实体，如水井、河流、湖泊等，模型中对象间的组成关系、层次关系也接近现实状况，从而清晰易懂。当处理 Geodatabase 中的要素时，对于其基本的行为和必须满足的规则，在不需要编写任何代码的情况下，ArcInfo 通过提供域、有效性规则和其他框架函数就能轻松实现；只有在为更专业的要素行为建模时才需要撰写代码。

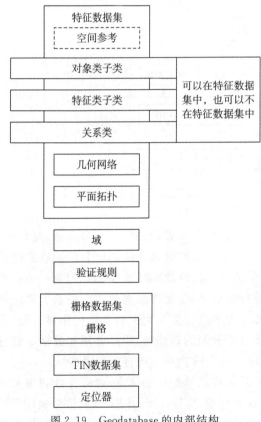

图 2.19　Geodatabase 的内部结构

Geodatabase 包含四种地理数据表示方式：用矢量数据表示特征要素，用栅格数据表示影像、格网化专题数据和表面，用不规则三角网表示表面，用地址和定位器根据地址查找一个地理位置。现实世界被抽象为若干对象类，每个对象类本身都有其属性、行为和规则。要素类是具有相同属性、行为和规则的空间对象的集合，而具有相同参照系的要素类的集合又统称为要素数据集。关联类是 Geodatabase 定义的用来描述要素类或对象类之间的关联关系。同时，Geodatabase 还定义了拓扑一致性、属性有效范围的域以及要素类行为取值的约束规则等。而实体的拓扑关系由几何网络和平面拓扑来表示。图 2.19 为 Geodatabase 的内部结构。

Esri 公司开发的 Geodatabase 数据模型加上 ArcSDE，就可以将空间数据按照面向对象的思想组织并存储到关系数据库中。2.4.2 小节描述了这种管理模式的实现技术。

在过去近 40 年里，空间数据组织经历了 CAD 数据模型、地学关联数据模型以及面向对象的实体关系模型三代空间数据库模型发展阶段。面向对象的实体关系模型是当前 GIS 界空间数据模型发展的趋势与未来的潮流。在该模型体系中，空间实体的空间数据、属性数据及行为被封装为对象，描述对象间可能存在的各种关系，形成与现实地理空间相对应的抽象模型。OpenGIS 所提出的抽象规范和实现规范也已经得到业界的认同，Esri 公司的旗杆产品 ArcGIS 全面推进和使用基于面向对象的 Geodatabase 空间数据模型，但目前尚未对数据库内核提供的完整性约束机制进行有效利用等。

2.3.3　空间数据库管理系统模式比较

前面对目前已有的空间数据库管理系统模式进行了详细的阐述,并对各自的特点及优缺点进行了说明。本节将从数据存储方式、数据容量限制、空间数据模型、数据操作管理、数据备份与恢复、数据安全机制、数据跨平台移植、数据共享机制和分布式实现方法等方面对以上空间数据库管理系统模式进行比较分析,对用户在进行空间数据库管理系统模式选择时起到参考作用。由于传统数据库管理系统模式和面向对象数据库管理系统模式在实际应用中非常少见,在此仅选择了其余四种管理模式进行比较。

为方便比较分析,四种空间数据库管理系统模式可按照其内部空间数据存储方式划分成非关系型管理模式和关系型管理模式两大类。其中,非关系型管理模式包括文件系统模式和文件—关系数据库管理系统模式,关系型管理模式包括全关系数据库管理系统模式和对象—关系数据库管理系统模式。

1. 数据存储方式

在两种非关系型管理模式中,图形数据都存储在文件系统中,属性数据在不同阶段分别采用文件存储和关系存储方式。虽然文件系统的效率不高,但以文件的形式存储图形数据,方便地实现了变长记录特性,并且其实现方式简单,很容易被用户接受。但是,这种管理模式下的图形数据和属性数据在逻辑上分别使用了不同的存储机制,属于异构存储,数据同步难度很大。

在两种关系型管理模式中,图形数据和属性数据统一使用关系数据库存储。虽然目前的关系数据库对可变长记录并不支持,但是通过一些扩展功能已经弥补了这一缺陷。另外,这些扩展功能的使用也加大了系统的复杂程度,实现起来不如非关系型管理模式方便,这也是非关系型管理模式没有被完全替代的主要原因之一。

2. 数据容量

受存储方式的影响和制约,非关系型管理模式的数据容量不会太大。因为在文件很大时,基于文件系统的数据存储访问速度会大大降低。关系型管理模式采用关系数据库存储数据,能够满足海量数据存储的需要,而且关系数据库具有专门的数据管理系统,即使在数据量很大的情况下,系统的访问速度也不会大幅下降。

3. 空间数据模型

在非关系型管理模式中,空间数据模型分别针对文件系统和关系数据库系统进行管理。空间数据和属性数据除依靠唯一标识符互相联系外,基本上是相对独立的。同一实体的空间数据和属性数据被分开管理,并没有作为一个整体进行管理。

在关系型管理模式中,空间数据模型担当了更加重要的角色。空间数据模型使用了面向对象的思想,把空间实体作为对象进行处理,不但将图形数据和属性数据统一存储在一个对象内,而且对象还具有自身的行为,使得对空间实体的管理更加符合实际。

4. 数据操作管理

数据操作主要是指对数据的查询和更新。在非关系型管理模式中,数据的查询和更新要分为两部分单独进行。虽然通过应用软件可以实现在同一界面下使用,但实际的后台操作也是分开进行的,这就使得数据的完整性和一致性很难得到保证。在关系型管理模式中,关系数据库本身提供了完备的数据完整性、安全性等多种约束机制,而且数据的查询和更新由关系数据库管理系统进行事务管理,因此可以有效地完成各种数据操作。

5. 数据备份与恢复

空间数据库系统除了要有完善的数据查询和更新功能外,备份和恢复机制必不可少,尤其是面向商用的大型空间数据库系统,数据的备份和灾难恢复尤为重要。

在非关系型管理模式中,空间数据和属性数据需要分别备份。由于图形数据在这种管理模式下使用文件系统存储,因此备份的方式比较单一,都是基于文件系统的复制、压缩或异地存储这些方式来实现,而且基本上依靠人工操作实现。当数据量达到一定程度后,这种操作便异常耗时,且需要大量的存储空间。

在关系型管理模式中,数据的备份与恢复机制较为完善,这得益于关系数据库管理系统的强大功能。关系数据库管理系统不仅能够实现图形数据和属性数据的完整备份,而且还能实现数据的增量备份,支持多库数据自动同步、异地备份。备份功能还提供了数据压缩功能。此外,这些功能可以由用户制定备份计划,由关系数据库管理系统自动定时执行,不需要人工干预。

6. 数据安全机制

数据的安全性也是衡量空间数据库系统的重要指标。非关系型管理模式的数据安全基本上取决于文件系统(即操作系统)本身的安全性。图形数据是以文件形式存储的,逻辑上与普通文件没有差别。由于各种操作系统都存在不同程度的安全漏洞,所以不能很好地保证数据的安全性。在关系型管理模式中,数据的安全性是建立在操作系统和数据库管理系统两个层面上的。数据库管理系统的安全机制更加完善,除了用户管理机制外,还有全面的日志功能,对用户的数据访问进行严格的审核和记录,可有效地保证数据的安全性。

7. 数据跨平台移植

当前操作系统的种类比较多,GIS 应用系统常常要架设在 Unix、Linux、Windows、Mac OS 等不同的操作系统上,有些大型的应用甚至需要同时架设在几个不同的操作系统上,这就使空间数据库面临跨平台移植问题。虽然非关系型管理模式和关系型管理模式都有办法实现这一操作,但在非关系型管理模式中,基于不同文件系统的格式转换的数据移植方式的效果因文件系统的不同存在差异。由于空间数据文件类型复杂,因此在进行相应格式的转换过程中,或多或少会发生信息损失。在关系型管理模式中,目前成熟的商用数据库产品都推出了针对不同操作系统的数据库管理系统,从而使数据的跨平台移植具有了平台无关性。

8. 数据共享机制

在非关系型管理模式中,数据的共享基本依靠基于局域网的文件共享或目录映射机制。这种数据共享方式是非加密的,并且远程共享实现比较困难。关系型管理模式以关系数据库为基础,通过数据库管理系统可在不同的数据层面为网络用户提供数据共享服务。

9. 分布式空间数据库的实现方法

空间数据库技术发展到今天,分布式空间数据库绝大多数都是建立在关系数据库模型上的,非关系数据库模型不适合进行分布式的空间数据库部署。

在目前的关系数据库管理系统中,数据记录中每条记录都是定长(结构化)的,数据项不能再分,不允许嵌套记录,而空间数据的非结构化特征决定了它不能满足这种定长(结构化)要求,致使在很长一段时间内,空间数据和属性数据分别存储在文件系统和关系数据库中。随着GIS 技术的发展,空间数据库的存储模式已经实现了空间信息和属性信息的全关系数据库统一存储，并且先后出现了全关系空间数据管理模式和对象—关系空间数据管理模式，其研究的核心内容都是围绕如何实现商用关系数据库对非结构化空间数据的管理问题展开的。对象—关系空间数据管理模式虽然解决了空间数据变长记录的管理问题，但这种管理模式是由数据库软件商对各种空间对象的数据结构进行了预先的定义，用户使用时必须满足它的数据结构要求，用户不能根据 GIS 要求再进行定义，这在很大程度上限制了其灵活性，并且这种管理模式不支持拓扑关系，没有解决对象的嵌套问题。面向对象的空间数据库技术可以说是最佳的解决方案，但面向对象数据库管理系统没有严格的行业标准，而且在数据的安全性、完整性、坚固性、可伸缩性、视图机制等许多方面还不够完善，因此目前还不能通用。

由上述分析可以看出，关系型管理模式由于建立在功能强大的关系数据库基础上，在许多方面领先于非关系型管理模式，因此成为越来越多大中型 GIS 应用系统的空间数据存储解决方案，如海量数据的管理能力、图形和属性数据的一体化存储、多用户并发访问、多用户访问权限控制和数据安全机制等。但是也应该注意到，关系数据库使用了复杂的设计来实现其强大功能，技术难度较大，常常需要相应数据库产品的工程师来协助完成，这使得系统实现的人力、物力成本大幅提高。在应对实际问题时，还是应该综合考虑多方面因素后决定选择何种空间数据库管理系统模式。

2.4 空间数据库引擎

空间数据库引擎是空间数据管理的实现技术。它基于特定的空间数据模型，在特定的数据管理系统(文件系统或关系数据库管理系统)基础上，提供对空间数据的存储、查询、检索等功能，以及为实现应用系统所设计的应用程序接口。空间数据库引擎是实现海量空间数据高效管理和分析的基础和关键。

空间数据库引擎提供了与文件系统相结合的数据管理方式，实现了面向文件系统的空间数据库管理系统。当前主流的空间数据库引擎技术与关系数据库管理系统软件一起构成了对象—关系空间数据库管理系统。本节针对主流空间数据库引擎的体系结构进行说明。

2.4.1 空间数据库引擎体系结构

依据空间数据库引擎与数据管理系统之间的结构关系，可将主流空间数据库引擎的体系结构分为两类，即中间件结构和内嵌结构，如图 2.20 所示。两种方式都可以获得常规数据库管理系统功能之外的空间数据存储和管理的能力。这两种结构，对应了 2.3 节对象—关系数据库管理系统模式中的两类对关系数据库管理系统的扩展方式。

1. 中间件结构

中间件结构的空间数据库引擎是在通用数据库管理系统上进行扩展的，增加了空间数据管理的模块。由于这类结构是在应用程序和数据库管理系统之间插入一个软件，故称为中间件。典型代表是 Esri 开发的 ArcSDE。

ArcSDE 的工作原理如图 2.21 所示。客户端应用通过 ArcSDE 客户端接口发出请求；ArcSDE 服务器处理程序接收请求后，将其转换成为关系数据库管理系统能处理的事务请求，再由关系数据库管理系统对转换后的事务请求进行处理；最后 ArcSDE 服务器端将处理的结果反馈给客户端。

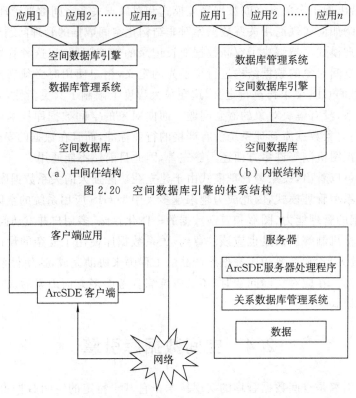

图 2.20　空间数据库引擎的体系结构

图 2.21　ArcSDE 工作原理

ArcSDE 的客户端向应用程序提供统一的扩展接口。应用程序不直接调用数据库管理系统提供的接口,而是与空间数据库引擎客户端扩展接口进行连接。另一方面,ArcSDE 的服务器端处理程序与关系数据库管理系统一起,为客户端提供完整、透明的数据访问,但 ArcSDE 在与数据库管理系统结合时,需要对原有的空间数据格式及数据操作等进行转换和映射。其空间数据的原有格式是由 ArcSDE 定义的,存储到数据库时需要转换成数据库所支持的数据类型格式(如 BLOB 二进制大对象字段)。此外,空间数据查询、更新、事务处理等操作也都需要在 ArcSDE 服务器端上设计实现,并最终映射到关系数据库管理系统的接口上。

此外,ArcSDE 服务器端处理程序可同时为多个 ArcSDE 客户端提供并发服务,客户端的请求可以是读取数据、插入数据、更新数据、删除数据。在多用户并发访问(如协同编辑)的情况下,可能会产生冲突,ArcSDE 必须处理可能出现的所有并发访问冲突。

中间件结构的优点是:功能的逻辑大部分是通过数据库引擎实现的,故与数据库管理系统相对低耦合,在功能扩展、多源数据格式、异构数据库平台统一集成上都具有优势;对数据库管理系统功能的要求不高,不需要数据库管理系统内置面向对象机制、空间扩展模块等高级特性。中间件结构的缺点是:空间操作和处理无法在数据库内核中实现,数据模型较复杂,扩展 SQL 较困难,不易实现数据共享与互操作。

2. 内嵌结构

内嵌结构的空间数据库引擎是在通用数据库管理系统内部进行扩展,直接将数据库引擎内嵌于其中。外部应用可通过原来的数据库管理系统直接使用扩展后的空间数据管理功能。采用该结构的空间数据库引擎都是由数据库厂商主导开发的,典型代表如 Oracle 公司的

Oracle Spatial。

采用内嵌结构的空间数据库引擎在具体实现上依赖于特定的数据库管理系统。例如，Oracle Spatial 空间数据库引擎是 Oracle 数据库的一部分，其数据服务的请求和响应等工作由 Oracle 数据库管理系统统一完成。

内嵌结构所具有的优势是，空间数据的管理与通用数据库融为一体，空间数据按对象存取，可在数据库内核中实现空间操作和处理及扩展 SQL 比较方便，且较易实现数据共享与互操作。缺点是，实现难度大，压缩数据比较困难，目前功能和性能与前一类系统尚存在差距。

2.4.2　空间数据库引擎实例

为了实现多数据源、多尺度、多类型空间数据的统一集成管理，近年来无论是数据库厂商，还是 GIS 厂商，都致力于开发空间数据库引擎。这两类厂商实现空间数据库引擎时所采用的技术方法有所不同。本节将以两个有代表性的空间数据库引擎为例，分别介绍两类空间数据库引擎的实现技术。

1. ArcSDE

ArcSDE 是 Esri 公司的空间数据库引擎产品。ArcSDE 是在关系数据库管理系统中存储和管理多用户空间数据库的通路，使得用户无须考虑数据库管理系统的底层实现。ArcSDE 是一个连续的空间数据模型，借助这一空间数据模型，可以实现用关系数据库管理系统管理空间数据库。在关系数据库管理系统中融入空间数据后，ArcSDE 可以提供空间和非空间数据进行高效率操作的数据库服务。ArcSDE 采用客户—服务器体系结构，所以众多用户可以同时并发访问和操作统一数据。ArcSDE 还提供了丰富的应用程序接口，软件开发人员可将空间数据检索和分析功能集成到自己的应用程序中，并通过应用服务器向多个用户和应用分发空间数据。

ArcSDE 可以管理四个商业数据库的地理信息，分别为 IBM DB2、IBM Informix、Microsoft SQL Server 和 Oracle。此外，也可以用 ArcSDE for Coverages 管理文件形式的空间数据。ArcSDE 的主要任务是操作存储在关系数据库中的地理空间数据，通过高性能的应用服务器向多个用户和应用分发各种空间数据服务。ArcSDE 支持几乎所有的地理空间数据类型，包括要素、栅格、拓扑、网络、地形、测量、表格、位置等数据。

由图 2.22 可以看到，服务器端包括空间数据库引擎应用服务器、关系数据库管理系统的 SQL 引擎及数据库的存储管理子系统。ArcSDE 通过 SQL 引擎执行空间数据的搜索，将满足空间和属性搜索条件的数据在服务器端缓冲存放并发回客户端。通过 SQL 引擎提取数据子集的速度仅取决于数据子集的大小，而与整个数据集大小无关，所以 ArcSDE 可以管理海量数据。

ArcSDE 还提供了不通过 ArcSDE 应用服务器的一种直接访问空间数据库的连接机制。因此，不必在服务器端安装 ArcSDE 应用服务器，客户端接口可直接把空间数据请求转换为 SQL 语句发送到关系数据库管理系统上，并解释返回的数据。

2. Oracle Spatial

Oracle Spatial 是 Oracle 公司推出的空间数据库扩展组件。Oracle 从 8.04 版本开始推出其空间数据管理工具 Spatial Cartridge（SC）。SC 采用多记录、多字段存储空间数据。随着 Oracle 8i 的推出，SC 升级为 Oracle Spatial。Oracle Spatial 中引入了抽象数据类型 SDO_

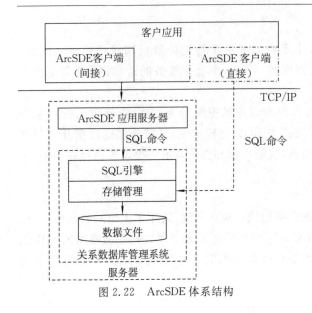

图 2.22　ArcSDE 体系结构

GEOMETRY 来表示空间数据类型。

Oracle Spatial 本身是 Oracle 数据库的一个特殊部分,因此用户可以用 Oracle 数据库提供的应用程序接口对 Oracle Spatial 管理的空间数据进行操作。目前,Oracle 数据库提供两种主要的数据存取方式:①面向 C 语言程序员的编程接口,即 Oracle 调用接口;②用 Oracle 本身所提供的嵌入式对象快速访问有关数据库。

Oracle Spatial 主要通过元数据表、空间数据字段(SDO_GEOMETRY)和空间索引来管理空间数据,并在此基础上提供一系列空间查询和空间分析的函数,让用户进行更深层次的 GIS 应用开发。Oracle Spatial 使用空间数据字段(SDO_GEOMETRY)存储空间数据,用元数据表管理具有 SDO_GEOMETRY 字段的空间数据表,并采用 R 树索引和四叉树索引技术提高空间查询和空间分析的效率。

Oracle Spatial 具有很多优势,主要有以下几点:

(1)支持标准的数据库操作。Oracle Spatial 基于 Oracle 数据库管理系统,在 Oracle 中,只要有相应权限,就可以采用标准的 SQL 对其进行操作,并且能够进行分布式管理、事务处理等数据库处理,数据的内部操作由 Oracle 系统完成,具备 Oracle 数据管理的所有优点。

(2)实现了真正意义上的空间数据集。Oracle Spatial 提供了标准化的数据库查询操作,操作的结果是一个标准的数据集,用户也可以通过图层进行数据集的获取,这样空间数据集就完全包括了图层概念,而不是以往那种以图层为中心的数据组织。

(3)能够与关系数据库进行更深层意义上的整合。Oracle Spatial 的对象—关系模型决定了它与关系型数据能够进行更深层意义上的整合,通过将空间对象表达为关系表中的一列,将空间对象嵌入关系表,形成更完整意义上的空间—属性数据库。空间索引机制的进一步完善,使访问数据尤其是访问与空间相关的属性数据时速度较快。

然而,商业性和效率上的因素,使 Oracle Spatial 也存在一些问题需要解决。

(1)没有完整的封装对象。Oracle Spatial 并没有将一些空间数据的语义关系或者相互关系等操作封装进数据对象,而是采用其本身的包与函数加以操作,这样就导致整个结构的复杂和混乱。

(2)空间数据对象设计不易理解。可能是为了考虑其索引机制的实现,Oracle Spatial 采用了让人难以理解的数字方式来表示空间对象。用户在创建地理对象的时候是通过一些数字来表示的,并且空间对象之间的拓扑关系也是由数字来表示的,这样表示的空间对象往往让用户难以理解且难以进行开发。

(3)扩展能力的局限性。商业上的操作使得 Oracle Spatial 的空间对象内部代码对外是无法得知的,这也使其客户化能力较差。如果需要对其空间对象进行某些专业方向上的扩展,就算是一些简单的继承也难以做到,它的扩展只限于对关系型数据的扩展,无法进行面向对象的扩展。

（4）几何对象的设计不全面。数字形式的设计使 Oracle Spatial 没有考虑拓扑中相当关键的弧段，这样设计的出发点是为了减少空间的复杂度，并且能够与 CAD 数据紧密结合。但是图形编辑等空间操作大都是围绕弧段进行的，因此前端编辑操作设计困难。由于没有弧段概念，因此每条弧段都会出现两次存储，对于空间也比较浪费。

3. PostGIS

PostGIS 是对象—关系数据库系统 PostgreSQL 的一个扩展。PostgreSQL 被认为是最富特色的自由数据库管理系统，支持事务处理、子查询、多版本并行控制、数据完整性检查等特性，能在多平台下（包括 Linux、FreeBSD 和 Windows 等）运行，并且支持多语言的开发。无论是从它能管理的绝对数量的数据来看，还是从它能接纳的并发用户的数量来看，它都具有极高的扩展性。在两大开源数据库产品的对比中，一般认为 MySQL 速度更快，所以 MySQL 得到更为广泛的使用；PostgreSQL 性能更为先进，提供了很多 MySQL 目前所不支持的特性，如触发器、视图、存储过程等，记录数超千万以后性能表现尤其出色。

PostgreSQL 定义了一些基本的几何实体类型，可用于空间数据的存储和管理。这些类型包括点、线、线段、方形、路径、多边形和圆等。PostgreSQL 还定义了一系列函数和操作来实现几何类型的操作和运算。同时，PostgreSQL 还引入了空间数据索引 R 树。尽管如此，其提供的空间特性依然很难达到 GIS 的要求，主要表现在：缺乏复杂的空间类型，没有提供空间分析，没有提供投影变换功能。为了使 PostgreSQL 更好地提供空间信息服务，PostGIS 应运而生。

PostGIS 实现了"关系数据库＋空间数据引擎"技术，使得 PostgreSQL 具备了实现大型空间数据库的能力。PostGIS 提供空间对象、空间索引、空间操作函数和空间操作符等空间信息服务功能。

PostGIS 主要有以下特性：

（1）PostGIS 遵循 OpenGIS 的规范，支持 OpenGIS 中所有空间数据类型和对象表达方法，以及这些数据的存取和构造方法。这些类型包括点、线、多边形、多点、多线、多多边形和集合对象集七种。对象表达方法包括 WKT（well-known text）和 WKB（well-known binary）两种形式。这两种形式都包括对象的类型信息和形成对象的坐标信息。下面是用字符来描述要素的空间对象的例子。

```
POINT(0 0)
LINESTRING(0 0,1 1,1 2)
POLYGON((0 0,4 0,4 4,0 4,0 0),(1 1,2 1,2 2,1 2,1 1))
```

OpenGIS 还规定了空间对象的内部存储格式要包括一个空间参照标识符（spatial reference identifier，SRID）。SRID 对应于基于特定椭圆体的空间引用系统，可用于平面球体映射或圆球映射。下面是有效创建和插入一个 OGC 空间对象的语句。

```
INSERT INTO SPATIALTABLE(THE_GEOM,THE_NAME)
VALUES(GeomFromText('POINT( - 126.4 45.32)',3005),'A Place')
```

上面的 THE_GEOM 字段是 GEOMETRY 类型。该类型的对象可以用 WKB 定义，也可以用 WKT 定义。GeomFromText 是几何对象的一个构造函数，其中的'POINT(- 126.4 45.32)'

就是用 WKT 定义的几何体,3005 就是这个几何体的 SRID。PostGIS 增加了 EWKB 和 EWKT 两种新类型(包含了 SRID 信息的 WKT 和 WKB),提供了对三维和四维空间数据的支持。

(2) PostGIS 提供简单的空间分析函数(如 Area 和 Length),同时也提供其他一些具有复杂分析功能的函数,如 Distance。PostGIS 还提供了一系列二元谓词(如 contain、within、overlap、touch),用于检测空间对象之间的空间关系,同时返回布尔值来表征对象之间是否符合这个关系。

(3) PostGIS 提供了空间操作符(如 Union 和 Difference),用于空间数据操作。例如,Union 空间操作符表示融合多边形之间的边界,两个交叠的多边形通过 Union 运算就会形成一个新的多边形,这个新的多边形的边界为两个多边形中的最大边界。

(4) PostGIS 还提供了数据库坐标变换、球体长度运算、空间聚集函数、栅格数据类型等。

(5) PostGIS 提供了基于 OpenGIS 元数据表 SPATIAL_REF_SYS 和 GEOMETRY_COLUMNS 的空间对象元数据支持。其中,SPATIAL_REF_SYS 表存储空间数据库中对坐标系统的描述和规定,GEOMETRY_COLUMNS 表存储当前数据库中所有几何字段的信息。

目前,PostGIS 已经成为一个广泛使用的开源空间数据库引擎,使用它存储和检索数据的第三方程序也越来越多。

思考题

1. 什么是空间数据模型?空间数据模型应满足哪三方面的要求?
2. 空间数据模型如何将现实世界中的具体事物抽象、组织为计算机能够处理的数据?
3. 简要介绍空间数据模型的特点。
4. 一个完整的空间数据库系统由哪几部分组成?
5. 简要描述空间数据库的体系结构。
6. 什么是 E-R 模型?
7. 什么是空间概念模型?其分类有哪几种?
8. 什么是空间逻辑模型?其分类有哪几种?
9. 什么是空间数据库管理系统?它有哪些功能?
10. 传统关系模型为什么不适用于地理空间数据的建模?
11. 文件—关系数据库管理系统模式的特点是什么?
12. 什么是全关系数据库管理系统模式?它的实现方式有哪几种?
13. 简述全关系数据库管理系统模式的特点。
14. 什么是对象—关系数据库管理系统模式?它的特点是什么?
15. 试比较两类对象—关系数据库管理系统的扩展方式。
16. 目前常用的空间数据库管理系统模式有哪四种?
17. 试比较各类空间数据库管理系统模式的数据存储方式。
18. 简述空间数据库管理系统的数据安全机制。
19. 到目前为止,空间数据库管理系统经历了哪几代的演变?
20. 简述 Geodatabase 模型的特点。

21. Geodatabase 的地理数据表示方式有哪几种？
22. 简述 Oracle Spatial 的特点。
23. 简述 PostGIS 的特点。

第3章 空间数据模型

为了便于计算机处理空间数据,需要将其按照一定的结构模型进行组织和存储,一方面表达地理环境,另一方面便于计算机处理和识别。例如,对大学校园的每棵树进行表达,就需要分门别类来讨论。对于公路边的大树,可以为每棵树建立一个点位置,从而形成点矢量数据;对于山上的树林,则可以采用一个多边形表示,形成面矢量数据。如果需要凸显树林中不同位置的树木的差异,可以引入遥感影像,它是一种栅格数据。类似地,表达校园的公路和小路时,采用网络数据;表达校园地形的高低起伏时,则采用 DEM。本章的知识点是空间数据模型的类型,以及适用范畴和优缺点。

数据库系统把相关的数据集合以集成的方式加以组织,使得用户能有效地管理和处理数据。空间数据的性质和特征的复杂性,以及空间数据结构与表达方式的多样性,使空间数据库需要一些形式化的方法来描述空间数据的逻辑结构和各种操作,于是产生了空间数据模型的概念。建立空间数据模型的目的是揭示空间实体的本质特性,并对其进行抽象化,使其转化为计算机能够接收和处理的数据形式。通过数据模型,数据库管理系统能够对复杂多样的空间数据进行统一的管理,帮助用户查询、检索、增删和修改数据,保障空间数据的独立性、完整性和安全性,以利于改善对空间数据资源的使用和管理。实践表明,空间数据模型在很大程度上决定着空间数据库的应用成效。

3.1 基本概念

数据库是长期存储在计算机内的、有组织的、可共享的数据集合。在数据库中,数据按照一定的数据模型及相应的数据结构进行组织、描述、存储和管理。

1. 数据结构

1)定义

数据元素是数据的基本单位,一个数据元素由若干个数据项组成。数据项是数据不可分割的最小单位。数据对象是性质相同的数据元素的集合,是数据的一个子集。数据结构是同一数据元素类中各数据元素及相互之间的关系,是计算机存储、组织数据的方式,记为 (D,R)。其中,D 是数据元素的有限集,R 是 D 上的关系的有限集。

简单地说,数据结构是带有结构的数据元素的集合,这种结构就是数据元素之间的关系。数据结构不同于数据类型,也不同于数据对象,它不但要描述数据类型的数据对象,而且要描述数据对象各元素之间的相互关系。

2)分类

数据结构又分为数据的逻辑结构和数据的物理结构。一个逻辑结构可以有多种存储结构。

(1)数据的逻辑结构是从逻辑的角度(即数据间的联系和组织方式)来观察、分析数据,是对数据元素间逻辑关系的描述,与数据的存储位置无关。常用的逻辑结构有数组、栈、队列、链表、树、图、散列表等。

（2）数据的物理结构是指数据在计算机中存放的结构，即数据的逻辑结构在计算机中的实现形式，所以物理结构也称为存储结构。作为逻辑结构的存储映像，物理结构不仅表示数据元素，还表示数据元素之间的关系。数据元素之间的关系有两种不同的表示（映像）方法，即顺序映像和非顺序映像。由此得到两种不同的存储结构：①顺序存储结构，即逻辑上相邻的节点存储在物理位置相邻的存储单元里，节点间的逻辑关系由存储单元的邻接关系来体现；②链式存储结构，不要求逻辑上相邻的节点在物理位置上也相邻，节点间的逻辑关系是由附加的指针字段表示的。顺序存储结构是一种最基本的存储表示方法，通常借助程序设计语言中的数组实现；链式存储结构通常借助程序设计语言中的指针实现。

计算机中表示数据的最小单位是位（比特）。用由若干位组合起来形成的一个位串表示一个数据元素，通常称这个位串为元素或节点。当数据元素由若干数据项组成时，位串中对应于各数据项的子位串称为数据域。物理结构的元素或节点可看成是逻辑结构的数据元素在计算机中的映像。

2．数据模型

模型是现实世界的抽象，数据模型是数据特征的抽象。在对现实世界的抽象、组织和实现过程中形成了三个重要的数据模型，即概念模型、逻辑模型和物理模型。逻辑模型和物理模型总是相互对应、紧密联系的，统称为数据模型。这样，概念模型对应于人脑的认知世界，而数据模型对应于机器（计算机）世界或数据世界。

数据模型所描述的内容包括三个部分：①数据结构，主要描述数据的类型、内容、性质以及数据间的联系等；②数据操作，主要描述相应的数据结构上的操作类型（如检索、更新等）和操作方式；③数据约束，主要描述数据结构内数据间的语法、语义联系，以及它们之间的制约与依存关系和数据动态变化的规则，以保证数据正确、有效和相容。数据结构是数据模型的基础和组成成分，数据操作和约束都建立在数据结构上。不同的数据结构有不同的操作和约束。数据处理是指对数据进行查找、插入、删除、合并、排序、统计以及简单计算等的操作过程。

因此，数据模型是数据结构及其操作与约束的集合，记为（数据结构，数据操作，数据约束）。

3．空间数据模型

空间数据模型可看作表达现实地理世界的规范化的说明，是对空间实体进行描述和表达的手段，使其能反映实体的某些结构特性和行为功能。同通用数据模型一样，空间数据模型是关于空间数据组织的概念和方法，是一组由相关关系联系在一起的空间实体集，是空间数据组织和进行空间数据库设计的基础和依据（图 3.1）。

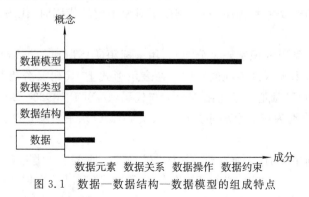

图 3.1　数据—数据结构—数据模型的组成特点

3.2　空间实体及其关系

空间实体是地理信息科学描述的对象,在空间数据库中以一定的分类编码进行组织。空间实体在现实世界中不是孤立的,而是与其他空间实体存在时空上的关系。空间关系是空间系统复杂性的重要标志,包含了系统内部作用的复杂机制。它是指地理实体之间存在的一些具有空间特性的关系,是空间数据组织、查询、分析的基础。例如,查询满足条件的城市,条件为在京沪线的东部、距离京沪线不超过 50 km、城市人口大于 100 万、城市选择区域是特定的多边形,整个查询计算涉及空间顺序方位关系(京沪线东部)、空间距离关系(距离京沪线不超过 50 km)、空间拓扑关系(选择区域是特定的多边形),甚至还有属性信息查询(城市人口大于100 万)。空间数据库中的点、线、面等空间目标经过空间关系处理,才能作用于空间查询与分析。近年来,空间关系的理论与应用研究在国内外都非常多。究其原因,一方面,它为空间数据库的有效建立、空间查询、空间分析、空间挖掘、影像理解、空间场景相似性评价、地图综合、辅助决策等提供了最基本的关系;另一方面,它将空间关系理论应用于地理信息查询语言,形成标准的 SQL 空间查询语言,可以通过应用接口进行空间特征的存储、提取、查询、更新等。空间关系包含三种基本类型,即拓扑关系、方位关系和度量关系。每一种类型又可分为六种形式,分别为点—点、点—线、点—面、线—线、线—面、面—面。

3.2.1　地理实体与属性编码

地理实体是指具有确定的位置和形态特征并有地理意义的地理空间的物体。

1. 地理实体编码

地理编码是为识别点、线、面的位置和属性而设置的编码。它将全部实体按照预先拟定的分类系统进行分类,选择最适宜的量化方法,按实体的属性特征和几何坐标的数据结构记录在计算机的存储设备上。编码用于区别不同的实体,有时同一实体在不同的时间具有不同的编码,如上行和下行的火车。

编码的目的是提供空间数据的地理分类和特征描述,同时便于地理要素的输入、存储、管理,以及系统之间数据交换和共享。编码的结果是形成代码。代码的基本功能可分为:①鉴别,代码代表对象的名称,是鉴别对象的唯一标识;②分类,当按对象的属性分类并分别赋予对象不同的类别代码时,代码又可作为区分对象类型的标识;③排序,当按对象产生的时间、所占的空间或其他方面的顺序关系排序,并分别赋予对象不同的代码时,代码又可作为区别对象排序的标识。

编码通常包括分类码和识别码。分类码,用来标识实体所属的类别;识别码,对每个实体进行标识,是唯一的,用于区别不同的实体。在表示形式上,代码又分为数字型、字母型、数字与字母混合型。我国《基础地理信息要素分类与代码》(GB/T 13923—2006)的代码结构,采用6 位十进制数字码,分别为按数字顺序排序的大类码(1 位)、中类码(1 位)、小类码(2 位)和子类码(2 位)。

编码的基本原则主要有:①唯一性,一个代码只唯一地表示一类对象;②合理性,代码结构要与分类体系相适应;③可扩性,必须留有足够的备用代码,以适应扩充的需要;④简单性,结构应尽量简单,长度应尽量短;⑤适用性,代码应尽可能反映对象的特点,以助记忆。

2. 属性数据编码

1)编码方案的制定

在对属性数据分类编码的过程中,应力求规范化、标准化,有可遵循标准的尽量依标准。交通地理信息系统的数据编码,有许多规范及行业标准可遵循(表3.1)。

表3.1　与交通地理信息系统相关的国家及行业标准

编号	名称	编号	名称
GB/T 2260—2007	中华人民共和国行政区划代码	GB/T 12409—2009	地理格网
GB/T 917—2017	公路路线标识规则和国道编号	GB/T 11708—1989	公路桥梁命名编号和编码规则
JT/T 0022—1990	公路管理养护单位代码编制规则	GBJ 124—1988	道路工程术语标准
JTG H10—2009	公路养护技术规范	GB/T 4754—2017	国民经济行业分类

如果没有适用的标准遵循,可依照一般编码方法,制定有一定适用性的编码标准。具体方法包括:①列出全部制图对象清单;②制定对象分类、分级原则和指标,对制图对象进行分类、分级;③拟定分类代码系统;④设定代码及其格式,如设定代码使用的字符和数字、码位长度、码位分配等;⑤建立代码和编码对象的对照表,这是编码最终成果档案,是将数据输入计算机进行编码的依据。

2)属性数据分类编码方法

属性的科学分类体系无疑是地理信息系统中属性编码的基础。目前,较为常用的编码方法有层次分类编码法与多源分类编码法两种基本类型。

(1)层次分类编码法,是以分类对象的从属和层次关系为排列顺序的一种编码方法。它的优点是能明确表示分类对象的类别,代码结构有严格的隶属关系。图3.2以河流类型的编码为例,说明层次分类编码法所构成的编码体系。

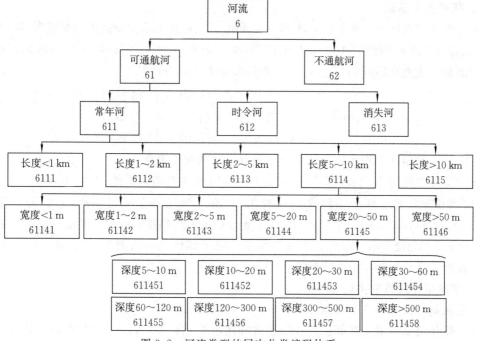

图3.2　河流类型的层次分类编码体系

（2）多源分类编码法，又称独立分类编码法，是指对于一个特定的分类目标，根据诸多不同的分类依据分别进行编码，各位数字代码之间并没有隶属关系。表 3.2 以河流为例说明了属性数据的多源分类编码法。

表 3.2　河流的多源分类编码法

通航情况		流水季节		河流长度		河流宽度		河流深度	
分类	编码	分类	编码	分类	编码	分类	编码	分类	编码
通航	1	常年河	1	<1 km	1	<1 m	1	5～10 m	1
不通航	2	时令河	2	1～2 km	2	1～2 m	2	10～20 m	2
		消失河	3	2～5 km	3	2～5 m	3	20～30 m	3
				5～10 km	4	5～20 m	4	30～60 m	4
				>10 km	5	20～50 m	5	60～120 m	5
						>50 m	6	120～300 m	6
								300～500 m	7
								>500 m	8

例如，一条通航的主流长 7 km、宽 25 m 且平均深度为 50 m 的常年河可表示为 11454。由此可见，该编码方法一般具有较大的信息载量，有利于对空间信息的综合分析。在实际工作中，也往往将以上两种编码方法结合使用，以达到更理想的效果。

3.2.2　地理实体的拓扑关系

拓扑关系是一种对空间结构关系进行明确定义的数学方法。拓扑学是几何学分支之一，研究的是在拓扑变换（如平移、旋转、缩放等）下能够保持不变的几何属性——拓扑属性。图形的形状、大小会随图形的变化而改变，但图形之间的邻接、包含、相交等关系不会发生改变。

1. 拓扑关系基础

在一个平面空间上，两个对象 A 和 B 之间的二元拓扑关系主要基于相交情况，即 A 的内部（$A°$）、边界（∂A）和外部（A^-）与 B 的内部（$B°$）、边界（∂B）和外部（B^-）之间的交。对象的这六个部分构成九交矩阵，它定义了一个拓扑关系 $\boldsymbol{\Gamma}_9(A,B)$，即

$$\boldsymbol{\Gamma}_9(A,B) = \begin{bmatrix} A° \cap B° & A° \cap \partial B & A° \cap B^- \\ \partial A \cap B° & \partial A \cap \partial B & \partial A \cap B^- \\ A^- \cap B° & A^- \cap \partial B & A^- \cap B^- \end{bmatrix}$$

式中，$\cap$ 用于判断两个表示位置的集合是否存在公共的位置点。

对于矩阵中的每个元素，都有空（0）或非空（1）两种取值。因此，九交矩阵 $\boldsymbol{\Gamma}_9(A,B)$ 有 $2^9 = 512$ 种情形。对于两个空间多边形对象，只有 8 种拓扑关系可实现，它们分别是相离（disjoint）、包含（contain）、在内部（inside）、重合（equal）、邻接（meet）、覆盖（cover）、被覆盖（covered by）和相交（overlap），如图 3.3 所示。对于其他空间数据类型对，如（点，面）、（点，线），其拓扑关系可以用类似方式定义。

2. 空间拓扑关系的类型

1）空间拓扑关系的基本类型

空间拓扑关系一般包括邻接、关联、包含和连通等。设 $N_1, N_2, \cdots$ 为节点，$A_1, A_2, \cdots$ 为线段（弧段），$P_1, P_2, \cdots$ 为面（多边形），如图 3.4 所示。

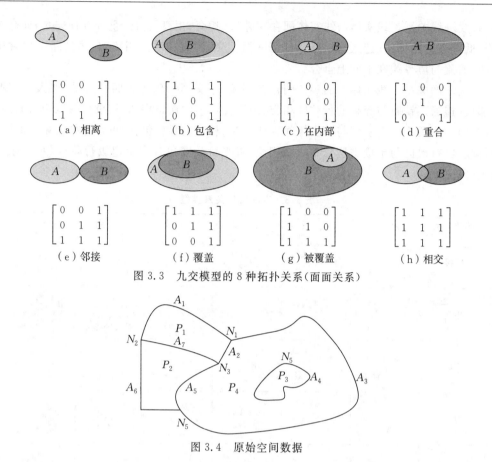

图 3.3　九交模型的 8 种拓扑关系（面面关系）

图 3.4　原始空间数据

（1）邻接关系，表示空间图形中同类元素之间的拓扑关系。例如，多边形（P_1 与 P_2、P_4，P_4 与 P_1、P_2、P_3）之间的邻接关系等，节点（N_1 与 N_2、N_3）之间的邻接关系等。

（2）关联关系，表示空间图形中不同类元素之间的拓扑关系。例如，节点与弧段（N_1 与 A_1、A_2、A_3，N_2 与 A_1、A_6、A_7）的关联关系等，弧段与多边形（A_1 与 P_1，A_2 与 P_1）的关联关系等，弧段与节点（A_1 与 N_1、N_2，A_2 与 N_1、N_3）的关联关系等，多边形与弧段（P_1 与 A_1、A_2、A_7，P_4 与 A_2、A_3、A_5、A_4）的拓扑关联关系等。

（3）包含关系，表示空间图形中不同类或同类但不同级元素之间的拓扑关系。例如，多边形 P_4 中包含 P_3。

（4）连通关系，表示空间图形中弧段之间的拓扑关系。例如，A_1 与 A_2、A_6、A_7 连通。

2）几何对象间的空间拓扑关系

几何对象间的空间拓扑关系有六种（表 3.3）。

（1）点—点关系。点实体和点实体之间只存在相离和重合两种关系，如武汉与南京是两个分离的城市，是同一位置上的不同等级三角点之间的重合关系。

（2）点—线关系。点实体和线实体间存在邻接、相离和包含三种关系，如火车站与铁路邻接、黄鹤楼与长江相离、输电杆位于输电线上。

（3）点—面关系。点实体与面实体间存在邻接、相离和包含三种关系，如公园与多个出入口邻接、村庄与远处的手机基站相离、武汉市包含黄鹤楼。

　　(4)线—线关系。线实体与线实体间存在邻接、相交、相离、包含、重合五种关系,如高等级公路与低等级公路邻接(连通)、铁路和公路平面相交、河流和铁路相离、高速公路中包含中间隔离线、河流与境界线在平面上重合。

　　(5)线—面关系。线实体与面实体间存在邻接、相交、相离、包含四种关系,如大学与城市道路邻接(连通)、铁路与穿越的行政区相交、山区与远离的铁路相离、省级行政区包含省道。

　　(6)面—面关系。面实体与面实体间存在邻接、相交、相离、包含、重合五种关系,如两个邻接的行政区、行政区与土壤类型分布区域相交、省级行政区包含多个市级行政区、水上乐园与湖泊重合等。

表 3.3　空间拓扑关系类型

拓扑关系	点—点	点—线	点—面	线—线	线—面	面—面
邻接		$A \bullet \quad B$	A, C, B	A	A, B	A, B
相交				A, B	A, B, C	A, B
相离	$A \bullet$ ☆B	$\cdot A$	A, B	A, B	A, B	A, B
包含		B, A	A, B	A, B	A, B	A, B
重合	$A \bigstar B$			A, B		$A\ B$

3．空间拓扑关系的意义

空间拓扑关系对空间数据处理和空间分析具有重要的意义。

　　(1)根据拓扑关系,不需要利用坐标或者计算距离,就可以确定一种地理实体相对于另一种地理实体的空间位置关系。这是因为拓扑数据已经清楚地反映地理实体之间的逻辑结构关系,而且这种拓扑数据比几何数据有更大的稳定性,即它不随地图变换而变化。

　　(2)利用拓扑数据有利于空间要素的查询。例如,查询某区域与哪些区域邻接,某条河流能为哪些政区的居民提供水源,与某一湖泊邻接的土地利用类型有哪些等,都需要利用拓扑数据。

　　(3)可以利用拓扑数据重建地理实体。例如,建立封闭多边形,实现道路的选取,进行最佳路径的计算等。

3.2.3　地理实体的方位关系

　　顺序关系是用来描述对象在空间中的某种排序关系,如从上到下、从外到里、从前到后等。空间方向关系是最基本的顺序关系,又称方位关系。它描述目标在空间中的方位排序关系,定义了空间实体之间的方位,通常采用上下、左右、前后、东南西北等方向性名词来描述。

1. 方位关系的基本概念

方位是各方向的位置。空间方位关系是在一定的参考框架下一个空间对象指向另一个空间对象的方向,是两个物体 A、B 在空间分布上的相对位置关系,用 ARB 表示,R 是方位关系,A 是参照源物体,B 是目标物体。方向关系的确定依赖于构成所考虑物体的点数。

如果用参照源物体 A 的某个具有代表性的点 $\mathrm{Rep}(A)$ 来表示 A,对目标物体 B 则考虑其所有的点,则有如下结论:

(1) A North B 成立,当且仅当 $\forall b \in B, b_x \geqslant \mathrm{Rep}(A)_x$。 同理,可以定义南、西和东。

(2) A Northeast B 成立,当且仅当 $\forall b \in B, b_x \geqslant \mathrm{Rep}(A)_x$ 且 $b_y \geqslant \mathrm{Rep}(A)_y$。 同理,可以定义东南、西南和东北。

如果也考虑参照源物体 A 所有的点,则有如下结论:

(1) A North B 成立,当且仅当 $\forall a \in A, \forall b \in B, b_x \geqslant a_x$。 同理,可以定义南、西和东。

(2) A Northeast B 成立,当且仅当 $\forall a \in A, \forall b \in B, b_x \geqslant a_x$ 且 $b_y \geqslant a_y$。 同理,可以定义东南、西南和东北。

因此,方位关系的定性描述具有定量化特征。

2. 方位关系的表示

1) 绝对与相对描述

根据空间方位关系中的参考框架,可将方位关系分为三种,即绝对方位、相对方位和基于观察者的方位。

(1) 绝对方位,是在全球参考系统的背景下定义的,如东、西、南、北、东北等(图 3.5)。依据精确度,绝对方位除四方位外,也可细分为方位角、八方位、十六方位、三十二方位。其中,四方位或基本方位就是东、西、南、北;方位角是以正北也就是面向地理北极的方向为 $0°$,以顺时针方向为正,如 $90°$、$180°$、$270°$ 分别是正东、南、西;八方位的邻近方位相差 $45°$;十六方位的邻近方位相差 $22.5°$;三十二方位的邻近方位相差 $11.25°$。

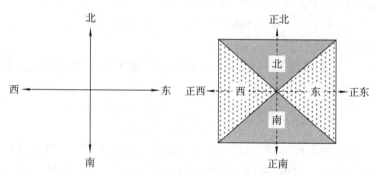

图 3.5　空间方向及其四方位

(2) 相对方位,是根据目标物体与所给参考源物体的方向来定义的,如左、右、前、后、上、下等。

(3) 基于观察者的方位,是按照专门指定的观察者作为参照对象定义的。

2) 定性与定量描述

空间方位关系的描述有定性与定量两种。定性描述往往采用四方位、八方位等形式表达;定量描述往往采用方位角、象限角等来表达。例如,地图的方位角包括真方位角、磁方位角和坐标方位角。显然,空间方位的定性描述与定量描述之间是可以转换的。例如,在四方位中,每个方向对应 90°的角,东方向的方位角为(45°,135°],而属于方位角(45°,135°]的任一方向就属于四方位的东边。

3. 方位关系的基本性质

空间方位关系具有完整性,它是参考框架的一个划分。由于空间目标形态千差万别,因此方位关系的类型划分、描述与判断具有一定的难度。方位关系的基本性质有以下三点(图 3.6):

(1)模糊性。例如,目标 B 具有不同的形态,但方位关系相同,即 B 都在 A 的南方位。那么,目标 B 位于 A 的南方但不能确定 B 位于南方的哪个方位角。

(2)对称性。例如,目标 B 在 A 的南方,则 A 在 B 的北方。B 相对于 A 的方位角 α 和 A 相对于 B 的方位角 β 之间的关系为 $|\alpha - \beta| = 180°$。

(3)相对性。相对不同的空间目标,可能具有不同的方位关系,如目标 B 在 A 的南方,但在 C 的西方。

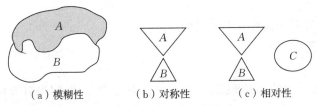

（a）模糊性　　　　（b）对称性　　　　（c）相对性

图 3.6　方位关系的基本性质

4. 方位关系的计算方法

从计算的角度来看,点—点的方位关系只要计算两点连线与某一基准方向的夹角即可。

1)平面方位角的计算

平面方位角的计算往往将 X 轴设为纵轴(正北方向),Y 轴设为横轴。二维平面中 $B(x_b, y_b)$ 点相对于 $A(x_a, y_a)$ 点的方位角为

$$\alpha = \arctan[(y_b - y_a)/(x_b - x_a)]$$

2)球面方位角的计算

球面上 $B(\varphi_b, \lambda_b)$ 点相对于 $A(\varphi_a, \lambda_a)$ 点的方位角是过 A、B 两点的大圆平面与过 A 点的子午圈平面间的二面角,即

$$\cot\alpha = \frac{\sin\varphi_b \cos\varphi_a - \cos\varphi_b \sin\varphi_a \cos(\lambda_b - \lambda_a)}{\cos\varphi_b \sin(\lambda_b - \lambda_a)}$$

同样,在计算点实体与线实体、点实体与面实体的方位关系时,只要将线实体和面实体简化至其中心,并将其视为点实体,按点—点的方位关系进行计算即可(图 3.7)。但这种简化需要判断点实体是否落入线实体或面实体内部,而且这种简化的计算在很多情况下会得出错误的方位关系,如点与呈月牙形的面的方位关系。

在计算线—线、线—面和面—面实体间的方位关系时,情况变得异常复杂。当实体间的距离很大时,实体的大小和形状对它们之间的方位关系没有影响,可将其转换为点,其方位关系则转换为点—点之间的方位关系;但当它们之间距离较小时,则难以计算。

目前,比较有代表性的空间方位关系算法有锥形模型、最小约束矩形模型、投影模型、方向关系矩阵模型、方向沃罗诺伊(Voronoi)模型等。

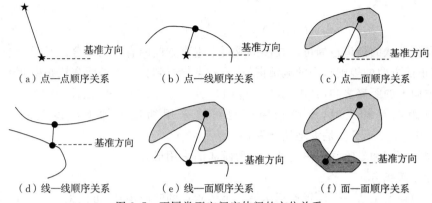

图 3.7　不同类型空间实体间的方位关系

3.2.4　地理实体的度量关系

度量关系是在欧氏空间和度量空间上进行的操作,是一切空间数据定量化的基础,包含长度、周长、面积和距离等定量的度量关系。其中,最主要的度量关系是空间对象之间的距离关系。度量关系同方位关系一样会随拓扑变换(缩放、旋转和拉伸等)而变化。距离的度量可以是定量的,如两城市之间的距离为 100 km,也可以应用与距离相关的概念(如远近等)进行定性描述。度量关系的一种计算方法同方位关系一样,是首先确定空间实体的代表点,其次利用某种度量空间中的度量来描述空间实体代表点之间的关系。定量度量空间关系包括空间指标量算和距离度量两大类。

1. 空间指标量算

空间指标量算是用区域空间指标量算目标间的空间关系。区域空间指标包括以下三种:

(1)几何指标,如位置、长度(距离)、面积、体积、形状、方位等。

(2)自然地理参数,如坡度、坡向、地表辐照度、地形起伏度、河网密度、切割程度、通达性等。

(3)人文地理指标,如集中指标、区位商、差异指数、地理关联系数、吸引范围、交通便利程度、人口密度等。

2. 距离度量

地理空间的距离度量采用距离来量算地理目标间的空间关系。两点间的距离度量可以沿着实际的地球表面进行,也可以沿着地球椭球体的表面进行,其形式有以下几种。

1)欧氏距离

欧氏距离是两个位置点 $O_1(x_1,y_1)$ 和 $O_2(x_2,y_2)$ 之间的直线连接距离,其一般公式为

$$\mathrm{dist}(O_1,O_2)=\sqrt{(x_2-x_1)^2+(y_2-y_1)^2}$$

欧氏距离是平面中两点距离的常用形式,其他的还有切氏距离,即

$$\mathrm{dist}(O_1,O_2)=\max(|x_2-x_1|,|y_2-y_1|)$$

2)大地测量距离

大地测量距离是沿着地球表面经过两个城市中心的距离,是两点之间沿着地球表面的最短距离。当两个位置点的距离足够小时,大地测量距离就是欧氏距离。

3)曼哈顿距离

曼哈顿距离是两点 $O_1(x_1,y_1)$ 和 $O_2(x_2,y_2)$ 在南北方向上的距离加东西方向上的距

离,即

$$\mathrm{dist}(O_1, O_2) = |x_2 - x_1| + |y_2 - y_1|$$

围棋盘格形状的街道格局可以被模拟成两个垂直方向的直线的集合。对于一个具有正南正北、正东正西方向的规则布局的城镇街道,从一点旅行到另一点的距离正是南北方向上的距离和东西方向上的距离之和,其中 $|x_2 - x_1|$ 和 $|y_2 - y_1|$ 就是一种欧氏距离。

当两点距离足够大时,曼哈顿距离也可以采用纬度差加上经度差表示,此时的 $|x_2 - x_1|$ 和 $|y_2 - y_1|$ 就是大地测量距离。

大地测量距离和曼哈顿距离是地球表面距离的常用形式。

4)旅行时间距离

旅行时间距离是从一个位置点到达另一个位置点的时间消耗,可以采用最小时间消耗、平价时间消耗等统计量表示。

5)词典编纂距离

词典编纂距离是在一个固定的地名册中一系列城市的位置之间的绝对差值(图 3.8)。

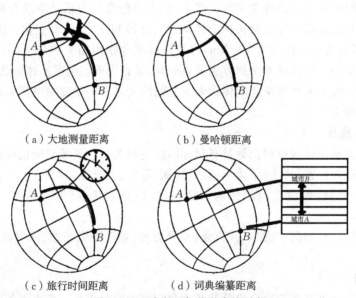

（a）大地测量距离　　　　　　（b）曼哈顿距离

（c）旅行时间距离　　　　　　（d）词典编纂距离

图 3.8　地球表面各种形式的距离

两个空间实体间的距离计算也可以按照空间拓扑关系中建立的点—点、点—线、点—面、线—线、线—面和面—面等不同组合分别进行考察。建立点—点的度量关系容易,建立点—线和点—面的度量关系则较难,而建立线—线、线—面和面—面的度量关系更为困难,涉及大量的判断和计算。

3.3　空间数据概念模型

空间数据概念模型是对现实世界的客观事物进行综合抽象所形成的、反映在人脑中的概念集,是客观事物及其联系以自然的、逻辑的语义方式进行的描述,是客观到主观的映射。对现实世界中事物及其之间的广泛联系的不同语义解释,将形成不同的概念模型。例如,最常用的 E-R 模型将现实世界转化成实体、联系、属性等几个基本概念以及它们间的基本关系。采用不同的方法或从不同的角度对地理空间进行认知和抽象，会产生不同的概念模型，如对象模型、场模型等。不同的角度意味着不同的方面，因此不同的空间数据概念模型只能反映地理空间的不同侧面，并具有各自的优缺点。

3.3.1　对象模型

对象模型是一种概念模型，而面向对象的数据模型应用面向对象的方法描述空间实体及其相互关系，是一种逻辑模型。面向对象的数据模型适用于对象模型的逻辑表达，但对象模型还可以采用矢量模型表达。

1. 对象模型

对象模型将研究的整个地理空间看成一个空域，地理现象和空间实体作为独立的对象分布在该空域中。传统地图是采用对象模型进行地理空间抽象和建模的典型实例。对象模型一般适用于对具有明确边界的地理现象进行抽象建模，如建筑物、道路、公共设施和管理区域等人文现象，以及湖泊、河流、岛屿和森林等自然现象。

对象模型强调地理空间中的单个地理现象，把地理现象当作空间要素或空间实体。任何现象不论大小，只要能从概念上与其相邻的其他现象分离，都可以被确定为一个对象。一个对象必须同时符合三个条件：①可被识别；②重要（与问题有关）；③可被描述（有明确的特征）。对象的特征包括静态的属性特征（如城市名）和动态的行为特征（如城市的扩展）。

按照几何特征，对象可分为点、线、面、体四种基本对象。

2. 对象模型的操作

(1)空间算子，用于确定空间对象及其之间的关系，包括空间拓扑关系、空间度量关系、空间方位关系等。

(2)空间函数，用于获得两个要素通过空间关系运算产生的新的几何对象。空间关系运算包括缓冲区、裁剪、求交、求并、求差等。

3. 面向对象的数据模型

面向对象技术或方法的核心是对象和类。对象是指地理空间的实体或现象，是系统的基本单位。例如，在地图中，一个多边形上的一个节点或一条弧段是对象，一条河流或一块宗地也是一个对象。

一个对象的描述由两部分构成：①静态的属性特征（如城市名、位置、形状），是一组表述状态的数据；②动态的行为特征（如统计城市扩展速度的方法、统计城市人口增长速度的方法），是一组表述行为的操作（方法）。每个对象都有一个唯一的标识符（object_ID）作为识别标志。

类是具有部分相同属性和方法的一组对象的集合，是这些对象的统一抽象描述，其内部也包括属性和方法两个主要部分。类是对象的共性抽象，对象则是类的实例。属于同一类的所有对象共享相同的属性和方法，但也可具有类之外的自身特有的属性和方法。类的共性抽象构成超类，类成为超类的一个子类，表示为"is a"的关系。一个类可能是某些类的超类，也可能是某个类的子类，从而形成类的"父子"关系。

面向对象方法不仅可以将对象的属性和方法进行封装，还具有分类、概括、联合、聚集等对象抽象技术以及继承和传播等强有力的抽象工具。

(1)分类，是把具有部分相同属性和方法的实体对象进行归类抽象的过程，如将城市管网中的供气管、给水管、有线电视电缆等都作为类。

（2）概括，是把具有部分相同属性和方法的类进一步抽象为超类的过程，如将供水管线、供热管线等概括为"管线"这一超类，它具有各类管线所共有的"材质""管径"等属性，也有"检修"等操作。

（3）联合，是把一组属于同一类中的若干具有部分相同属性的对象组合起来，形成一个新的几何对象的过程。集合对象中的个体对象称作它的成员对象，表示为"is member of"的关系。联合不同于概括，概括是对类进一步抽象得到超类，而联合是对类中的具体对象进行合并得到新的对象。例如，在供水管线类中，某些管线段完成了防腐处理，则可把它们联合起来构成"防腐供水管类"。

（4）聚集，是把一组属于不同类中的若干对象组合起来，形成一个更高级别的复合对象或复杂对象的过程。复合对象中的个体对象称作它的组件对象或简单对象，表示为"is part of"的关系，如将地籍权属界线与内部建筑物聚集为"宗地"类。

（5）继承，是一种服务于概括的语义工具。在上述概括的概念中，子类的某些属性和操作来源于它的父类。例如，饭店类是建筑物类的子类，它的一些操作，如显示和删除对象等，以及一些属性如房主、地址、建筑日期等，是所有建筑物共有的，所以仅在建筑物类中定义它们，饭店类则继承这些属性和操作。继承有单一继承和多方继承。

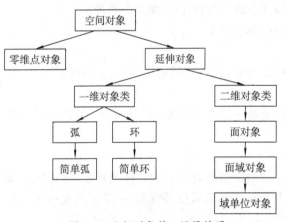

图 3.9　空间对象单一继承关系

——单一继承是指子类仅有一个直接的父类。图 3.9 表示一种可能的空间对象单一继承关系。具有最高抽象层次的对象是"空间对象"类，它派生为零维的点对象和延伸对象，延伸对象又可以派生为一维和二维对象类。一维对象类的两个子类为弧和环，如果没有相交，则称为简单弧和简单环。在二维对象类中，连通的面对象称为面域对象，没有"洞"的简单面域对象称为域单位对象。

——多方继承允许有多于一个直接父类。多方继承的现实意义是子类的属性和操作可以是多个父类的属性和操作的综合。

在地理空间实体表达中，经常会遇到多方继承的问题。以交通和水系为例，如图 3.10 所示，交通线分类得到"人工交通线"和"自然交通线"子类，水系分类得到"河流"和"湖泊"子类。"运河"作为"人工交通线"和"河流"的子类，将同时继承"交通线"和"水系"的属性和方法。

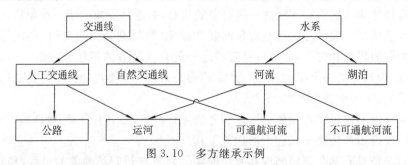

图 3.10　多方继承示例

（6）传播，是作用于联合和聚集的语义工具，它通过一种强制性的手段将子对象的属性信息传播给复杂对象。也就是说，复杂对象的某些属性值不单独描述，而是从它的子对象中提取或派生。例如，一个多边形的位置坐标数据并不直接表达，而是在弧段和节点中表达，多边形仅提供一种组合对象的功能和机制，借助于传播的工具可以得到多边形的位置信息。这一概念可以保证数据库的一致性，这是因为独立的属性值仅存储一次，不会因空间投影和几何变换而破坏它的一致性。矿山地理信息系统的矿山对象模型体系如图 3.11 所示。

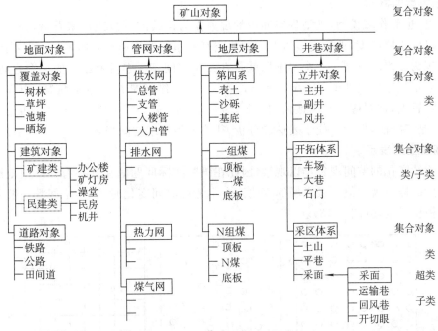

图 3.11　矿山对象模型体系

基于以上面向对象思想，OGC 给出了适合二维空间实体及其关系表达的面向对象空间数据逻辑模型，并以统一建模语言（unified modeling language，UML）表示，如图 3.12 所示。

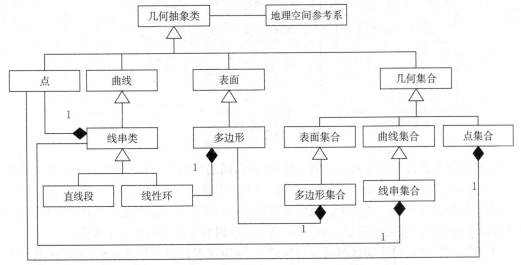

图 3.12　OGC 面向对象空间数据逻辑模型的 UML 表示

在实际地理空间对象描述和表达中,按照面向对象方法对空间实体进行概括、聚集、联合等处理,可得到复杂地理对象的逻辑数据模型。例如,在城市地籍管理中,将宗地多边形类和内部包括的建筑物多边形聚集为"宗地"类,按"宗地"进行管理和处理,简化了空间数据的分析。

3.3.2　场模型

1. 场模型的概念

场模型,也称作域模型,把地理空间中的现象作为连续的变量或体来看待,如大气污染程度、地表温度、土壤湿度、地形高度以及大面积空气和水域的流速与方向等。根据不同的应用,场可以表现为二维或三维。一个二维场就是在二维空间 $\mathbb{R}^2$ 中任意给定的一个空间位置上,都有一个表示现象的属性值,即 $A = f(x, y)$。一个三维场是在三维空间 $\mathbb{R}^3$ 中任意给定的一个空间位置上,都对应一个属性值,即 $A = f(x, y, z)$。一些现象(如大气污染的空间分布)本质上是三维的,但为了便于表达和分析,往往采用二维空间来表示。

2. 场模型的表示

由于连续变化的空间现象难以观察,因此在研究实际问题时往往在有限时空范围内获取足够高精度的样点观测值来表征场的变化。在不考虑时间变化时,二维空间场一般采用六种具体的场模型来描述(图 3.13)。

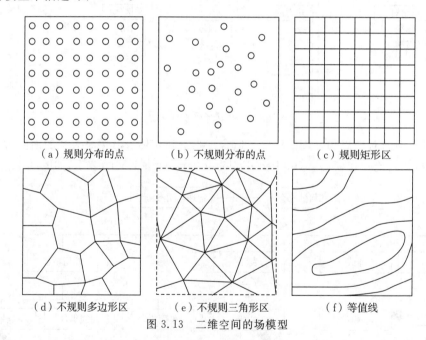

（a）规则分布的点　　　　（b）不规则分布的点　　　　（c）规则矩形区

（d）不规则多边形区　　　（e）不规则三角形区　　　（f）等值线

图 3.13　二维空间的场模型

（1）规则分布的点。在平面区域布设数目有限、间隔固定且规则排列的样点,每个点都对应一个属性值,其他位置的属性值通过线性内插方法求得。

（2）不规则分布的点。在平面区域根据需要自由选定样点,每个点都对应一个属性值,其他任意位置的属性值通过克里金内插、距离倒数加权内插等空间内插方法求得。

（3）规则矩形区。将平面区域划分为规则的、间距相等的矩形区域,每个矩形区域称作格网单元。每个格网单元对应一个属性值,而忽略格网单元内部属性的细节变化。

(4)不规则多边形区。将平面区域划分为简单连通的多边形区域,每个多边形区域的边界由一组点定义。每个多边形区域对应一个属性常量值,而忽略区域内部属性的细节变化。

(5)不规则三角形区。将平面区域划分为简单连通的三角形区域,三角形的顶点由样点定义,且每个顶点对应一个属性值。三角形区域内部任意位置的属性值通过线性内插函数得到。

(6)等值线。用一组等值线 $C_1, C_2, \cdots, C_n$ 将平面区域划分成若干个区域。每条等值线对应一个属性值,两条等值线中间区域任意位置的属性是这两条等值线的连续内插值。

3. 场模型的操作

场的操作可分为局部的、聚焦的、区域的和全局的等。

(1)局部操作将一个栅格映射到另一个栅格上,新栅格中每个单元格的取值仅依赖于它在原栅格中单元格的值。如果原栅格中单元格的值低于用户自定义的阈值,则新栅格中对应单元格的值取 0,否则取 1。例如,设阈值为 3,则栅格数据的阈值化如图 3.14 所示。

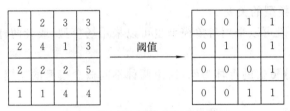

图 3.14　局部操作的阈值化示例

(2)在聚焦操作中,新栅格中单元格的值依赖于原栅格中相应单元格以及邻近单元格的值。邻近关系有 4—邻域、8—邻域、16—邻域、32—邻域等。其中,4—邻域表示左、右、上、下 4 个方向,或者左上、左下、右上、右下等。设 $E(x, y)$ 是数字高程模型,即可提供空间框架中位置 (x, y) 的高程值。计算高程的梯度 $\nabla E(x, y)$ 是聚焦操作,这是因为 (x, y) 的梯度值依赖于高程在 (x, y) 的一个"小"邻域上的取值。

(3)在区域操作中,新栅格中单元格的值是原栅格中相应单元格的值与其他单元格的值的一个函数。如图 3.15 所示,新栅格中左上角单元格的值(12)是原栅格中由区域指定的 A 区域中所有单元格的值的总和。

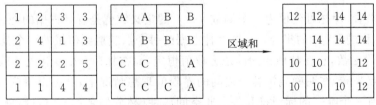

图 3.15　区域操作的区域求和示例

(4)在全局操作中,新栅格中单元格的值是位置的函数,或者是原栅格或其他栅格上所有单元格的值的函数。如图 3.16 所示,原栅格给出了 S1 和 S2 的位置,新栅格中每个单元格记录它到 S1 和 S2 的最近距离。水平与垂直方向上的相邻单元格间隔 1 个单位距离,对角线上的 2 个相邻单元格的距离是 2 个单位距离。

(5)图像操作(如裁剪)也是场操作的基本类型之一。图 3.17 是沿坐标轴提取原栅格的一个子集的示例。

图 3.16　全局操作示例

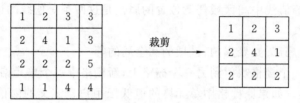

图 3.17　图像操作的裁剪示例

4．场模型与对象模型的关系

地理现象的建模，既可以采用对象模型也可以采用场模型，或者两种模型的集成。

1）两种模型的对比

以一个由不同林分覆盖的森林为例，讨论两种不同概念模型的建模（图 3.18）。

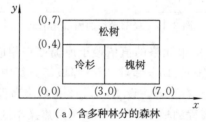

（a）含多种林分的森林

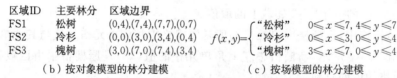

区域ID	主要林分	区域边界
FS1	松树	(0,4),(7,4),(7,7),(0,7)
FS2	冷杉	(0,0),(3,0),(3,4),(0,4)
FS3	槐树	(3,0),(7,0),(7,4),(3,4)

$$f(x,y)=\begin{cases} \text{"松树"} & 0\leqslant x\leqslant 7,\ 4\leqslant y\leqslant 7 \\ \text{"冷杉"} & 0\leqslant x\leqslant 3,\ 0\leqslant y\leqslant 4 \\ \text{"槐树"} & 3\leqslant x\leqslant 7,\ 0\leqslant y\leqslant 4 \end{cases}$$

（b）按对象模型的林分建模　　　　　　　　（c）按场模型的林分建模

图 3.18　一个森林的两种模型对比

　　从场模型来看，森林可建模为一个函数 f。f 的定义域就是森林占据的地理空间，而值域是三个元素（林种的名称）的集合。f 将森林占据的每个点映射到值域的一个具体元素上。函数 f 是一个分段函数，它在林种相同的地方取值恒定，而在林种发生变化处才改变取值。

　　从对象观点来看，在明确规定林分之间的界限的理想情况下，就可以得到多边形的边界，每个多边形都有一个唯一的标识符和一个非空间属性（林分的名称）。这样，就可以把森林建模为一个多边形集合，每个多边形对应一个林分。

2）两种模型的选择

　　对于一个空间应用来说，到底采用对象模型还是场模型，主要取决于数据源和习惯。

　　（1）习惯上，场模型通常用于具有连续空间变化趋势的现象，如海拔、温度、土壤变化等；对象模型一般用于具有离散且边界明确的地理现象，如道路、地块的征税和使用权等。

　　（2）数据源上，如果数据来源于卫星影像，此时场模型占主导地位；如果数据采用测量区域边界线的方式且区域内部被看成一致的，此时对象模型占主导地位。

3）两种模型的集成

对象模型和场模型各有长处，可以在多种水平上共存，即在许多情况下需要采用对象模型和场模型的集成。不论是在空间数据的概念建模中，或是在 GIS 的数据结构设计中，还是在 GIS 的应用中，都会遇到这两种模型的集成问题。例如，如果采集的降雨数据的各个点在空间上很分散且分布无规律，并且这些采集点还有各自的特征，那么一个包含两个属性——采集数据的点位置（对象）和平均降雨量（场）的概念模型，也许更适合对区域降雨现象特性变化的描述。

3.3.3　网络数据模型

网络是一个由点、线二元关系构成的系统，通常用来描述某种资源或物质沿着路径在空间上的运动，如城市的道路系统、各类地下管道系统、流域的水网系统等。

1. 网络数据概念模型

网络是由二维欧氏空间 $\mathbb{R}^2$ 中的若干点及它们之间相互连接的线（段）构成。现实世界中许多地理事物和现象可以构成网络，如公路、铁路、通信线路、管道及自然界中的物质流、能量流和信息流等，都可以表示成相应的点及其之间的连线，即地理网络。地理网络作为一种复杂的地理目标，除具有一般网络的边和节点及其之间的抽象拓扑含义之外，还具有空间定位上的地理意义和目标复合上的层次意义。

网络模型是采用图论的节点和边分别对地理世界中的事物及其联系进行的一种模拟。具体来说，网络就是指由链和节点组成的线网图形，并伴随一系列约束网络流动的条件。在网络模型中，地物被抽象为链、节点等对象，因而从本质上看网络模型与对象模型没有本质的区别，都描述不连续的地理现象。按照基于对象的观点，网络模型也可以看成对象模型的一个特例，它是由点对象和线对象之间的空间拓扑关系构成的。但在网络模型中，地理现象的精确形状并不是非常重要的，重要的是具体现象之间的距离或者阻力的度量。

值得注意的是，网络数据模型作为空间数据的概念模型，不同于网络状数据库模型，后者是相对于层状、关系状数据库模型而言的。

2. 网络的组成和属性

1）网络的基本组成

（1）线状要素（链）是网络中流动的管线，是构成网络的骨架，也是资源或通信联络的通道，包括有形物体（如街道、河流、水管、电缆线等）、无形物体（如无线电通信网络等）和状态属性（包括阻力和需求）。

（2）点状要素包括：①障碍，对资源或通信联络起阻断作用的点；②拐角点，节点处的阻力属性，如拐弯的时间和限制（如不允许左拐）；③节点，网络链与网络链之间的连接点，位于网络链的两端，如车站、港口、电站等，其状态属性包括阻力和需求；④中心，是接收或分配资源的位置，如水库、电站、商业中心等，其状态属性包括资源容量（如总的资源量）和阻力限额（如中心与链之间的最大距离或时间限制）等；⑤站点，在路径选择中资源增减的站点，如库房、汽车站等，其状态属性有要被运输的资源需求，如产品数。

2）网络中的属性

网络中的属性是网络的非几何属性。例如，在城市交通网络中，每一段道路都有名称、速度上限、宽度等，以及停靠点处有大量的物资等待装载或下卸等属性。

（1）阻强，指资源在网络流动中的阻力大小，如所花的时间、费用等，用来描述链与拐角点所具有的属性。链的阻强描述的是从链的一个节点到另一个节点所克服的阻力,它的大小一般与弧段长度、方向、属性及节点类型等有关。拐角点的阻强描述资源流动方向在节点处发生改变的阻力大小,它随着两条相连链的条件变化而变化。若有单行线,则表示资源流在单行线逆向方向的阻力为无穷大或为负值。为了网络分析的需要,一般来说要求不同类型的阻强要统一量纲。运用阻强概念的目的在于模拟真实网络中各路线及转弯的变化条件。

(2)资源容量,指网络中心为了满足各链的需求,能够容纳或提供的资源总数量,也指从其他中心流向该中心或从该中心流向其他中心的资源总量,如水库的总容水量、宾馆的总容客量、货运总站的仓储能力等。

(3)资源需求量,指网络系统中具体的线路、链、节点所能收集的或可以提供给某一中心的资源量,如城市交通网络中沿某条街道的流动人口、供水网络中水管的供水量、货运停靠点装卸货物的件数等。

3. 网络数据结构

网络数据结构通常包含两部分:一是网络数据的几何结构,用来表示网络的地理分布位置,可以用矢量数据结构中的点和线来表达;二是网络数据的拓扑结构,用来表示网络中元素的连接关系(如道路之间的连通性质等),通常用图的形式来表达。

1)图论的基本概念

图论中的"图"并不是通常意义下的几何图形,而是一个以抽象的形式来表达确定的事物以及事物之间是否具备某种特定关系的数学系统或逻辑模型。

图 G 是由非空顶点集合和其中偶对顶点形成的边(或弧)集合所构成的二元组。顶点的无序对叫作边,由边组成的图称为无向图,如一条道路双向都可以通行。顶点的有序对叫作弧,由弧组成的图称为有向图,即图中由弧连接的两个顶点具有方向性,如道路中的单行线只能向一个方向通行。由一个顶点出发到另一个顶点所经过的顶点序列构成路径。

边或弧上带有权重的图就成为网络。边或弧和节点都可具有任意数量的权重属性,通常用于表示通过边或节点所要花费的成本。节点仅有一个权重,边则可有两个权重,即沿边的两个方向的权重可以不同。

2)网络数据结构的表示

(1)邻接矩阵。在计算机中,图或网络的存储可以采用邻接矩阵的方法。邻接矩阵是表示顶点之间相邻关系的矩阵。邻接矩阵又分为有向图邻接矩阵和无向图邻接矩阵。设 $G=(V,E)$ 是一幅图,其中,$V=\{v_1,v_2,\cdots,v_n\}$,$E=\{(v_i,v_j)\mid v_i\in V,v_j\in V,i\neq j\}$。若 v_i 和 v_j 邻接,则图中 $d_{ij}=1$,边 v_iv_j 的权重记为 w_{ij};否则为 $d_{ij}=0$,$w_{ij}=\infty$(图 3.19)。

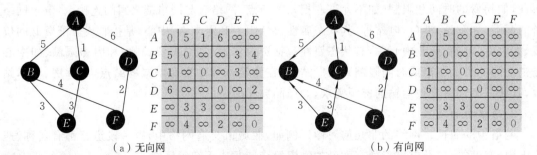

(a) 无向网 (b) 有向网

图 3.19 邻接矩阵

（2）邻接表。邻接表是指对图 G 中的每一个顶点 v_i 建立一个单链表，由顶点表节点和边表节点构成（图 3.20、图 3.21）。顶点表节点由顶点域（data）和指向第一条邻接边的指针（firstarc）构成，即顶点表节点表示为（data，firstarc）；边表节点由邻接点域（adjvex）和指向下一条邻接边的指针域（nextarc）构成，即边表节点表示为（adjvex，nextarc）。

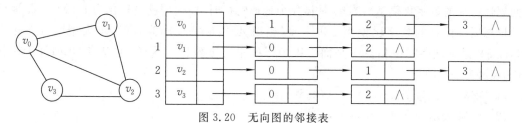

图 3.20　无向图的邻接表

一幅图的邻接矩阵是唯一的，而邻接表则不是唯一的。相比之下，从存储空间角度看，邻接表更适合表示稀疏图，而邻接矩阵更适合表示稠密图。

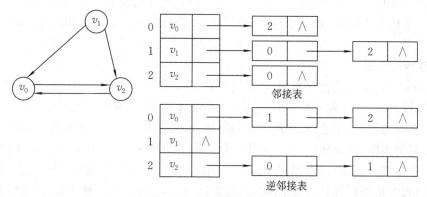

图 3.21　有向图的邻接表

3）网络数据结构的建立

根据网络数据结构的内容，一个完整的网络模型的构建可分为两个步骤：一是构建几何结构，即加入多层点文件和线文件，由这些文件建立一个空的空间图形网络；二是构建拓扑结构，即对点文件和线文件建立拓扑关系，加入各个网络属性特征值。例如，根据网络实际的需要，设置不同阻强值、网络中链的连通性、中心点的资源容量、资源需求量等。一旦建立起网络数据，需要将全部数据存放在空间数据库中。

4．网络图的操作

（1）图的遍历。从图中的任一顶点出发，对图中的所有顶点访问一次且只访问一次。图的遍历是图的一种基本操作，图的许多操作都是建立在遍历操作的基础上。图的遍历目前有深度优先搜索法和广度（宽度）优先搜索法两种算法。

（2）最小生成树。一幅有 n 个节点的连通图的生成树是原图的极小连通子图，包含原图中的所有 n 个节点，并有保持图连通的最少的边。

3.3.4　数字表面模型

二维场是在二维空间 $\mathbb{R}^2$ 中任意给定的一个空间位置 (x,y) 上，都有一个表现地球表面地理特征的属性值，即 $A=f(x,y)$，x、$y \in \mathbb{R}$。地球表面属性特征一般可分为三类：①地形地貌,包括高程、坡度、坡向、坡面形态及描述地表起伏情况的更为复杂的地貌因子;②自然环境,包括土壤、植被、地质、水系、气候(如气温、降雨)、地球物理特性(如重力)等;③社会经济,包括人口、工农业产值、经济活动、土地利用、交通网、居民点和工矿企业及境界线等。其中,自然环境与社会经济属于非地形信息。数字表面模型(digital surface model,DSM)就是地球表面属性特征的数字化模型。当 A 具体化为地形特征时,场模型就逻辑化为 DTM,它是地球表面形态属性信息的数字化模型。进一步,当 A 是地形特征的高程时,场模型就具体化为 DEM,高程是地理空间中相对于平面二维坐标的第三维坐标。这样,可以将 DEM、DTM 和 DSM 表示为一种映射。

(1)DEM 表示为 $f:(x,y) \rightarrow A($高程$),x、y \in \mathbb{R}$。

(2)DTM 表示为 $f:(x,y) \rightarrow A($地形$),x、y \in \mathbb{R}$。

(3)DSM 表示为 $f:(x,y) \rightarrow A($地形＋自然地理／人文地理特征$),x、y \in \mathbb{R}$。

由概念可知,DSM、DEM 与 DTM 都是场模型的逻辑化,是对场模型中的平面空间 $\Sigma(x,y)$ 和属性 A 的一体化、数字化描述。它们的主要差别是地理属性的范畴不同:高程是地形属性的一种,因此 DEM 是 DTM 的一个特例;地形是地面地理特征的一种,因此 DTM 是 DSM 的一个特例。

1. 数字地形模型

DTM 最初是为了高速公路的自动设计提出来的。此后,它被用于各种线路(铁路、公路、输电线等)选线的设计,各种工程的面积、体积、坡度计算,任意两点间的通视判断及任意断面图绘制。主要用途有:在测绘中,被用于绘制等高线、坡度坡向图、立体透视图,制作数字正射影像图以及修测地图;在遥感应用中,可作为分类的辅助数据;在 GIS 中,是 GIS 的基础数据,可用于土地利用现状的分析、合理规划及洪水险情预报等;在环境或城市管理上,通过 DTM 的分析,可以及时地获取森林或城市的生长及发展状况,并用于精细林业管理、虚拟城市管理、城市环境控制及重大灾害灾情分析等方面;在军事上,可用于导航及导弹制导、作战电子沙盘等。对 DTM 的研究包括 DTM 的精度问题、地形分类、数据采集、DTM 的粗差探测、质量控制、数据压缩、DTM 应用以及不规则三角网 DTM 的建立与应用等。

1)DEM 与 DTM

DEM 是 DTM 的基础。可由 DEM 直接或间接导出 DTM 的地形特征有坡度、坡向、等高线、立体透视、流域结构、土石方、地表面积、地形剖面、最佳路径设计、土地规划与评价等。

需要注意的是,在 DEM 制作和研究早期,受数据精度限制,DEM 往往直接指代 DTM,但随着数据获取方式和计算机技术的进步,不同类型 DEM 之间的差异越来越大,用途也逐渐分化,"DEMs"一词逐渐替代 DEM,成为不同类型数字高程模型的总称。

2)DTM 与 DSM

DTM 是 DSM 的基础(图 3.22)。DSM 的非地形特征有自然环境和社会经济等,因此 DSM 除了 DTM 外,还包括数字地面自然环境模型和数字地面社会经济模型等。这些非地形特征的 DSM 可由 DTM 和自然环境或社会经济的复合体进行表达。例如,地表面景观图可由 DTM 与 DOM 复合生成,降雨量分布图可由 DTM 与等降雨量线复合生成。

DTM 是对纯粹的地球表面形态的描述,它所关心的是除去森林、建筑等一切自然或社会地物之外的地球表面构造,即纯地形形态。DSM 则是对地球表面(包括各类地物)的综合描述,它关注的是地球表面土地利用的状况,即地物分布形态。图 3.22 的 DTM 与 DSM 描述的是同一地区不同层次的高程信息。其中,DSM 是地球表面土地利用现状的直观表达,可以清晰地看到建筑和植被的分布状况,而 DTM 描述的则是滤除地面上的一切遮挡物之后,地球表面真实的地形地貌。除常见的 DTM 和 DSM 之外,还有正规化的数字表面模型(normalized DSM, nDSM)、数字建筑模型(digital building model,DBM)、树冠高度模型(crown height model,CHM)等一系列描述地球表面高程变化的数字模型。

（a）DTM　　　　　　　　　　　　　　　　（b）DSM

图 3.22　DTM 和 DSM 示例

2. 数字高程模型

DEM 与 DLG、DOM、DRG 等一样,是国家基础地理空间数据库的重要组成部分,是 GIS 数据结构由二维向三维发展的重要阶段。它是新一代的地形图,是继地图、卫星影像之后的又一网络地理信息可视化形态。作为 DTM 的子集,DEM 不仅在测绘、遥感和军事领域的用途广泛,还在工程、规划等领域得到广泛应用,如用于土木工程、景观建筑与矿山工程的规划与设计,景观设计与城市规划及交通规划等。

根据空间结构,DEM 可分为三种主要的模型:规则格网模型、等高线模型和不规则三角网模型。其中,等高线模型是一种线模式,规则格网模型与不规则三角网模型则是一种点模式。

1)规则格网模型

规则格网模型,通常采用正方形、矩形、三角形等规则多边形镶嵌平面空间,每个多边形单元对应一个高程值。数学上可以表示为一个矩阵,在计算机实现中则是一个二维数组。多边形单元对应的一个高程值,既可以是单元中心点的高程,又可以是单元内各点高程的一个统计值,如平均值等。

规则格网的高程矩阵可以很容易地用计算机进行处理,特别是栅格数据结构的地理信息系统。用该矩阵还可以很容易地计算等高线、坡度、坡向、山坡阴影,以及自动提取流域地形,因而是 DEM 最广泛的使用格式。格网 DEM 的缺点是:①在地形平坦区存在大量冗余数据;②在不改变格网大小的情况下,无法用于地形起伏复杂程度不同的地区;③对于某些特种计算,如通视计算,过分依赖格网轴线;④不能准确表示地形的结构和细部。为避免这些问题,可采用附加地形特征数据,如地形特征点、山脊线、谷底线、断裂线,描述地形结构。

2)等高线模型

等高线模型是传统地图制图中对地形高低起伏的一种抽象表示,它将具有相同高程值的点连接成等高线,用等高线的疏密表示地形起伏的陡缓。该方法适用于平面制图,不便于 GIS

中对地形表面进行真实感的再现及基于地形的分析。

等高线通常可以用二维的链表来存储。另一种方法是用图来表示等高线的拓扑关系,将等高线之间的区域表示成图的节点,用边表示等高线本身。由于等高线模型只表达了区域的部分高程值,因此往往需要一种插值方法计算落在等高线外的其他点的高程。又因为这些点是落在两条等高线包围的区域内,所以通常只使用外包的两条等高线的高程进行插值。

3)不规则三角网模型

对于不规则离散分布的特征点数据,可以建立各种不规则的数字地面模型,如不规则三角网(triangulated irregular network,TIN)、四边形网或其他多边形网,但最简单的是不规则三角网。不规则三角网是按一定规则将离散点连接成覆盖整个区域且互不重叠、结构最佳的三角形,实际上建立了离散点之间的空间关系。

不规则三角网模型的数据存储方式比格网 DEM 复杂,它不仅要存储每个点的高程,还要存储其平面坐标、节点拓扑关系、三角形邻接关系等。不规则三角网模型在概念上类似于多边形网络的矢量拓扑结构,只是不规则三角网模型不需要定义"岛"和"洞"的拓扑关系。在不规则三角网的组织方式上,既可将三角形作为基本对象,又可将节点作为基本对象。其中,以三角形为基本对象的组织方式包括两个基本文件:①点文件,记录每个节点的平面坐标和高程属性值;②三角形文件,记录每个三角形的顶点号(图 3.23)。

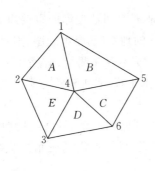

三角形序号	顶点1	顶点2	顶点3
A	1	4	2
B	1	5	4
⋮	⋮	⋮	⋮

三角形文件

点序号	X	Y	高程
1	x_1	y_1	z_1
2	x_2	y_2	z_2
⋮	⋮	⋮	⋮

点文件

图 3.23　以三角形为基本对象的不规则三角网组织方式

常见的不规则三角网拓扑结构的表达方式有两种。一种方式是:对于不规则三角网内的每一个节点、每一条边和每一个三角形都对应一条记录。其中,边的记录有四个指针字段,包括两个指向相邻三角形记录的指针和两个指向其两个顶点记录的指针;三角形的记录包括三个指向它三个边的记录的指针。另一种方式是:直接对每个三角形记录其顶点和相邻三角形,每个顶点包括三个坐标值的字段,分别存储 X、Y、Z 坐标。这种拓扑网络结构的特点是对于一个给定三角形,查询其三个顶点高程和相邻三角形所用的时间是定长的,在沿直线计算地形剖面线时具有较高的效率。当然也可以在此结构的基础上增加其他变化,以提高某些特殊运算的效率,如在顶点的记录里增加指向其关联的边的指针。

不规则三角网数字高程模型由连续的三角形组成,三角形的形状和大小取决于不规则分布的测点(或节点)的位置和密度。与高程矩阵方法不同的是,不规则三角网根据地形起伏变化的复杂性改变采样点的密度和决定采样点的位置,因而它能够避免地形平坦时的数据冗余,还能按地形特征如山脊线、山谷线、地形变化线等表示数字高程特征。不规则三角网模型是一种变化分辨率的模型,因为基本三角形的大小和密度在空间上是变动的,且能根据区域中数据事件的密度进行调整,从而能适应空间数据的实际分布。可定义每个基本三角形包含相同数量的数据事件,其结果是数据越稀,单元越大;数据越密,单元越小。基本三角形的大小、形状和走向反映数据元素本身的大小、形状和走向。另外,不规则三角网在坡度、坡向等地形计算效率方面优于等高线模型。

由上述分析可知,规则格网模型、等高线模型和不规则三角网模型,一方面都是 DEM,因而它们之间可相互转化;另一方面表现形式不同,主要是等高线与格网模型不同,因而可相互复合。

3.4　空间数据结构

逻辑模型是空间数据概念模型中地理实体及其空间关系的逻辑表达,主要有矢量模型、栅格模型、面向对象模型和数字表面模型等。逻辑模型与其概念模型(对象模型、场模型等)是多对多的关系:一个概念模型可由多个逻辑模型表达,如对象模型可采用矢量模型,也可采用面向对象模型;一个逻辑模型可表达多个概念模型,如矢量模型不仅可表达对象模型,还可以表达不规则多边形区、等值线等具体的场模型。

在确定表达地理世界的矢量或栅格逻辑数据模型之后,需要选择与其对应的数据结构来组织和编排数据,这是数据存储、查询检索和应用分析等操作处理的基础。同一空间数据逻辑模型往往采用多种空间数据结构,如游程长度编码结构、四叉树结构都是栅格模型的具体实现。在空间数据库中,较常用的有栅格数据结构和矢量数据结构,它们分别基于栅格模型和矢量模型。空间数据结构的选择取决于数据的类型、性质和使用的方式,应根据不同的任务目标,选择最有效和最合适的数据结构。

3.4.1　矢量数据结构与编码

矢量模型起源于"Spaghetti 模型",这是一种产生于计算机地图制图的数据模型,适用于用对象模型抽象的地理空间对象。矢量模型能够精确地表示点、线及多边形面的实体,并且能方便地进行比例尺变换、投影变换以及输出到笔式绘图仪上或视频显示器上。此外,矢量模型还可以明确地描述图形要素间的拓扑关系。在矢量模型中,空间实体现象是由点、线和面等原型实体及其集合来表示的。空间数据概念模型中的同一实体,依据观察的尺度或者概括的程度,可采用矢量数据逻辑模型中不同的几何体(点、线、面等)表示。例如,城镇在小比例尺地图中可表示为点,在大比例尺地图中可表示为面。

矢量数据结构是组织矢量模型的一种数据结构,它通过记录实体坐标及其关系,尽可能精确地表示点、线、多边形等地理实体及其之间的关系。矢量数据结构的获取方法主要有手工数字化法、手扶跟踪数字化法、数据结构转换法。矢量数据结构的显著特点是:定位明显,属性隐含,能很好地逼近地理实体的空间分布特征,数据精度高,数据存储的冗余度低,便于进行地理实体的网络分析,但对于多层空间数据的叠合分析比较困难。矢量数据结构按其是否明确表示空间拓扑关系,分为实体数据结构和拓扑数据结构两大类,相应的编码方法分为实体数据结构的编码方法和拓扑数据结构的编码方法。

1. 实体数据结构与编码方法

1) 实体数据结构

实体数据结构只记录空间对象的位置坐标和属性信息,不记录拓扑关系数据,最典型的是 Spaghetti 结构(图 3.24)。在位置坐标上,点实体用一对空间坐标 (x,y) 表示;线实体由一串坐标对组成,即 (x_1,y_1), (x_2,y_2), $\cdots$, (x_n,y_n);面由其边界线表示,表示为首尾相连的坐标串,即 (x_1,y_1), (x_2,y_2), $\cdots$, (x_n,y_n), (x_1,y_1)。 每一个实体都被赋予唯一的标识符。

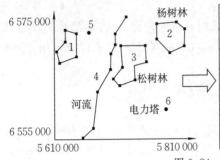

实体类型	实体编号	类别	位置
点	5	电力塔	(x_1,y_1)
点	6	电力塔	(x_1,y_1)
线	4	河流	$(x_1,y_1),(x_2,y_2),\cdots,(x_n,y_n)$
多边形	1	杨树林	$(x_1,y_1),(x_2,y_2),\cdots,(x_n,y_n),(x_1,y_1)$
多边形	2	杨树林	$(x_1,y_1),(x_2,y_2),\cdots,(x_n,y_n),(x_1,y_1)$
多边形	3	松树林	$(x_1,y_1),(x_2,y_2),\cdots,(x_n,y_n),(x_1,y_1)$

图 3.24　空间对象的矢量数据结构

2) 实体数据结构的编码方法

(1) 点实体是由单独一对 (x,y) 坐标定位的一切地理或制图实体。

在实体数据结构中,点实体除有 (x,y) 坐标外还应存储其标识符(包含类型和序列号)和属性(图 3.25)。在类型上,点实体包括表示地物的简单点、用于文字说明的位置点和网络节点。不同类型点实体的符号描述信息不同,如简单点的符号描述包括比例尺、方向等有关信息,用于文字说明的位置点的符号描述包括方向、字体、排列方式等信息。对其他类型的点实体也应做相应处理。

(2) 线实体可以定义为直线元素组成的各种线性要素,直线元素由两对以上的 (x,y) 坐标定义。

最简单的线实体只存储它的起止点坐标、属性、显示符号等数据。例如,线实体输出时可能用实线或虚线描绘,这类信息属于符号信息,它说明线实体的输出方式。虽然线实体并不是以虚线存储,但仍可用虚线输出。

弧、链是 n 个 (x,y) 坐标对的集合,这些坐标对可以描述任何连续而又复杂的曲线。组成曲线的线元素越短,(x,y) 坐标对数量越多,就越逼近于一条复杂曲线,既能节省存储空间,又可以精确地描绘曲线,唯一的不足是增加数据处理工作量。弧和链的存储记录中也要加入线的符号类型等信息,输出时可以通过内插得到光滑的曲线。

线与线之间存在网络结构。简单的线或链携带彼此互相连接的空间信息,而这种连接信息又是供排水网和道路网分析中必不可少的信息,因此要在数据结构中建立指针系统,才能让计算机在复杂的线网结构中跟踪每一条线。指针的建立要以节点为基础,如建立水网中每条支流之间的连接关系时必须使用指针系统。

如上所述,线实体主要用来表示线状地物(如公路、水系、山脊线)、符号线和多边形边界,有时也称为"弧""链""串"等,其矢量数据结构如图 3.26 所示。其中,唯一标识符是系统排列序号;线标识符可以标识线的类型;起始点和终止点可以用点号或直接用坐标表示;显示信息是显示线的文本或符号等;与线相关联的非几何属性可以直接存储于线文件中,也可单独存储,再由标识符连接查找。

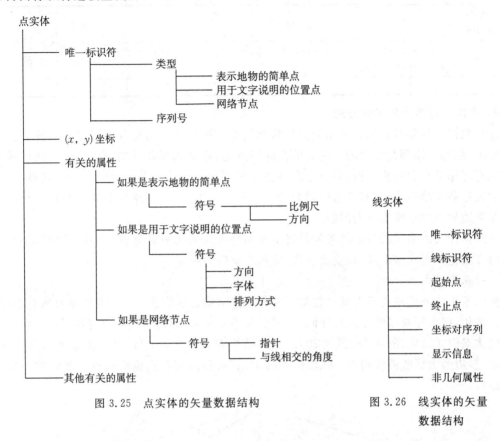

图 3.25　点实体的矢量数据结构

图 3.26　线实体的矢量
数据结构

（3）面实体的编码是指将构成面边界的各个线段以面为单元进行组织。

在区域实体中,具有名称属性和分类属性的,多用多边形表示,如行政区、土地类型、植被分布等(图 3.27);具有标量属性的有时也用等值线描述,如地形、降雨量等。在面实体的编码方法中(表 3.4),边界坐标数据与面或多边形单元实体一一对应,各个多边形边界都单独编码和数字化。这种编码方法简单,但相邻多边形的公共边界需要数字化两遍,造成数据冗余存储,可能导致输出的公共边界出现间隙或重叠。

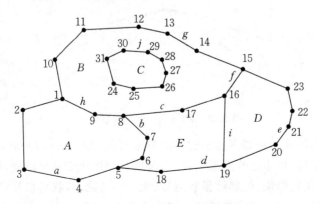

图 3.27　面实体的原始数据

表3.4　面实体的编码方法

实体标识符	点串	类型	类型
A	(x_1,y_1)，(x_2,y_2)，(x_3,y_3)，(x_4,y_4)，(x_5,y_5)，(x_6,y_6)，(x_7,y_7)，(x_8,y_8)，(x_9,y_9)，(x_1,y_1)	多边形	草原
⋮	⋮	⋮	⋮

2. 拓扑数据结构与编码方法

拓扑数据结构是具有拓扑关系的矢量数据结构。拓扑数据结构没有固定的格式,还没有形成标准,但基本原理是相同的。它们的共同特点是:点是相互独立的,点连成线,线构成面。每条线有起始节点和终止节点,并与左右多边形相邻接。与 Spaghetti 模型相比,在具有拓扑关系的矢量数据结构中,相邻多边形间的公共边界仅需表达一次,减少了描述的数据量,且避免了双重边界不能精确重合的问题。

空间拓扑关系表示的基本任务就是将空间拓扑关系表示成计算机能够接受的数字形式,其编码方法包括树状索引式、双重独立式、链状双重独立式等。

1) 树状索引式

树状索引法采用树状索引减少数据冗余并间接增加邻域信息。具体方法是对所有边界点进行数字化,将坐标对以顺序方式存储,点索引与边界线号相联系,线索引与各多边形相联系,形成树状索引式结构(图 3.28、图 3.29)。这种结构需要三个表文件,分别记录多边形—弧段的关系(多边形由哪些弧段构成)、弧段—点的关系(弧段由哪些点构成)、点—坐标的关系(点的坐标)。

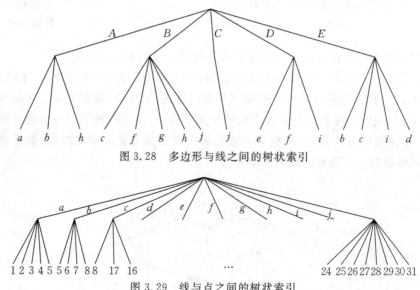

图 3.28　多边形与线之间的树状索引

图 3.29　线与点之间的树状索引

树状索引式结构消除了相邻多边形边界的数据冗余和不一致的问题,在简化过于复杂的边界线或合并多边形时,可不必改造索引表,邻域信息和岛状信息可以通过对多边形文件的线索引处理得到,但是比较烦琐,给邻域函数运算、无用边消除、岛状信息处理以及拓扑关系检查等带来一定困难,而且两个编码表都要以人工方式建立,工作量大且容易出错。

2）双重独立式

双重独立式编码结构最早是由美国人口统计局研制，用来进行人口普查分析和制图的，也称为 DIME（dual independent map encoding）系统或双重独立地图编码。它以城市街道为编码的主体，其特点是采用了拓扑编码结构。

双重独立式编码结构是对图上网状或面状要素的任何一条线段，用其两端的节点及相邻面域来定义。例如，对图 3.30 所示的多边形数据，用双重独立式编码结构表示（表 3.5）。

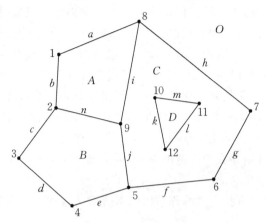

图 3.30　多边形数据

表 3.5　双重独立式编码结构

线段号	左多边形	右多边形	起始点	终止点
a	O	A	1	8
b	O	A	2	1
c	O	B	3	2
d	O	B	4	3
e	O	B	5	4

表 3.5 中的第一行数据表示线段 a 的方向是从节点 1 到节点 8，其左侧面域为 O，右侧面域为 A。在双重独立式编码结构中，节点与节点或者面域与面域之间为邻接关系，节点与线段或者面域与线段之间为关联关系。利用这种拓扑关系来组织数据，可以有效地进行数据存储的正确性检查，同时便于对数据进行更新和检索。在这种数据结构中，当编码数据经过计算机编辑处理以后，面域单元的始节点应当和终节点一致，而且当按照左侧面域或右侧面域自动建立一个指定的区域单元时，其空间点的坐标应当自行闭合。如果不能自行闭合，或者出现多余的线段，则表示数据存储或编码有误，这样就达到数据自动编辑的目的。例如，从表 3.5 中寻找右多边形为 A 的记录，则可以得到组成 A 多边形的线及节点，如表 3.6 所示。通过这种方法可以自动形成面文件，并可以检查线文件数据的正确性。

表 3.6　自动生成的多边形 A 的线及节点

线段号	起始点	终止点	左多边形	右多边形
a	1	8	O	A
i	8	9	C	A
n	9	2	B	A
b	2	1	O	A

3）链状双重独立式

链状双重独立式编码结构是 DIME 系统的一种改进。在 DIME 系统中，一条边只能用直线两端点的序号及相邻的面域来表示，而在链状双重独立式编码结构中，将若干直线段合为一条弧段（或链段），每条弧段可以有许多中间点。

在链状双重独立式编码结构中，主要有四个文件，即多边形文件、弧段文件、弧段坐标文件、节点文件。多边形文件主要由多边形记录组成，包括多边形号、组成多边形的弧段号，以及周长、面积、中心点坐标和有关"洞"的信息等。多边形文件也可以通过软件自动检索各有关弧段生成，同时计算多边形的周长和面积以及中心点的坐标。当多边形中含有"洞"时，此"洞"的面积为负，并在总面积中减去，其组成的弧段号前也冠以负号。弧段文件主要由弧记录组成，存储弧段的起止节点号和弧段左右多边形号。弧段坐标文件由一系列点的位置坐标组成，一般从数字化过程获取，数字化的顺序确定了这条弧段的方向。节点文件由节点记录组成，存储每个节点的节点号、节点坐标及与该节点连接的弧段。节点文件一般通过软件自动生成。这是因为在数字化的过程中，数字化操作的误差使各弧段在同一节点处的坐标不可能完全一致，需要进行匹配处理。当其偏差在允许范围内时，可取同名节点的坐标平均值；如果偏差过大，则弧段需要重新进行数字化。

图 3.28 数据的链状双重独立式编码结构的多边形文件如表 3.7 所示，弧段文件如表 3.8 所示，弧段坐标文件如表 3.9 所示。

表 3.7　多边形文件

多边形号	弧段号	周长	面积	中心点坐标
A	h,b,a	C_A	A_A	$P(x_A,y_A)$
B	g,f,c,h,j	C_B	A_B	$P(x_B,y_B)$
C	j	C_C	A_C	$P(x_C,y_C)$
D	e,f,i	C_D	A_D	$P(x_D,y_D)$
E	b,c,i,d	C_E	A_E	$P(x_E,y_E)$

表 3.8　弧段文件

弧段号	起始点	终止点	左多边形	右多边形
a	5	1	O	A
b	8	5	E	A
c	16	8	E	B
d	19	5	O	E
e	15	19	O	D
f	15	16	D	B
g	1	15	O	B
h	8	1	A	B
i	16	19	D	E
j	31	31	B	C

表 3.9　弧段坐标文件

弧段号	点号
a	5,4,3,2,1
b	8,7,6,5
c	16,17,8
d	19,18,5
e	15,23,22,21,20,19
f	15,16
g	1,10,11,12,13,14,15
h	8,9,1
i	16,19
j	31,30,29,28,27,26,25,24,31

3.4.2　栅格数据结构与编码

栅格模型通过枚举面域或空域及其之间的相邻关系直接描述空间概念模型中的空间实体及其空间关系。作为逻辑模型，栅格模型比较适合表达概念模型之一的场模型。数字扫描仪、视频数字化仪、行式打印机、喷墨绘图仪等设备是基于栅格模型的。应用栅格模型进行数字图像处理和分析已被广泛应用于遥感、医学图像、计算机视觉等领域。

相对于矢量模型，栅格模型的一个优点是不同类型的空间数据层可以进行叠加操作，不需要经过复杂的几何计算，但对于一些变换、运算操作，如比例尺变换、投影变换等操作则不太方便。

1. 栅格数据结构

1) 栅格数据结构的概念

栅格数据结构是最简单、最直观的空间数据结构，又称为网格结构或像素结构，是指将地球表面划分为大小均匀、紧密相邻的网格阵列，每个网格作为一个像素，由行、列号定义，并包含一个代码，表示该像素的属性类型或量值，或仅仅包含指向其属性记录的指针。因此，栅格数据结构是以规则栅格阵列表示空间对象分布的数据结构，阵列中每个栅格单元上的数值表示空间对象的非几何属性特征。一个栅格单元对应一个属性的值，若需要描述同一地理空间的不同属性，则按不同的属性将空间数据分层，每层描述一种属性。

在栅格数据结构中，点用一个栅格单元表示；线状地物则用沿线走向的一组相邻栅格单元表示，每个栅格单元最多只有两个相邻单元在线上；面或区域用记录了区域属性的相邻栅格单元的集合表示，每个栅格单元可有多于两个的相邻单元同属一个区域。任何面状分布的对象（土地利用、土壤类型、地势起伏、环境污染等），都可以用栅格数据逼近。遥感影像就属于典型的栅格结构，每个像素的数值表示影像的灰度等级。如图 3.31 所示，从上到下分别表示线、点、面状地物，左列、右列分别表示几何实体及其栅格数据结构。其中，在栅格数据结构中，同一实体的栅格单元具有相同的灰度值。这些灰度值也可以用数字代替。

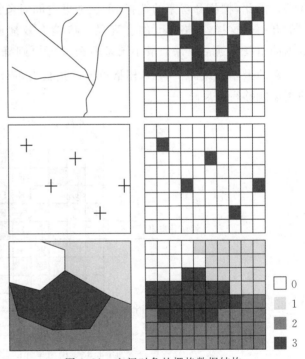

图 3.31　空间对象的栅格数据结构

栅格数据结构的显著特点是：属性明显，定位隐含，即数据直接记录属性的指针或属性本身，而所在位置则需要根据行、列号进行转换。栅格数据结构具有数据结构简单、数学模拟方便的优点，但也存在数据量大、难以建立实体间的拓扑关系、通过改变分辨率而减少数据量时精度和信息量同时受损等不足。

2) 栅格单元的几何参数

一个栅格数据是否完整通常由以下几个参数决定：

(1) 栅格形状。通常是正方形，有时也采用矩形、菱形、等边三角形或正六边形，特殊情况下也可以按经纬网划分栅格单元（图 3.32）。

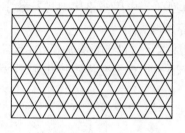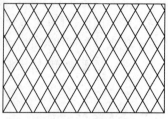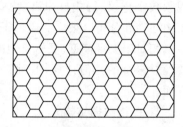

图 3.32　栅格形状

（2）栅格单元大小，也就是栅格单元的尺寸，即分辨率（图 3.33）。栅格的空间分辨率是指 1 个像元在地面所代表的实际面积大小。对于 1 个面积为 $100\ km^2$ 的区域，以 10 m 的分辨率表示，则需要有 10 000×10 000 个栅格，即 1 亿个像元。如果每个像元占 1 个计算机存储单元，即一个字节，那么这幅图像就要占用 100 兆字节的存储空间。当栅格分辨率太大，未能与空间对象相吻合时，就会丢失某些小分辨率情况下的细节信息；当栅格分辨率太小时，就会使存储空间呈几何级数地增加，而且不论采用多细小的栅格，栅格模型与原实体比都会有误差。因此，栅格分辨率的选择，不仅考虑空间对象的细节描述，还考虑存储空间和处理时间的开销。这样，栅格单元的合理尺寸应能有效地逼近空间对象的分布特征，以保证空间数据的精度。通常以保证最小图斑不丢失为原则确定合理的栅格单元尺寸。设研究区域某要素的最小图斑面积为 S，栅格单元的边长 L 的计算公式为 $L=\sqrt{S}/2$，就可以保证最小的图斑能够得到反映。

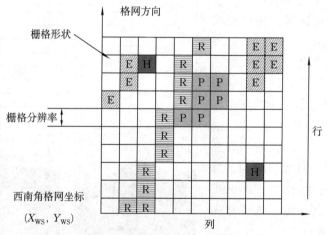

图 3.33　栅格单元的几何参数

（3）栅格原点。栅格系统的起始坐标应与国家基本比例尺地形图公里网的交点相一致，或者与已有的栅格系统数据相一致，并同时使用公里网的纵横坐标轴作为栅格系统的坐标轴。这样在使用栅格数据时，就容易与矢量数据或已有的栅格数据配准。

（4）栅格的倾角。通常情况下，栅格的坐标系统与国家坐标系统平行。但有时候，根据应用的需要，可以将栅格系统倾斜某一个角度，以方便应用。

3）栅格单元的属性值

栅格单元取值是唯一的，但受到栅格大小的限制，栅格单元中可能会出现多个地物，那么在决定栅格单元值时应尽量保持其真实性，对于如图 3.34 所示的栅格单元，要确定该单元的属性取值,可根据需要选用以下方法。

（1）中心归属法。用位于栅格中心处的地物类型决定其取值。由于中心点位于代码为 C 的地物范围内,故其取值为 C(图 3.34)。这种方法常用于有连续分布特性的地理现象。

（2）长度占优法。由栅格内线段最长的实体的属性来确定。

（3）面积占优法。将占矩形区域面积最大的地物类型作为栅格单元的代码。从图 3.34 上看,B 类地物所占面积最大,故相应栅格单元代码为 B。

（4）重要性法。根据栅格内不同地物的重要性,选取最重要的地物类型作为相应的栅格单元代码。设图中

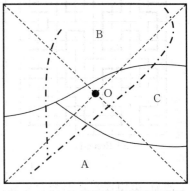

图 3.34　一个栅格单元的属性选择

A 类地物为最重要的地物类型,则栅格代码为 A。这种方法常用于有特殊意义而面积较小的地理要素,特别是点状和线状地理要素,如城镇、交通线、水系等,在栅格单元代码中应尽量表示。

（5）权重法。根据栅格单元区域内各地理要素的类型值及其权重来确定栅格单元的取值。其中,权重可以是地理要素在单元内所占面积的百分比。例如,设 A 类、B 类和 C 类的属性分别为 10、20、30,相应的面积比权重分别为 55%、50%、45%,则单元的属性值为 $10 \times 55\% + 20 \times 50\% + 30 \times 45\% = 29$。

2. 栅格数据的编码

针对栅格数据存储空间大的特点,空间数据库往往利用优化的数据结构及其压缩技术,以节省存储空间。主要的栅格数据存储与压缩方法有栅格矩阵编码、游程长度编码、四叉树编码、二维行程编码、块状编码和链式编码。

1）栅格矩阵编码

栅格矩阵编码结构将栅格数据看作一个数据矩阵,逐行逐个记录栅格单元的值(图 3.35)。可以每行都从左到右,也可奇数行从左到右而偶数行从右到左,或者采用其他特殊的方法。其优点是编码简单,信息无压缩、无丢失,缺点是数据量大。通常称这种编码的图像文件为网格文件或栅格文件。栅格数据结构不论采用何种压缩编码方法,其逻辑原型都是直接编码网格文件。

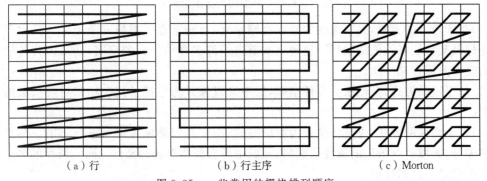

（a）行　　　　　　（b）行主序　　　　　　（c）Morton

图 3.35　一些常用的栅格排列顺序

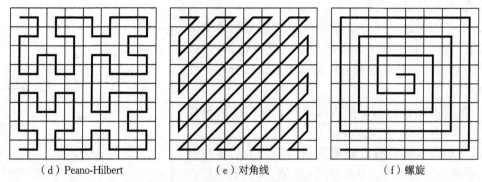

（d）Peano-Hilbert　　　　　　　（e）对角线　　　　　　　　　（f）螺旋

图 3.35（续）　一些常用的栅格排列顺序

例如，采用逐行从左到右的方式对面域实体进行编码（图 3.36）。

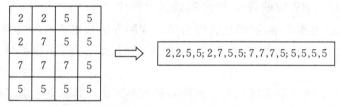

图 3.36　栅格数据结构基于逐行的栅格矩阵编码

栅格矩阵编码的组织有三种基本方式，即基于像元、基于层和基于面域（图 3.37）。

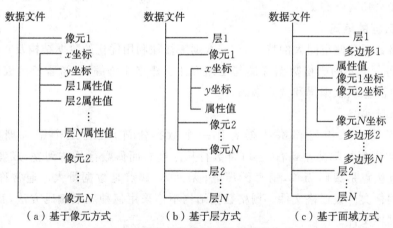

（a）基于像元方式　　　　（b）基于层方式　　　　（c）基于面域方式

图 3.37　栅格矩阵编码的数据组织方式

（1）基于像元的方式，是以像元为独立存储单元，每一个像元对应一条记录。其内容包括像元坐标及其各层属性值的编码。这种方式节省了许多存储坐标的空间，这是因为各层对应像元的坐标只需存储一次。

（2）基于层的方式，是以层为存储基础，层中又以像元为序记录其坐标和对应该层的属性值编码。

（3）基于面域的方式，也是将层作为存储基础，层中再以面域为单元进行记录。其内容包括面域编号、面域对应该层的属性值编码、面域中所有栅格单元的坐标。同一属性的多个相邻像元只需记录一次属性值。

基于像元的数据组织方式简单明了，便于进行数据扩充和修改，但进行属性查询和面域边界提取时速度较慢;基于层的数据组织方式便于进行属性查询,但每个像元的坐标均要重复存储,浪费了存储空间;基于面域的数据组织方式虽然便于面域边界提取,但在不同层中像元的坐标还是要进行多次存储。

2)游程长度编码

游程长度编码,也称行程编码,不仅是一种栅格数据无损压缩的重要方法,也是一种栅格数据结构(图 3.38)。它的基本思想是:对于一套栅格数据(或影像),常常有行(或列)方向上相邻的若干点具有相同的属性代码,因而可采取某种方法压缩那些重复的记录内容。其编码方案是:只在各行(或列)数据值发生变化时依次记录该值以及相同值重复的个数,从而实现数据的压缩,并实现数据的组织。经编码后,原始栅格数据阵列转换为 (s_i, l_i) 数据对,其中 s_i 为属性值,l_i 为行程。图 3.38 给出了栅格数据沿行方向进行游程长度编码的结果。

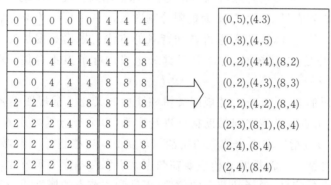

图 3.38　栅格数据及其游程长度编码

显然,游程长度编码只用了 40 个整数就可以表示栅格数据,而如果用前述的栅格矩阵编码却需要 64 个整数,可见游程长度编码压缩数据是十分有效且简便的。事实上,压缩比的大小是与图的复杂程度成反比的:在变化多的部分,游程数就多,在变化少的部分,游程数就少;原始栅格类型越简单,压缩效率就越高。因此,这种数据结构最适合类型面积较大的专题要素、遥感影像的分类结构,而不适合类型连续变化或类型分散的分类图。

游程长度编码在栅格加密时,数据量没有明显增加,压缩效率较高,且易于检索、叠加合并等操作,运算简单,适用于机器存储容量小、数据需大量压缩而又要避免复杂的编码解码运算增加处理和操作时间的情况。

3)四叉树编码

四叉树编码也是一种栅格数据的压缩编码方法(图 3.39),其构建有两种方法。一种是自上而下的方法:将一套栅格数据层或一幅图像等分为 4 个部分,逐块检查其格网属性值(或灰度);如果某个子区的所有网格都具有相同的值,则这个子区就不再继续分割,否则还要把这个子区再分割成 4 个子区;这样依次地分割,直到每个子块都只含有相同的属性值或灰度为止。这 4 个等分区称为 4 个子象限,按顺序为左上(NW)、右上(NE)、左下(SW)和右下(SE),其结果是一棵倒立的树。通过节点的上下层关系和同层的前后顺序,可以确定节点在栅格数据中的行列位置。这种自上而下的分割需要大量的运算,这是因为大量数据需要重复检查才能确定划分。当 $n \times n$ 的栅格单元数比较大,且区域内容要素又比较复杂时,建立这种四叉树的速度比较慢。另一种是自下而上的方法:如果每相邻 4 个网格值相同则进行合并,逐次往上递归合并,直到符合四叉树的原则为止。这种方法重复计算较少,运算速度较快。

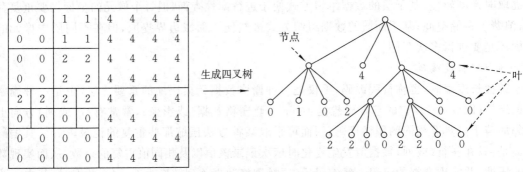

图 3.39　栅格数据的四叉树分割及其树状结构

由四叉树的 2×2 单元结构特点可以看出,为了保证四叉树能不断地分解下去,要求栅格数据的栅格单元数必须满足 $2^n\times 2^n$,n 为极限分割次数,$n+1$ 是四叉树的最大高度或最大层数。对于非标准尺寸的图像,需首先通过增加背景的方法将栅格数据扩充为 $2^n\times 2^n$ 个单元,对不足的部分以 0 补足(在建树时,对于补足部分生成的叶节点不存储,这样存储量并不会增加)。

四叉树按其编码的方法,又分为常规四叉树和线性四叉树。常规四叉树除了记录叶节点之外,还要记录中间节点。节点之间借助指针进行联系,每个节点需要用 6 个量表达,即 4 个叶节点指针、1 个父节点指针和 1 个节点的属性或灰度值。这些指针不但增加了数据存储量,而且增加了操作的复杂性。常规四叉树主要在数据索引和图幅索引等方面应用。线性四叉树则只存储最后叶节点的信息,包括叶节点的位置、深度和本节点的属性或灰度值。所谓深度是指处于四叉树的第几层上,由深度可推知子区的大小。

线性四叉树叶节点的编号需要遵循一定的规则,这种编号称为地址码,它隐含了叶节点的位置和深度信息。最便于应用的地址码是十进制莫顿(Morton)码(简写为 M_D 码)(图 3.40)。十进制莫顿码可以使用栅格单元的行列号计算,先将十进制的行列号转换成二进制数,进行"位"运算操作,即行号和列号的二进制数两两交叉,得到以二进制数表示的莫顿码,再将其转换为十进制数。以行号和列号分别为 2 和 3 的栅格的莫顿码计算为例,先将行号、列号转换为二进制 10 和 11,然后进行行列交叉(图 3.40),最后将结果转换为十进制。

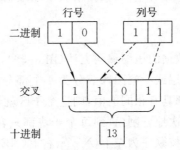

图 3.40　莫顿码的"位"运算生成示例

例如,图 3.41 中第二行和第三列对应的栅格单元的二进制行列号分别为 $I=0010$、$J=0011$,得到的莫顿码为 $M_D=(00001101)_2=(13)_{10}$。用类似的方法,也可以由莫顿码反求栅格单元的行列号。对于 8×8 栅格单元,莫顿码的排列顺序如图 3.41 所示。根据栅格数据与莫顿码顺序的对应关系,可得栅格数据的线性四叉树编码文件。

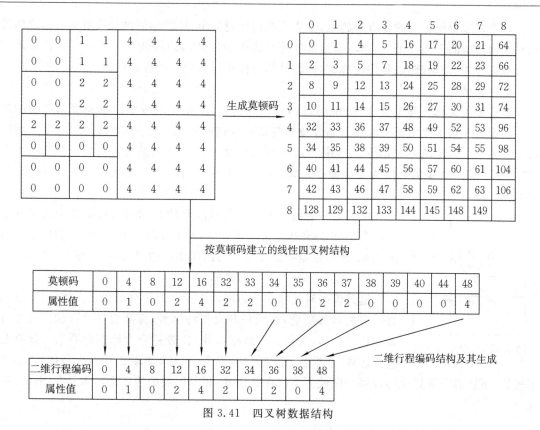

图 3.41　四叉树数据结构

4）二维行程编码

将线性四叉树的线性表按四叉树地址码的大小顺序排列,出现属性值相同而又相邻排列的情况,将相同的叶节点合并得到二维行程编码结构。二维行程编码结构类似于传统的一维行程编码,其基本思想是:对于按四叉树地址码的大小顺序排列的线性表,若后一网格值不等于前一网格值,则记录后一网格的地址码和相应的属性值。在这种二维行程编码中,前后两个地址码之差表达了该行程段的网格数,它可以表达该子块的大小。

与规则的四叉树相比,二维行程编码结构又进一步压缩了数据,更节省存储空间,而且有利于以后的插入、删除、修改等操作。它与线性四叉树的相互转换也非常容易和快速,因此可将它们视为相同的结构概念。

5）块状编码

块状编码是游程长度编码扩展到二维的情况,采用方形区域作为记录单元,每个记录单元包括相邻的若干栅格。数据结构为:初始位置的行、列号,(行、列上的)半径,记录单元的属性值。根据块状编码的原则,对图 3.41 的栅格数据可以用 8 个单位的正方形(半径为 1)、6 个 4 单位的正方形(半径为 2)和 2 个 16 单位的正方形(半径为 4)就能完整表示。具体编码如下:

```
(1,1,2,0), (1,3,2,1), (1,5,4,4)
(3,1,4,0), (3,3,4,2)
(5,1,1,2), (5,2,1,2), (5,3,1,2), (5,4,1,2), (5,5,4,4)
(6,1,1,0), (6,2,1,0), (6,3,1,0), (6,4,1,0)
(7,1,2,0), (7,3,2,0)
```

一个多边形所包含的正方形越大,多边形的边界越简单,块状编码的效果就越好。块状编码对大而简单的多边形更为有效,而对那些碎部较多的复杂多边形效果并不好。块状编码在执行数据合并、数据插入、延伸性检查、面积计算等操作时有明显的优越性。

6)链式编码

链式编码又称为弗里曼(Freeman)链码或边界链码,主要记录线状地物和面状地物的边界。它把边界表示为由某一起点开始并按某些基本方向确定的单位矢量链。其中,基本方向可定义为东=0、东南=1、南=2、西南=3、西=4、西北=5、北=6、东北=7 共 8 个基本方向(图 3.42);单位矢量的长度为 1 个栅格单元;矢量链中每个后续点可能位于其前继点的 8 个基本方向之一。

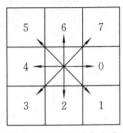

图 3.42   8 个基本方向

链式编码的前 2 个数字表示起点的行、列数,从第 3 个数字开始的每个数字表示单位矢量的方向,8 个方向用 0~7 的整数代表。对图 3.41 栅格数据中属性为 4 的面状地物边界,其链式编码为"1,5,2,2,2,2,2,2,2,2,0,0,0,6,6,6,6,6,6,6,4,4,4"。

链式编码对线状和多边形的表示具有很强的数据压缩能力,且具有一定的运算功能,如面积和周长计算等,探测边界急弯和凹进部分等都比较容易,类似矢量数据结构,比较适合存储图形数据。缺点是叠置运算(如组合、相交等)很难实施,对局部修改将改变整体结构,效率较低,而且由于链式编码以每个区域为单位存储边界,相邻区域的边界则被重复存储而产生冗余。

3.4.3   矢量与栅格数据结构的比较

栅格数据与矢量数据是两种表示地理信息的方法,前者属性明显,位置隐含,而后者位置明显,属性隐含。它们都有自己独特的优势,都是有效地表示地理信息的方法。

矢量数据是面向地物的结构,即对于每一个具体的目标都直接赋以位置和属性信息以及目标之间的拓扑关系说明。但是矢量数据仅有一些离散点的坐标,在空间表达方面没有直接建立位置与地物的关系,如多边形的中间区域是"洞"或"岛",其间的任何一点并没有与某个地物发生联系。栅格数据是面向位置的结构,即平面空间上的任何一点都直接联系到某一个或某一类地物。但对于某一个具体的目标又没有直接聚集所有信息,只能通过遍历栅格矩阵逐一寻找,它也不能完整地建立地物之间的拓扑关系。因此,从概念上形成了基于矢量和基于栅格两种类型的系统,分别针对不同的目的使用。

总的来说,栅格数据结构和矢量数据结构的优缺点如下。

1. 栅格数据结构

(1)优点:结构简单,空间数据的叠置与组合十分方便,空间分析易于进行,数学模拟方便,技术开发费用低。

(2)缺点:图形数据量大,难以建立网络连接关系,地图输出不精美。

2. 矢量数据结构

(1)优点:结构严密,数据量小;能完整地描述拓扑关系;图形数据和属性数据的恢复、更新和综合都能实现;图形输出精确美观。

(2)缺点:结构复杂,处理技术也复杂;图形叠置与图形组合很困难;绘图费用高,尤其高质量绘图;数学模拟和空间分析困难。

　　由上述可知,栅格结构和矢量结构在表示地理信息方面是同等有效的,它们各具特色,互为补充,所以有些大型数据库既存储栅格结构数据,又存储矢量结构数据,根据需要来调用某种结构的数据,以获取最强的分析能力并提高效率。这种表达现实地理世界的等效性,使矢量与栅格结构之间可以相互转换。

思考题

1. 什么是数据结构?

2. 什么是空间数据模型?

3. 什么是对象模型?

4. 面向对象的方法的主要技术有哪些?

5. 对象模型的操作有哪些?

6. 什么是场模型?

7. 场模型的表示方法有哪些?

8. 场模型的操作有哪些?

9. 什么是矢量模型和矢量数据结构?

10. 什么是栅格模型?

11. 什么是栅格数据结构?

12. 确定栅格单元属性值的方法有哪些?

13. 栅格数据编码方法主要有哪些?

14. 什么是网络数据概念模型?

15. 什么是数字表面模型?

16. 数字地面模型的主要用途有哪些?

17. 数字高程模型的类型有哪些?

18. 根据九交模型,空间拓扑关系可分为哪些类型?

19. 空间拓扑关系的意义是什么?

20. 根据空间方位关系中的参考框架,可将方位关系分为几类?

21. 距离度量关系的表示方法有哪些?

第4章 空间索引

与传统数据相比,地理空间数据具有多源、异构、复杂、多维、海量、现势性等特点,以地理空间数据和空间关系信息为主要对象的空间数据库在数据管理、查询、检索等方面的复杂度比一般数据库要大得多,空间数据的管理与查询效率直接决定了数据库的管理与服务性能。另外,基于空间数据库的空间数据管理和挖掘技术对空间数据管理和查询效率提出了更高的要求。空间索引技术是提高空间数据库管理效率的主要技术手段,因此,在空间数据库中采用空间索引技术非常必要且具有实际意义。

空间索引,又称为空间访问方法,作为一种辅助性的空间数据结构,介于空间操作算法和空间目标(对象)之间,通过筛选、排除大量与特定空间操作无关的空间目标,大大提高了空间操作的速度和效率。空间索引作为空间数据库中的关键技术之一,其性能的优劣直接影响数据库的执行效率。同时,空间索引也是空间数据库研究领域非常重要的一个内容,如何建立高效的索引结构是该领域内最现实、最迫切、最前沿的研究课题。目前比较有代表性的空间索引有网格索引、R树索引、四叉树索引、填充曲线索引、B树索引等。此外,结构较为简单的索引文件等在 GIS 中也有着广泛的应用。

4.1 概 述

4.1.1 空间索引技术的发展

如图 4.1 所示,最早研究空间索引的成果可追溯到 20 世纪 70 年代,主要研究针对空间多维数据点的索引技术,此后又进一步扩展到针对其他类型空间对象的索引技术。1975 年 Bentley 提出了 KD 树索引,用于精确点匹配。20 世纪 80 年代,Robinson 进一步考虑对非点状空间目标建立索引,将 KD 树与 B 树结合,提出了 KDB 树索引。这类索引是一种二分索引树结构,主要用于索引多维数据点,但对于复杂的折线、多边形等空间目标及空间关系查询效率低。Guttman 在 1984 年提出了 R 树索引,这是最早支持扩展对象存取的方法之一,对之后的空间索引技术的研究产生了深远的影响。R 树是一个高度平衡树,它是 B 树在 k 维上的自然扩展,主要将空间对象用最小外接矩形(minimum bounding rectangle,MBR)来表示。R 树按照数据组织索引结构,具有很强的灵活性和可调节性,能够很好地与传统关系数据库相融合。但 R 树也存在明显的缺点,由于地理信息系统的复杂性,空间对象往往会有很多重叠的地方,对于精确查询不能保证唯一的搜索路径,从而产生多径效应,增加遍历次数,降低搜索效率。为了解决此类问题,此后的索引技术的发展更加注重如何有效降低访问次数和减少索引空间重叠的问题。20 世纪 90 年代以后,空间索引技术进入高速发展期,这一时期的研究向四叉树索引和 R 树索引聚集。在 R 树的基础上逐渐发展形成 R⁺ 树、R* 树、Hilbert R 树、Packed R 树和 SR 树等 R 树系列空间索引。

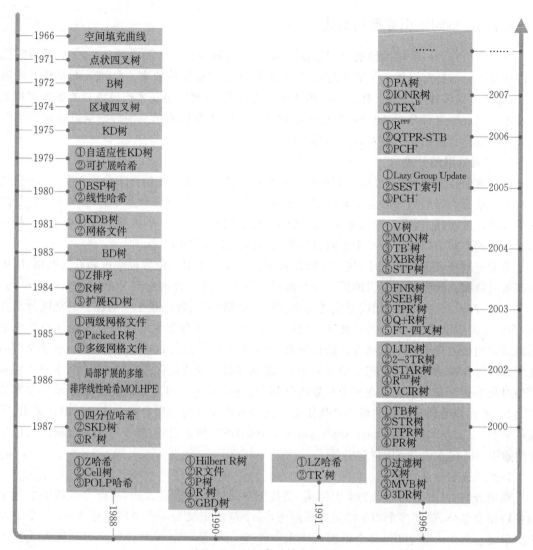

图 4.1 空间索引技术的发展

传统数据库索引技术主要针对一维属性数据的主关键字索引设计的,包括 B 树索引、B^+ 树索引、哈希索引、索引顺序存取方法(indexed sequential access method,ISAM)索引、二叉树索引等多种索引技术,而在空间数据库中存储的数据与空间位置相关联,数据复杂,其分布变化更加无序,传统数据库索引技术往往不能保留空间目标的拓扑关系,不适用于具有海量、多维、包含空间拓扑特征的空间数据。因此,设计专门针对空间数据的索引机制势在必行。空间索引在设计时,主要考虑如何分割空间数据,如何将空间数据与空间关系相联系。许多学者根据空间数据的特征进行了广泛的研究,提出了大量的索引结构,主要分为基于二叉树(B 树)的空间索引技术、基于哈希格网的空间索引技术和基于空间目标排序的空间索引技术。

现有索引技术在索引海量空间数据时,往往由于存储空间开销增大或索引空间重叠等原因导致索引性能下降。因此,在不同的空间分布和查询方式下保证索引机制性能的稳定性尤为重要。

4.1.2 空间索引分类与对比

空间索引作为一种辅助性的空间数据结构,介于空间操作算法和空间对象之间,通过筛选可以排除大量与特定操作无关的空间对象,从而提高空间操作的效率。空间数据库技术发展至今,已经有很多种空间索引技术被提出并被广泛应用,每种索引技术按照各自的原理和特点以及不同的规则进行分类,同时每种技术都有各自的优缺点和适用范围。根据数据和应用的具体情况选择合适的索引技术,才能取得更为满意的效果。

1. 空间索引的分类

根据索引技术的特点,可以将其按照不同的规则进行分类。按照搜索分割对象,可将空间索引分为基于点区域划分的索引方法、基于面区域划分的索引方法和基于三维体区域划分的索引方法。按照技术,可以分为基于二叉树的空间索引技术、基于 B 树的空间索引技术、基于哈希格网的空间索引技术和基于空间目标填充曲线的空间索引技术。

考虑空间位置上的邻近度,按照空间位置邻近对象的索引项位置也应该邻近的原则,组织空间索引数据。建立空间索引的第一步是按照一定的方式将查询空间分割成多个索引单元。目前主要有两种分割方法,相应形成两大类空间索引结构:一种是基于空间位置的规则分割方法,形成空间驱动结构;另一种是基于对象的分割方法,形成数据驱动结构。规则分割方法是将地理空间按照规则或半规则方式进行分割,分割单元间接地与地理对象相关联,地理要素的几何部分可能被分割到几个相邻的单元中,这时地理对象的描述保持完整,而空间索引单元只存储对象的位置参考信息。在基于对象的分割方法中,索引空间的分割直接由地理对象来确定,索引单元包括地理对象的最小外接矩形。比较有代表性的规则分割方法包括网格索引、四叉树索引、二叉空间分割(binary space partitioning,BSP)树索引等;基于对象的分割方法包括 R 树索引、R^+ 树索引和 SR 树索引等。

1)规则分割方法

规则分割方法(空间驱动的索引结构)是基于空间位置的分割方法,将研究区域的二维空间进行完全划分,得到多个矩形或正方形范围,每个范围定义为一个空间索引单元,每个空间索引单元包含多个索引项,每个索引项索引一个空间对象。空间索引单元的全集覆盖整个空间。

(1)网格索引的基本原理是用正交的网格将研究区域划分成大小相等的网格,按网格单元记录所有位于或穿越网格的空间目标的关键字、外接范围及数据位置(地址)等概要信息,以网格为索引项,建立起目标与空间位置(目标所在网格)的线性索引关系。例如,将一幅图的地理范围按照一定的规则划分为 m 行 n 列,表示为 $m \times n$ 的网格区域,为落入每个网格内的地理目标建立索引,这样只需检索原来区域的 $1/(m \times n)$,提高了检索效率。因网格结构类似于栅格结构,故也把网格索引称为栅格索引。

(2)四叉树索引的基本原理是将已知的空间范围划分成四个相等的子空间,将每个或其中几个子空间继续按照一分为四的原则进行划分,这样就形成了一个基于四叉树的空间划分。四叉树是一种树状数据结构,在每一个节点上会有四个子区块。四叉树常应用于二维空间数据的分析与分类,将数据区分成为四个象限,数据范围可以是方形、矩形或其他任意形状。

(3)BSP 树索引是一种标准的二叉树结构,一般用来在 n 维空间中进行对象的排序和搜索,整个 BSP 树在应用中表示整个场景,其中每个树节点分别表示一个凸子空间。每个节点包含一个"超平面",将其作为二分空间的分割平面,该节点的两个子节点分别表示被分割成的两个子空间。另外,每个节点还可以包含一个或者多个几何对象。BSP 树能很好地与空间数据库中空间对象的分布情况相适应,但对一般情况而言,BSP 树深度较大,对各种操作均有不利影响。

　　2)基于对象的分割方法

　　基于对象的分割方法也称为数据驱动结构,对二维研究区域的空间分割直接由分布在其中的空间对象来确定。每个空间对象用它的最小外接矩形近似表示,每个空间索引单元的形状也是一个矩形区域,它包含多个空间对象的最小外接矩形。数据驱动的索引结构按照空间对象的位置、范围和分布,来确定索引单元的位置和范围,空间索引单元的面积大小取决于其索引的空间对象集合的面积、形状和分布,以及索引单元中存储空间对象的最小外接矩形。索引单元的全集不一定覆盖整个空间。

　　R 树、R$^+$ 树、Hilbert R 树、SR 树等组成了 R 系列树空间索引。R 系列树都是平衡树的结构,非常像 B 树,它是 B 树在 k 维上的自然扩展,也具有 B 树的一些性质。R 树中用对象的最小外接矩形来表示对象。R 树由根节点、中间节点和叶节点三类节点组成。中间节点代表数据集空间中的一个矩形,该矩形包含了所有其他子节点的最小外接矩形;叶节点存储的是实际对象的外接矩形。R 树的兄弟节点对应的空间区域允许相互覆盖,这种覆盖可以使 R 树保持较高的空间利用率。R$^+$ 树中兄弟节点对应的空间区域无重叠,因此消除了 R 树划分空间时因节点重叠而产生的死区域,从而提高索引效率。

　　2. 空间索引的对比

　　空间索引的性能直接影响空间数据库和地理信息系统的整体性能。不同的空间索引结构具有不同的优势、不足和适用范围,空间索引结构的选择应该依具体的应用场景和目的而定。目前的空间数据库和地理信息系统中通常采用多种索引机制并存的策略,以实现取长补短的作用。

　　网格索引的优点是原理简单、操作简捷,适用于涉及的数据量不大、不需要进行复杂操作的应用场景。但是在建立索引前需要预知空间目标所覆盖的范围,可调节性差,且网格划分的精细程度取决于地理对象的大小、数量、分布以及建库人员的经验。为了解决上述问题,基于多层次网格的空间索引算法、自适应层次网格空间索引算法等被相继提出,较好地避免了网格划分的人为因素的影响。

　　四叉树索引通过将空间逐层细分来组织数据,结构和操作都较为简单,当空间对象分布比较均匀时,可以获得比较高的空间数据查询效率。但是与网格索引相似的是,建立四叉树索引之前需要预先知道空间对象的分布范围,不能满足空间数据的动态要求。此外建立索引后,树的结构和层次即被固定,不能根据空间对象数目的变化来调整树高,可调节性差。

　　BSP 树能很好地与空间数据库中空间对象的分布情况相适应,且算法运行的复杂性较低。但对一般情况而言,BSP 树深度较大,对各种操作均有不利影响,并且 BSP 树不具备动态性,当地理对象的空间分布发生变化时,BSP 树就必须发生相应的改变,并且由此造成计算量的增大。

　　R 树允许节点相互覆盖,这种覆盖可以使 R 树保持较高的空间利用率。与网格索引相比,R 树在建立空间索引之前不需要预知整个研究区域的范围,减少了地理对象的存储冗余,并且 R 树按照数据来组织索引结构,是一种完全动态的索引结构,不需要周期性的索引重组。但是 R 树节点之间的过多覆盖不能保证检索路径的唯一性,有时甚至会检索整棵树,造成查询效率的降低。R⁺ 树与 R 树类似,区别在于 R⁺ 树中兄弟节点对应的空间区域无重叠,这样就消除了 R 树在划分空间时因节点重叠而产生的死区域,减少了无效查询的次数,提高了空间索引的效率。

　　由上述分析可以看出,目前的空间索引形式与结构多样,且各自具备不同的优点和缺点,因此适用于不同的应用场景与目标。空间索引技术是提高空间数据查询和各种空间分析效率的关键技术,在实际工作中需要结合应用需求和空间索引的特点进行选择。表 4.1 对常用的空间索引进行了综合性能对比。

表 4.1　常用空间索引的综合性能对比

索引名称	优点	缺点
网格索引	原理简单、操作简便,适用于数据量较小的简单索引	在建立索引前需要预知空间目标的覆盖范围,可调节性差
多层次网格索引	算法简单,检索效率较高,相比于网格索引减少了特定的比较次数	网格划分的精细程度人为决定,无法保证最优
自适应层次网格索引	网格的大小由各地理对象的最小外接矩形决定,避免了网格划分时的人为性,也避免了重复存储	在建立索引前,需要预知各地理对象最小外接矩形的长和宽,并按其大小进行排序,不适用于复杂场景
四叉树索引	结构和操作简单,其中满四叉树索引还可用顺序存储的线性表来表示,内存需求小	不能满足空间数据的动态要求,可调节性差
KDB 树索引	动态的索引结构,查询效率高	删除算法效率较低,浪费空间
BSP 树索引	可以控制切割面及分割树的深度,检索速度较快	算法复杂,动态维护性能差,需要预先生成
R 树索引	一种完全动态的空间索引数据结构,并且不需要周期性的索引重组,具有很强的可调节性	兄弟节点之间的相互重叠导致 R 树不能保证精确匹配查询时有唯一的检索路径,从而一定程度上降低了检索的效率
R⁺ 树索引	兄弟节点对应的空间区域无重叠,消除了 R 树划分空间时因节点重叠而产生的死区域,提高了空间索引的效率	算法复杂,动态维护性差

4.1.3　空间索引的作用

　　空间数据库索引技术的提出是由两方面因素所决定的:其一是由于计算机的体系结构将存储器分为内存和外存两种,访问这两种存储器一次所花费的时间大约相差十万倍以上,尽管现在有"内存数据库",但在实际应用中,绝大多数数据是存储在外存储介质(如磁盘)上的,如果对外存储介质上数据的位置不进行索引和组织,每查询一个数据就要扫描整个数据文件,这种访问外存储的代价就会严重影响数据库系统的效率;其二是空间数据库所表现出的空间数据的多维性使传统数据库索引技术并不适用。与传统数据库相比,空间数据库涉及对大量多

维空间目标的存储与操作,而这些空间目标具有以下特殊性:

(1)空间目标的几何形状不规则,复杂多样。

(2)目标之间的空间关系(如拓扑关系、方位关系、距离关系等)复杂。

(3)空间目标具有空间数据和属性数据,空间数据的数据量非常大。

(4)空间目标的空间操作(如空间选择、连接等)算法复杂且运算量大。

(5)空间目标具有多维性,难以定义合理的空间目标的空间次序,无法应用常用的排序技术(如归并排序等)。

由以上空间目标的特殊性可以看出,空间数据库中空间目标的存储与查询等处理工作是一项时间和空间开销都非常大的操作。因此,为了有效提高空间数据库的存储与查询处理效率,空间数据库必须建立面向空间数据的有效的索引方法,实现空间目标在空间数据库中的高效组织与快速定位,从而提高空间数据库对空间目标操作的效率。

空间索引作为一种辅助性的空间数据结构,通过筛选,能够排除大量与特定空间操作无关的地理对象,从而缩小空间数据的操作范围,提高空间操作的速度和效率。空间索引技术是提高 GIS 中空间数据检索查询和各种空间分析操作等的效率的关键技术,其在空间数据存储和查询中发挥着重要的作用。

1. 空间索引在空间数据存储中的作用

尽管空间数据库管理系统(spatial database management system,SDBMS)是为处理海量空间数据而设计的,但由于空间数据量远远大于计算机的主存(内存)容量,对于空间数据存储而言,"内存数据库"几乎是无法实现的。因此,空间数据在多数情况下必须存储在外存(二级存储器,如硬盘等)上,计算机的二级存储访问速度则要远远慢于主存访问速度。数据在主存和二级存储之间的来回传送是产生数据库访问性能瓶颈的主要原因之一,因而必须对数据库物理结构进行合理设计,以提高数据存储的效率。

对于空间数据库来说,空间上相邻的和查询上有关联性的空间目标在物理上应当存储在一起,称为空间聚类。空间数据库管理系统支持三种空间聚类,用于提供有效的存储和查询处理。

(1)内部聚类。为了加快对单个对象的访问,一个对象的全部数据都存放在同一个磁盘页中,这里假设它小于页面的空闲空间;否则,这个对象就要存储在多个物理上连续的页面中。在这种情况下,对象占用的页面数比存储该对象所需的最小页面数大。

(2)本地聚类。为了加快对多个对象的访问速度,一组空间对象被分组到同一页面。这种分组可以依照空间中对象的位置来实施。

(3)全局聚类。与本地聚类相反,一组空间邻接的对象并不存储在一个页面中,而是存储在多个物理上邻接的页面中,这些页面可以由一条单独的读取命令访问。

空间数据库在物理结构上的空间聚类技术实际上是面向空间数据存储的一种索引技术,最突出的方法包括 Z 曲线、希尔伯特曲线和格雷曲线。因此,空间索引技术在空间数据存储中的作用表现在以下两个方面:

(1)实现空间数据的高维空间向计算机存储的一维空间的一一映射,将多维的空间数据按照线性进行排序。

(2)实现空间上相邻和查询上相关联的空间目标在物理上的聚集存储,也为空间数据的快速查询建立基础。

2．空间索引在空间数据查询中的作用

由图 4.2 可以看出，应用程序（如 GIS 等）查询与检索空间数据库中的空间对象一般是通过空间查询（如矩形范围等）和属性查询（如名称等）两种方式的操作完成的。其中，空间查询是通过空间位置、空间范围、空间关系等几何方式进行查询，分为基于空间索引的空间查询和一般空间查询两种方式。基于空间索引的空间查询方式是按照基于索引技术的过滤和基于空间关系计算的精确计算两个步骤进行最终目标查询的。

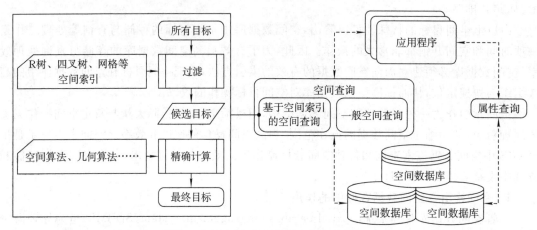

图 4.2　空间索引在空间查询中的作用

在空间查询过程中，如图 4.2 所示，空间索引起到以下两个方面的作用：

(1)空间索引是连接空间查询操作与空间数据库中空间对象的桥梁。

(2)空间索引通过剔除大量无关目标的方式来提高空间查询速度。

4.1.4　空间索引技术发展趋势

空间索引技术正处在发展和完善阶段，基于该技术的空间数据查询仍有许多问题需要进一步完善和解决，如改进高效索引算法、优化复杂查询方法、建立动态索引结构、探究查询操作中几何过滤方法等。因此，对于空间索引技术及基于它的空间数据查询方法的研究还在不断深入，新的技术和方法也在不断被提出。

随着数字城市、定位服务、网络服务等应用的普及和推广，空间索引技术作为空间数据库的核心内容正朝着高维、网络化、基于空间关系等方向发展。另外，随着计算机软硬件技术的发展，分布式或并行式的空间索引正成为一个新的研究热点，也将成为今后空间索引新的研究思路。

1．高维空间索引

随着三维 GIS、多媒体数据库和时空数据库等对多维空间目标搜索与更新效率要求的日益迫切，有必要研究一种可扩展的高维索引技术，能同时高效地检索一维、二维或高维的空间数据。高维空间索引的一项关键技术是降维，在降维后的子空间里可以采用一维或者二维空间索引技术。降维的方法包括空间填充曲线、奇异值分解、距离映射算法等，这类方法的缺点是有可能引起数据信息丢失，进而影响查询的精度。尽管很多学者从不同的侧面对高维空间索引结构进行了研究，但由于高维空间数据结构的复杂性，其索引技术的研究仍有很多问题需要进一步解决。

2. 基于空间关系的动态索引

空间数据库中的空间目标大多是不规则的几何形状,且存在着复杂的空间关系(包括度量关系、顺序关系、拓扑关系等),许多查询与分析操作都是基于目标间的空间关系(如目标 A 与目标 B 相邻近、目标 A 位于目标 B 的西南方等)。 当前空间索引技术的劣势在于其是基于空间目标的位置信息建立索引结构,以提高空间数据库系统中的区域查询效率的,难以根据目标间的空间关系建立有效的索引机制。若能根据空间目标间的空间关系(如邻近关系、方向关系等)动态地建立索引,快捷地找到相关的空间目标,这必将极大地提高空间查询和空间分析效率,从而有效地扩展空间数据库系统的数据组织、数据分析和数据维护功能。

3. 基于 Web 技术的空间索引

与传统空间数据库相比,基于 Web 的空间数据库在体系结构上有了根本的改变,为信息的高度共享提供了可能,改变了传统数据信息传输、发布、共享及应用的过程和方式,是空间信息系统发展的必然趋势。基于 Web 的空间数据库还有许多关键问题尚未突破,如空间数据的存储、检索及相关索引结构的建立。如何建立基于 Web 的空间索引,如何基于分布式体系结构实现快速、高效的空间信息检索及提供数据传输和显示机制等将成为研究热点。

4. 空间数据仓库索引

随着信息技术的飞速发展,空间数据库对海量空间数据存储、管理、分析和交换的需求日益增长,面向事务处理的空间数据库已满足不了现实需求,空间数据仓库从管理转向决策处理,才能够满足新的空间信息集成方案。空间数据仓库通过专业模型对不同源数据库中的原始业务数据进行主题抽取和聚集,从而为用户提供一个综合的、面向分析的决策支持环境。这一过程需要一套高效的数据索引技术作为保证,因此,空间数据仓库的索引技术必将得到不断完善与发展。

5. 基于并行计算和网格计算的空间索引

随着网格计算技术的迅速发展和 GIS 处理空间数据规模的急剧增加,海量空间数据必然要分布存储在各个服务器中,分布式处理计算变得非常重要。网格计算技术也逐渐成为 GIS 应用的热点,分布式并行计算与系统架构能够提高 GIS 的整体性能和运行效率。由于空间索引机制是分布式空间数据处理计算的基础,直接决定着空间数据并发访问操作的效率,同时也是解决海量数据快速检索、查询和访问的关键因素,因此,研究分布式环境下高效的空间数据检索机制成为必然趋势。海量复杂地学空间数据的管理对空间索引提出了更高的要求,单纯通过改善算法、提升串行空间索引的性能,根本无法满足空间数据快速更新与高效检索的需求,因此并行空间索引尤其是并行 R 树索引逐渐成为主流。

6. 面向时空数据库的空间索引

时空数据库(spatio-temporal database,STDB)是指用于存储管理时空数据的数据库,可以用来查找时空对象在过去和当前的空间信息以及推测其在未来时间点或时间段的行为。近年来,随着移动计算和无线通信等技术的发展,时空数据库的应用越来越广泛,如基于定位信息的服务、交通控制系统、移动计算等。为了支持时空查询和有效地管理时空数据库中海量的时空对象,专家学者提出了大量的时空索引方法。时空索引主要分为过去信息索引、当前信息索引、将来信息索引和全时态信息索引。目前,当前信息索引还需要深入研究,而全时态信息索引还处于起步阶段,仍然有亟待解决的问题,如通用或可扩展框架的建立、更多种类的操作和查询、高维时空索引、最优查询方案的选取等。

4.2　网格索引

4.2.1　网格索引的原理

网格索引是一种相对简单的空间索引,它的基本原理是用正交的网格将研究区域规则地划分成大小相等或不等的网格,对每个网格分配一个动态的存储空间,按网格单元记录位于或穿越网格的空间目标的关键字、外接范围及数据位置(地址)等概要信息,以网格为索引项,建立起目标与空间位置(目标所在网格)的线性索引关系。由于网格结构类似于栅格结构,故也把网格索引称为栅格索引。这种以网格为索引项的空间索引方式,不仅可以得到每个网格包含或穿越了哪些空间目标,还可以得到每个空间目标位于或穿越了哪些网格。

建立网格索引后,当用户使用空间方式(如位置点或范围)检索目标时,首先通过计算空间检索的位置点或范围得到目标可能存在的网格(称为候选网格),这些网格可能是坐标点所在的网格,也可能是与坐标范围的交集不为空的网格序列,然后对候选网格中的空间目标进行空间关系运算得到符合条件的目标。该索引方法通过网格过滤,排除大量无关目标,达到空间目标快速检索的目的。

网格索引是一种多对多的索引,即一个目标可能位于或穿越多个网格,一个网格可能包含或穿越多个目标,因此网格索引的缺点在于这样的多对多关系会导致数据冗余,网格索引对数据存储空间的要求也较大。

网格索引性能的评价指标包括网格大小、网格索引表记录数、网格索引表记录数与实体记录数的比率、每个网格内的平均实体个数和最大实体个数、完全分布在一个网格中的实体的百分比。其中最关键的指标就是网格大小,网格划分得越细,搜索的精度就越高,记录数越大,每个网格内的平均实体个数和最大实体个数越小,完全分布在一个网格中的实体的百分比越低。网格索引表记录数与实体记录数的比率越大,冗余也越大,耗费的磁盘空间和搜索时间也越长;网格越大,则记录数越小,精度就越低。一般的经验是,网格大小可按照数据中所有目标的平均面积大小进行设置,有时也要考虑目标的数目等因素,因此网格大小的设置要视具体情况而定。一般情况下,网格索引须预先定义好网格大小,从这种意义上讲,网格索引是一种静态的数据结构。

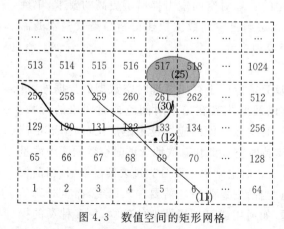

图 4.3　数值空间的矩形网格

4.2.2　网格索引的构建

在建立空间数据库时,需要用一个平行于坐标轴的矩形网格覆盖整个数据库数值空间,将后者离散化为密集栅格的集合,以建立空间目标之间的空间位置关系。通常是把整个数据库数值空间划分成 $M \times N$(如 32×32、64×64 等)的矩形网格,建立另一个倒排文件——网格索引。每一个网格在网格索引中有一个索引条目记录,在这个记录中登记所有位于或穿越该网格的目标的关键字,可用位图法或变长指针法实现,如图 4.3、图 4.4、图 4.5 所示。

图 4.3 中的空间目标为(11)、(12)、(25)和(30),其中目标(12)为点状,目标(11)和(30)是线状,目标(25)为面状。

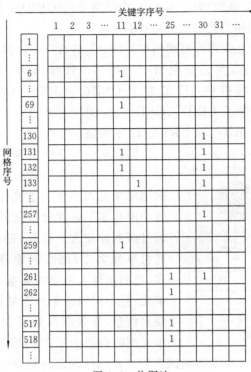

图 4.4　位图法

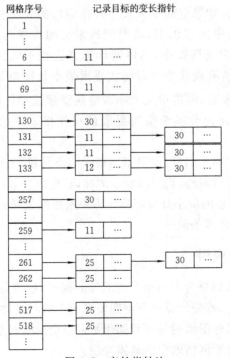

图 4.5　变长指针法

图 4.6 中有 A、B、C、D、E、F 6 个空间目标，其中 A、B、C、D 为点状目标，E 为面状目标，F 为线状目标。以图 4.6 为例，网格索引建立的过程如下：

(1)将数据的数值空间(范围)划分为 8×8 个网格单元(GRID)，并用行列号对网格单元进行编号，如第 1 行和第 2 列相交处的网格为 $GRID_{12}$。

(2)将通过空间目标的几何图形与网格单元(矩形)进行空间计算，计算出每个空间目标位于、穿越或覆盖的网格单元，并记录网格单元编号。目标 A、B、C、D 分别位于 $GRID_{20}$、$GRID_{63}$、$GRID_{77}$、$GRID_{16}$ 网格中，E 覆盖了 $GRID_{45}$、$GRID_{46}$、$GRID_{55}$、$GRID_{56}$、$GRID_{65}$、$GRID_{66}$ 6 个网格，而 F 穿越了 $GRID_{60}$、$GRID_{61}$、$GRID_{51}$、$GRID_{41}$、$GRID_{42}$、$GRID_{32}$、$GRID_{22}$、$GRID_{23}$、$GRID_{24}$、$GRID_{25}$、$GRID_{35}$ 和 $GRID_{36}$ 12 个网格。

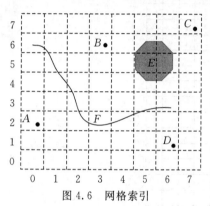

图 4.6　网格索引

网格索引与空间要素在多对多的情况下，网格单元大小是影响索引效率的最主要因素，设置合适的网格单元大小至关重要。如果网格单元较大，则每个网格单元包含较多空间要素，检索时因候选目标过多而存在大量计算，进而影响检索效率。如果网格单元太小，则相同地理范围内的网格单元变多，进而出现大量空间要素穿越(存在于)较多网格单元，且不同网格单元重复记录此类跨网格的空间要素信息，导致空间索引表变大，增加了检索网格单元的时间。合适的网格单元大小不是一个固定数值，需要根据数据情况等、经多次测试确定。有一些确定网格单元初始值的原则，在此基础上进一步确定最佳网格单元大小，一般可在任何时候重新计算网格单元大小，使数据库管理系统重建空间索引表。如果空间要素最小外接矩形的大小变化比较大，则可以选择多种网格单元大小，即变分辨率网格索引，这类网格索引的构建与维护都相对复杂。网格单元大小影响空间要素的平均查询效率，具体的计算方法也不同。研究表明，一般网格单元尺寸可设置为数据范围内所有线状要素和面状要素最小外接矩形面积(记为 A)的算术平方根(即 $\sqrt{A}$)。经验数据表明，网格单元大小取空间要素最小外接矩形平均大小的 3 倍时，可极大地减少每个网格单元包含多个空间要素最小外接矩形的可能性，获得较好的查询效率。

除了这种传统的简单网格索引外，改进型网格索引将传统的网格索引方法由一维升级到二维，对 X 和 Y 两个方向进行编码，将空间要素的标识、空间要素目标所在网格 X 方向上和 Y 方向上的编码，以及空间要素的最小外接矩形作为一条数据记录进行存储。如果一个空间要素穿越多个网格，则同样存储多条记录。

4.2.3　网格索引的应用

网格索引是将研究区域划分为大小相等或不等的网格，记录每一个网格所包含的空间要素。当用户进行空间查询时，首先计算查询空间要素所在的网格，然后通过该网格快速定位到所选择的空间要素。空间目标图形的显示和操作都可以借助空间索引来提高效率。下面以开窗检索并显示目标为例来说明网格索引的具体应用。

以图 4.7 为例，网格索引的应用(矩形查询)如下：

（1）根据需要获取一个矩形范围（黑色实线框）。

（2）根据矩形范围确定矩形范围覆盖的网格序列（$GRID_{40}\sim GRID_{45}$、$GRID_{50}\sim GRID_{55}$、$GRID_{60}\sim GRID_{65}$、$GRID_{70}\sim GRID_{75}$），作为候选网格。

（3）获取候选网格序列中所包含的目标，作为候选目标（B、E、F）。

（4）对候选目标几何图形或近似几何图形（如最小外接矩形等）与查询范围（矩形）进行几何计算，有交集的目标即为查询结果目标（B、F）。

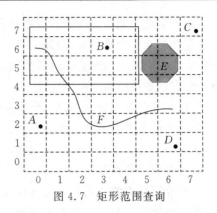

图 4.7　矩形范围查询

4.3　R 树索引

4.3.1　R 树索引的原理

R 树最早是由 Guttman 于 1984 年提出的一种多级平衡树，它是 B 树在 k 维上的自然扩展，也具有 B 树的一些性质，是目前最流行、应用最广泛的空间索引结构之一。R 树中用对象的最小外接矩形来表示对象，在 R 树中存放的数据不是原始对象数据，而是这些对象的最小外接矩形，从而可以简化计算，减小存储空间。这些最小外接矩形包含在 R 树的叶节点中，这些虚拟的矩形作为空间对象的索引，含有所包含的空间对象的指针，虚拟矩形还可以进一步进行细分，再套虚拟矩形形成多级空间索引。

在介绍 R 树索引之前，先定义如下术语：

—— M 阶树，每个节点最多容纳 M 个子节点的树。

——［节点］［数据］元素［项］，树的节点中的数据项或者索引项。

—— M，表示节点容纳的最大节点元素数量。

—— m，表示节点容纳的最小节点元素数量。

——OI，空间对象的标识。

——CP，指向子树空间区域的指针。

——MBR，目标在 k 维空间中的最小外接矩形。

——索引项，节点中存在指向空间对象的标识的数据元素。

——数据项，内部节点中存在指向子树空间区域的指针的数据元素。

——混合节点，内部节点中同时包含索引项和数据项的节点。

——［空间］对象，空间数据描述的客观实体，包括点、线和面三种空间对象，都可以用 MBR 表示。

R 树索引采用空间聚集的方式把相邻近的空间实体划分到一起，组成高一级节点，对高一级节点又根据这些节点的最小外接矩形进行聚集，划分形成更高一级节点，直到所有的空间实体组成一个根节点。这样的结构能够优化空间查询的性能，空间查询在 R 树结构中自根节点向叶节点进行，可过滤对无关实体的比较和查询。在 R 树中每个节点都对应一个区域和一个磁盘页，非叶节点的磁盘页中存储其所有子节点的区域范围，非叶节点的所有子节点的区域都落在它的区域范围之内；叶节点的磁盘页中存储其区域范围之内的所有空间对象的最小外接矩形。每个节点所能拥有的子节点数目有上、下限,下限保证对磁盘空间的有效利用,上限保证每个节点对应一个磁盘页,当插入新的节点导致某节点要求的空间大于一个磁盘页时,该节点一分为二。R 树是一种动态索引结构,即它的查询可与插入或删除同时进行,而不需要定期对树结构进行重新组织。R 树有以下几个特性:

(1)每个叶节点包含 m 至 M 条索引记录(其中 $m \leqslant M/2$),除非它是根节点。

(2)一个叶节点上的每条索引记录双元组 $(I,$记录标识符),其中 I 是该节点的最小外接矩形,在空间上包含了所指元组表达的 k 维数据对象。

(3)每个非叶节点都有 m 至 M 个子节点,除非它是根节点。

(4)非叶节点中的每条索引记录双元组 $(I,$子节点指针),其中 I 是该节点的最小外接矩形,是该节点所有子节点矩形的最小外接矩形,子节点指针是指向所有子节点的指针,通过该指针逐层递归,可以访问到叶节点。

(5)根节点至少有两个子节点,除非它是叶节点。

(6)所有叶节点出现在同一层。

(7)所有最小外接矩形的边与一个全局坐标系的轴平行,如图 4.8 所示。

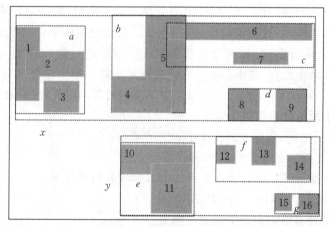

图 4.8　二维空间对象集合

二维空间对象的一组最小外接矩形(图 4.8)对应的 R 树的层次结构如图 4.9 所示。

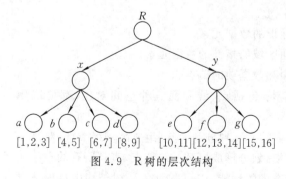

图 4.9　R 树的层次结构

4.3.2　R 树索引的构建

以图 4.8 和图 4.9 为例,图 4.10 反映了 R 树建立的过程,即数据插入过程。假设本例中 R 树为 4 阶,即 $M=4,m=2$。 根据上述 R 树特性中节点数目必须在 m 与 M 之间,则每个节点包含的子节点数目为 2~4,即子节点应为 2 个、3 个或 4 个。最开始由一棵空树开始,R 树的建立过程如下:

(1)寻找合适的路径,从节点 R 开始,寻找节点使得插入对象(obj)后其最小外接矩形的面积增加最少,此过程持续到叶节点 N。

(2)在叶节点 N 中插入新的索引项〈IDobj,MBRobj〉。

　　(3)调整对象插入路径上的节点最小外接矩形,并判断节点是否被分割,插入对象后如果叶节点的索引项小于等于 M,只调整节点最小外接矩形,使其包含插入对象的 MBRobj,插入结束;否则调用分割操作算法将此节点分割为两个节点,并插入到父节点中,同样调整父节点最小外接矩形使其包含新节点区域空间。如果插入造成父节点分割,则分割向上一层节点传播;当根节点分割时,树长高一层。

　　(4)递归重复上述三个步骤,直到 R 树最终生成。

　　分割操作算法的主要思想是把一个溢出的节点 N 分割成为两个符合要求的节点 N_1 和 N_2。Guttman 提出的 R 树分割操作算法有两个,这里只介绍节点分割常用的二次方分割法。该方法是以最小外接矩形的最小面积分割为标准。算法的输入条件为溢出节点 N(包含 $M+1$ 个数据元素),输出结果为节点 N_1 和节点 N_2。

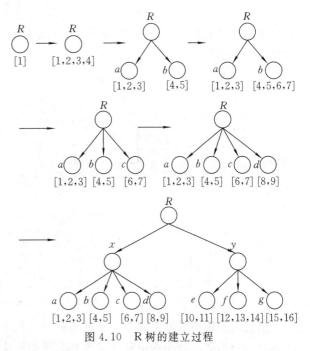

图 4.10　R 树的建立过程

　　算法步骤如下:

　　(1)选择种子元素,从溢出节点的 $M+1$ 个数据元素中选择 2 个数据元素 E_1 和 E_2,使 Value $=$ Area(E) $-$ Area(E_1) $-$ Area(E_2) 最大,其中 E 为包含 E_1 和 E_2 的最小外接矩形,将 E_1 和 E_2 作为节点 N_1 和节点 N_2 的初始数据元素。

　　(2)分配剩余元素,如果某个节点的元素数量已经达到 $m+1$,则把剩余的元素添加到另外的一个节点中;否则把剩余的每个数据元素都尝试插入节点 N_1 和节点 N_2 中,然后计算节点最小外接矩形面积的扩大量 d_{1_i} 和 d_{2_i},$d_i = |d_{1_i} - d_{2_i}|$,把使 d_i 最大的元素插入相应的新节点中,调整节点 N_1 和节点 N_2,继续执行步骤(2)直到所有的元素都分配到新节点中。

4.3.3　R 树索引的应用

　　以常用的矩形查询为例来说明 R 树索引的具体应用,图 4.11 即为对应的索引查询结果,具体步骤如下:

　　(1)对矩形范围和 R 树根节点范围求交,若有交集则递归查询子节点,若无交集则结束查询。如图 4.11 所示,矩形先与 R 求交,有交集则判断 x、y 节点,可知只与 x 有交集,则继续与 x 的子节点进行求交判断,依次递归直到叶节点。

　　(2)求出所有与矩形有交集的叶节点,如图 4.11 中的叶节点 a、b、c。

　　(3)依次对上面所得的叶节点中的具体对象和矩形进行求交,找出与矩形范围有交集的对象成员,如图 4.11 中对象成员 2、3、4、5 即为本次查询的结果。

　　在 R 树的基础上,许多 R 树的变种被开发出来。Selli 等在 1987 年提出了 R$^+$ 树。R$^+$ 树与 R 树类似,主要区别在于 R$^+$ 树中兄弟节点对应的空间区域无重叠,这样划分空间消除了 R

树因允许节点间重叠而产生的"死区域"(一个节点内不含本节点数据的空白区域),减少了无效查询数,从而大大提高了空间索引的效率,但对于插入、删除空间对象的操作,则由于操作要保证空间区域无重叠而导致效率降低。同时 R⁺ 树对跨区域的空间实体数据的存储是有冗余的,而且随着数据库中数据的增多,冗余信息会不断增多。1990 年 Beckman 和 Kriegel 提出了最佳动态 R 树的变种——R* 树。R* 树与 R 树一样,允许矩形重叠,但在构造算法上 R* 树不仅考虑了索引空间的"面积",还考虑了索引空间的重叠。该方法对节点的插入、分割算法进行了改进,并采用"强制重新插入"的方法使树的结构得到优化。但 R* 树仍然不能有效地降低空间的重叠程度,尤其在数据量较大、空间维数增加时表现得更为明显。R* 树无法处理维数高于 20 的情况。

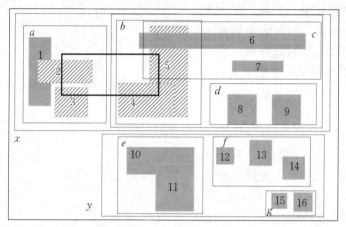

图 4.11 R 树索引查询结果

信息的膨胀使数据库检索需要面对的问题越来越多。在构建索引方面,面临的最主要问题则是如何构造高效的索引算法来支持各种数据库系统(如多媒体数据库、空间数据库等),特别是如何有效地利用算法来实现加速检索。概括地说,R 树索引算法的研究要做到:支持高维数据空间;有效分割数据空间,来适应索引的组织;高效实现多种查询方式系统的统一。R 树索引的最新研究不能单纯为了加速某种查询方式或提高某个方面的性能,而忽略其他方面的效果,这样可能会造成更多不必要的性能消耗。

4.4 四叉树索引

四叉树是建立在对区域循环分解原则上的一种层次数据结构,常用于处理二维空间的点数据、区域数据,甚至更高维数据的分析与分类。四叉树是常用的空间索引结构之一,在计算机图形处理、图像处理及地理信息系统中有广泛的应用。

4.4.1 四叉树索引的原理

一般认为,四叉树是二叉树处理高维数据的衍生索引。二叉树只支持一维数据的存储和查找。为有效存取、索引高维数据,Finkel 与 Bentley 在 1974 年提出四叉树数据结构。四叉树索引的基本原理是将已知的空间范围划分为四个子空间,将每个或其中几个子空间继续按照一分为四的原则划分,如此递归下去,直至达到一定的深度或满足自行设定的条件后停止划分,形成一个基于四叉树的空间划分。四叉树是一种树状数据结构,在每一个节点上最多有四个子节点,表示当前的空间被划分为四个子空间,数据范围可以是方形、矩形或其他任意形状。类似的数据分割方法也称为 Q-tree。

四叉树索引分为很多种:根据存储内容,四叉树可分为点四叉树、边四叉树、区域四叉树;根据其结构,四叉树又可分为满四叉树、非满四叉树。

点四叉树与 KD 树相似,主要是针对空间的存储表达与索引。但在点四叉树中,以输入点的位置为中心对空间进行水平和垂直分割,分割成四个部分。PR 四叉树是点四叉树的一个变形。在 PR 四叉树中,每次分割空间时,将一个正方形分割成四个相等的子正方形,如此递归,直至每个正方形的内容达到自行设定的条件后停止。MX 四叉树与 PR 四叉树相似,但区别在于在 MX 四叉树中,所有的数据都处于四叉树的叶节点,处于同一深度。

区域四叉树是将有边界的图像阵列划分为 4 个相等的正方形,假设该阵列完全仅由 0、1 构成,那么将该阵列划分为若干正方形,直至划分后的各区域全由 0 或全由 1 组成。CIF 四叉树与区域四叉树相似,在 CIF 四叉树中,空间被递归细分直至任何矩形只属于完全包围它的子象限。基于网格划分的四叉树索引是将二维空间范围在 X 和 Y 方向上进行 2^N 等分,形成 $2^N \times 2^N$ 个大小相等的网格,将空间要素标识记录在其外接矩形所覆盖的每个叶节点中,当同一父节点的 4 个兄弟节点都要记录某一空间要素标识时,仅将该标识记录在父节点上,并按此规则向上推进。该索引为多对多的形式,1 个网格可对应多个空间要素,1 个空间要素也对应多个网格。线性可排序四叉树索引放弃传统四叉树编码方式,而改为先将四叉树分解为二叉树,即在父节点层与子节点层之间插入一层虚节点,虚节点不记录空间要素,按照中序遍历树的顺序对所有节点进行编码。

所有四叉树具有以下共同特点:

(1)可分解成为各自的区块。

(2)每一个区块具有节点容量,可持续分解至数据无法分解为止。

(3)树状数据结构依照四叉树区分。

4.4.2 四叉树索引的构建

四叉树索引就是递归地对地理空间进行四分,直至达到自行设定的终止条件后停止划分,最终形成一棵有层次的四叉树。四叉树索引的构建遵循其原理,本小节以 CIF 四叉树为例,介绍四叉树索引的构建方法。这里假设每个节点关联图元(即空间实体的图形,表现为点状、线状和面状)的个数不超过三个,超过三个则再次进行四分。如图 4.12 所示,有数字标识的矩形是每个图元的主引导记录,每个叶节点存储了本区域所关联的图元标识列表和本区域地理范围,非叶节点仅存储了区域的地理范围。四叉树的创建步骤如下:

(1)对目标区域进行四分,将不能被四分的单个子节点所包含的地物图元归入根节点的成员列表当中,如图 4.12 所示,R 四分为 NW、NE、SW、SE 四个子节点,而图元 6、10 与 14 不能被上述四个子节点单独包含,则归入 R 的关联序列。

(2)将上面所得的各个子节点与其包含的图元进行关联。若满足条件则结束;若不满足则按照上述步骤对子节点再一次递归四分并关联图元,直到满足终止条件。如图 4.12 所示,对节点 NW 进行四分,并将图元 8 与 9 关联到 NW 中,而图元 1 与 2 则归入 NW 的子节点中,以此类推。

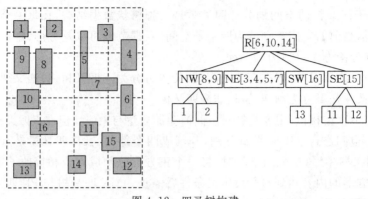

图 4.12　四叉树构建

4.4.3　四叉树索引的应用

四叉树被广泛应用于二维数据组织与查找、图像显示与压缩、碰撞检测等多个方面。

本小节以图 4.13 为例,主要介绍四叉树的查询应用。查询范围为黑色实线矩形框,具体步骤如下:

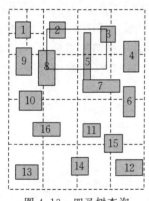

图 4.13　四叉树查询

（1）从四叉树的根节点开始,把根节点所关联的图元标识都加到集合 List 中,即把 6、10 与 14 加到 List 中,即 List ＝ {6,10,14}。

（2）比较此矩形范围与根节点的四个子节点（子区域）是否有交集（相交或者包含）。如果有,则把相应区域所关联的图元标识加到集合 List 中;如果没有,则以下子树都不再考虑。把与 NW 和 NE 关联的图元 3、4、5、7、8、9 加到 List 中,即 List ＝ {3,4,5,6,7,8,9,10,14};子树 SW 与 SE 则不再考虑。

（3）以上过程的递归,直到树的叶节点终止。如图 4.13 所示,将叶节点 2 加到 List 中,即 List ＝ {2,3,4,5,6,7,8,9,10,14},返回 List,即为查询结果。为进一步得到符合条件的最终目标,再对矩形范围与 List 中的空间目标范围（如外接矩形等）进行空间计算,得出 {2,3,5,8} 目标,这就是最终查询到的目标。

4.5　空间填充曲线索引

4.5.1　空间填充曲线索引的原理

空间填充曲线是由意大利科学家 Peano 于 1890 年首次构造出来的,并由希尔伯特（Hilbert）于 1891 年正式提出,之后空间填充曲线就得到了深入的研究和广泛的应用。空间填充曲线是一类可以将多维数据空间"填满"的曲线。按照特定的填充规则,空间填充曲线通过有限次数的逼近可以把多维数据空间划分为众多体积非常小的网格,且无论逼近的程度如何,总能够发现一条连续的空间填充曲线通过所有网格而不相互重叠。从数学的角度上可以将空间填充曲线看成是一种把多维数据空间映射成一维数据空间的方法。空间填充曲线就像一条曲线一样通过高维数据空间中每一个离散的网格,且空间填充曲线仅穿过每个网格一次。空间填充曲线按照线性顺序对高维数据空间中的网格进行统一编号。

空间数据所处的多维数据空间根本就不存在天然的顺序。事实上,存储磁盘从逻辑上来说是一维的存储设备,这使得多维数据在一维空间中的存储问题变得复杂。因此需要一个从高维空间到一维空间的映射函数,该映射函数是距离不变的,使空间上邻近的元素映射为直线上接近的点,而且一一对应,即空间上不存在两个点映射到直线上同一个点的情况。为达到这一目标,学者提出了许多映射方法。最突出的映射方法包括希尔伯特曲线、Z 曲线和格雷(Gray)曲线,如图 4.14、图 4.15 和图 4.16 所示。

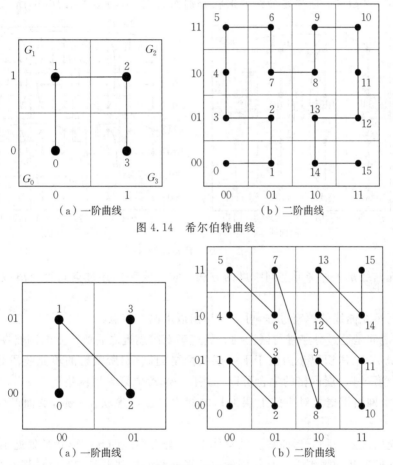

图 4.14　希尔伯特曲线

图 4.15　Z 曲线

最简单的希尔伯特曲线是由 4 个网格 G_0、G_1、G_2 和 G_3 的中心点连接在一起组成的网格曲线,其形状如图 4.14(a)所示。设定最简单的希尔伯特曲线的阶是 1,为了构造 i 阶希尔伯特曲线,应该将最简单的希尔伯特曲线中每一个网格由 $i-1$ 阶希尔伯特曲线进行替换,与此同时 $i-1$ 阶希尔伯特曲线需要进行一定的旋转操作。

i 阶希尔伯特曲线的旋转操作为:在网格 G_0 中 $i-1$ 阶希尔伯特曲线首先以垂直中线为轴旋转 $180°$,然后在平面中再顺时针旋转 $90°$;在网格 G_1 和网格 G_2 中 $i-1$ 阶希尔伯特曲线没有任何变化;在网格 G_3 中 $i-1$ 阶希尔伯特曲线首先以垂直中线为轴旋转 $180°$,然后在平面中再逆时针旋转 90°。2 阶希尔伯特曲线的形状如图 4.14(b)所示。

最简单的 Z 曲线是 1 条网格大小为 2×2 且阶为 1 的曲线，其形状如图 4.15(a)所示。为了构造 i 阶 Z 曲线，应该将最简单的 Z 曲线中每一个网格由 $i-1$ 阶 Z 曲线进行替换。2 阶 Z 曲线的形状如图 4.15(b)所示。

1 阶格雷曲线的填充规律与 1 阶希尔伯特曲线的填充规律相同。为了构造 i 阶格雷曲线，应该将 1 阶格雷曲线的网格由 $i-1$ 阶格雷曲线进行替换，与此同时 $i-1$ 阶格雷曲线需要进行一定的旋转操作。i 阶格雷曲线的旋转操作为：在 G_0 和 G_3 中 $i-1$ 阶曲线没有改变；在 G_1 中 $i-1$ 阶格雷曲线需要在平面中顺时针旋转 180°；在 G_2 中 $i-1$ 阶格雷曲线需要在平面中逆时针旋转 180°。2 阶和 3 阶格雷曲线的形状分别如图 4.16(a)和图 4.16(b)所示。

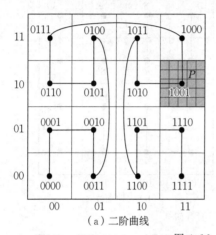
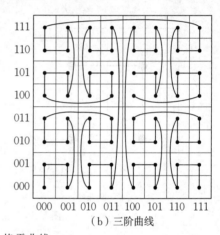

（a）二阶曲线　　　　　　　　　　　（b）三阶曲线

图 4.16　格雷曲线

空间填充曲线是一种降低空间维度的方法。它像线一样穿过空间每个离散单元，且只穿过一次。

根据空间填充曲线的填充过程，可以推导出以下两个特点：

(1)网格之间是通过分层进行嵌套的。经过第 k 次逼近之后所产生的网格在第 $k+1$ 次逼近中被分割成 2^k 个体积更小的位于下一层的网格，且它们所映射的填充线段是连接在一起的，这些 2^k 个第 $k+1$ 层网格的集合可以合并在一起形成第 k 层网格。

(2)将一个网格根据其对应的上层网格的标识符逐层串联在一起，从而产生一个新的标识符。

空间填充曲线是一种分形曲线。从整体上看，分形曲线的几何形状是处处不规则的，在不同的尺度上几何形状的规则性又是相同的。分形曲线的局部形状和其整体形状相似。

基于空间填充曲线的索引结构的基本思想是：按照空间填充曲线的填充过程将索引空间分割成众多大小相等的网格，并且将唯一编号赋值给每一个网格，将多维空间中的数据对象映射到一维空间中，空间填充曲线的填充过程必须能够较优地保持多维空间数据对象之间的邻近关系，从而实现较优的查询性能。

4.5.2　空间填充曲线索引的构建

空间填充曲线利用线性顺序来填充空间，可以获得从一端到另一端的曲线，本小节以 Z 曲线和希尔伯特曲线为例说明空间填充曲线的生成算法。

1. Z 曲线

(1)空间划分。如图 4.17(a)所示,将数据空间按递归四分法进行划分,形成不同阶的空间(网格)单元集合。

(2)单元格赋值。如图 4.17(b)所示,将网格单元坐标的二进制 x 和 y 值进行数据位(比特)的交叉换位(隔行扫描),将最终的二进制数转换为十进制数,即得到该单元格的值。例如,图 4.17(a)中灰色单元格的十进制坐标为($x=3$,$y=2$),其对应的二进制坐标为($x=11$,$y=10$),将 x 和 y 的二进制坐标按照数据位交叉换位,得到二进制数 1110,转换为十进制数为 14,即该单元格的值为 14。

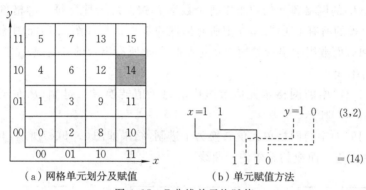

(a)网格单元划分及赋值　　　(b)单元赋值方法

图 4.17　Z 曲线单元格赋值

(3)Z 曲线绘制。如图 4.18 所示,按照单元格十进制数从小到大依次连接所有的单元网格,形成 Z 字形的曲线,该曲线即为 Z 曲线。

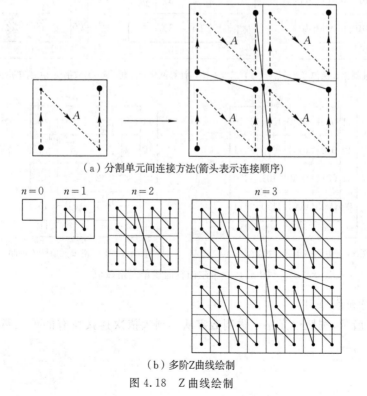

(a)分割单元间连接方法(箭头表示连接顺序)

(b)多阶 Z 曲线绘制

图 4.18　Z 曲线绘制

2．希尔伯特曲线

1）空间划分及单元格赋值

（1）将数据空间按递归四分法进行划分，形成不同阶的空间（网格）单元集合。将网格单元的 x 和 y 坐标按 n 比特二进制表示，进行数据位（比特）的交叉换位，得到网格单元的二进制值，结果如图 4.19(a)所示。

（2）将二进制数字位串从左至右按 2 个数字位分成串 s_i（其中 $i=1,2,\cdots,n$），按照"00"等于 0、"01"等于 1、"10"等于 2、"11"等于 3 等规则，将每个数字位串 s_i 分别转换为十进制值 d_i（其中 $i=1,2,\cdots,n$），结果如图 4.19(b)所示。

（3）图 4.19(b)的网格单元的数组中每个数字 j，按照规则计算每个网格单元的值：$j=0$，把后面数组中出现的所有 1 变成 3，并把所有出现的 3 变成 1，如图 4.19(c)中斜虚线填充的网格单元；$j=3$，把后面数组中出现的所有 0 变成 2，并把所有出现的 2 变成 0，如图 4.19(c)中网格线填充的网格单元。

（4）将图 4.19(c)中的网格单元值数组中的每个值转换成二进制，从左至右连接所有的串，结果如图 4.19(d)所示。

（5）将图 4.19(d)中的网格单元值转换为十进制，结果如图 4.19(e)所示，其中虚线是按照十进制值从小到大连接而成的希尔伯特曲线。

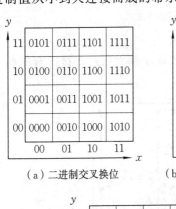
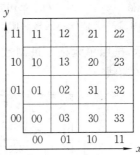
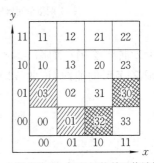

（a）二进制交叉换位　　（b）二位一体，计算网格单元值　　（c）数字位为0或3的网格单元值计算

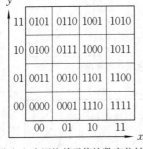
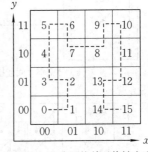

（d）图（c）中网格单元值按数字位转二进制　　（e）图（d）中网格单元值转十进制

图 4.19　希尔伯特曲线单元格赋值

2）希尔伯特曲线绘制

如图 4.20 所示，按照单元格十进制数字从小到大依次连接所有的单元网格，形成希尔伯特曲线。

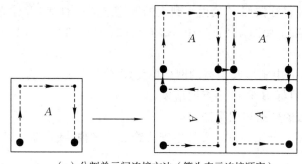

（a）分割单元间连接方法（箭头表示连接顺序）

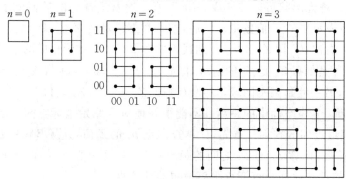

（b）多阶希尔伯特曲线绘制

图 4.20　希尔伯特曲线绘制

4.5.3　空间填充曲线索引的应用

以图 4.21 为例，图中 A、B、C 分别为空间点、线、面目标，R 为查询矩形，下面介绍空间填充曲线在空间查询中的应用情况。

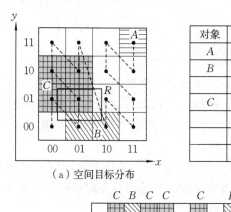

（a）空间目标分布

对象	点	x	y	隔行扫描	Z值
A	1	11	11	1111	15
B	1	01	00	0010	2
	2	10	00	1000	8
C	1	00	01	0001	1
	2	01	01	0011	3
	3	01	10	0110	6
	4	00	10	0100	4

（b）空间目标Z值计算

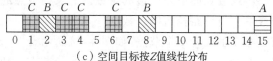

（c）空间目标按Z值线性分布

图 4.21　基于 Z 曲线填充的数据查询

1. 基于 Z 曲线填充的数据查询

如图 4.21 所示，根据查询矩形查询空间目标的步骤如下：

(1)由图 4.21(a)计算空间目标 A、B、C 的网格单元坐标及 Z 值，结果如图 4.21(b)所示。

（2）将图中的空间目标按照 Z 值由小到大的顺序建立线性表，并建立线性表 Z 值对应的空间目标的列表（索引），如图 4.21(c) 中 $(1，C)$、$(2，B)$、$(3，C)$、$(4，C)$、$(6，C)$、$(8，B)$、$(15，A)$ 等。

（3）计算图 4.21(a) 中矩形 R 覆盖的网格单元（Z 值作为标记）为 0、1、2、3、8、9，由步骤（2）建立的列表可计算出目标 B 和 C 为查询结果。

2．基于 Z 序方法的数据访问算法

（1）点查询。使用二分法在排序文件中查找给出的 Z 值，或在基于 Z 值的 B 树索引上使用 B 树搜索。

（2）范围查询。查询形状可以转换成一组 Z 值。通常选择它的近似表示，尽量平衡 Z 值的数量与它的近似表示中的 Z 值数量。然后，搜索数据区域的 Z 值以匹配 Z 值。这种匹配的有效性由两点可以看出：① 用 Z_1 和 Z_2 分别代表两个 Z 值；② 对于相应的区域（如块）r_1 和 r_2，只有两种可能，一种是如果 Z_1 是 Z_2 的前缀（例如，$Z_1 = 1^{***}$，$Z_2 = 11^{**}$，或 $Z_1 = {}^*1^{**}$，$Z_2 = 11^{**}$），则 r_1 完全包含 r_2，另一种是两个区域不相交（例如，$Z_1 = {}^*0^{**}$，$Z_2 = 11^{**}$）。

（3）最近邻查询。Z 序空间中的距离并不能很好地对应原始坐标空间中的距离，可以采用 Z 序的 B 树来处理最近邻的查询。首先，计算查询点 p_i 的 Z 值，并从 B 树中找到数据点 p_j 和最接近的 Z 值。然后，计算 p_i 与 p_j 之间的距离 r，以 p_i 为中心、r 为半径进行范围查询。最后，检验所有得到的点并返回与查询点距离最短的那个点。

（4）空间连接。空间连接算法是范围查询算法的一般化。设 S 是空间对象集，R 是另一个对象集。空间连接处理方法为：将集合 S 的元素转化成 Z 值并排序；将集合 R 的元素也转化成排序后的 Z 值列表，合并两个 Z 值表。在确定交叠时要注意处理代表"任意"字符的"$*$"。

4.6　BSP 树索引

4.6.1　基本概念

1．二叉树及其相关类别

二叉树是树形结构的一个重要类型。许多实际问题抽象出来的数据结构往往是二叉树形式，即使是一般的树也能简单地转换为二叉树，而且二叉树的存储结构及其算法都较为简单，因此二叉树显得特别重要（周延森，2019）。二叉树的特点是每个节点最多只能有 2 棵子树，且有左右之分。二叉树分为满二叉树和完全二叉树。

二叉树拥有 1 个根节点，所有节点最多有 2 个子节点。二叉树节点的深度是指从根节点到该节点的层数（从 1 计数）或最长简单路径边的条数。二叉树节点的高度是指从该节点到叶节点的层数（从 1 计数）或最长简单路径边的条数。

满二叉树的每个节点有 0 个或者 2 个节点，如图 4.22 所示。

完全二叉树的所有内部节点（不包括叶节点）都有 2 个子节点；同时，所有叶节点都有同样的深度，如图 4.23 所示。

由此可知，满二叉树不一定是完全二叉树，完全二叉树也不一定是满二叉树。

平衡二叉树的叶节点与非平衡二叉树的叶节点相比，可能有最小的最大深度，这是因为平衡二叉树的叶节点应该被放置在最优的高度上。平衡二叉树的左右子树的高度差不超过 1。

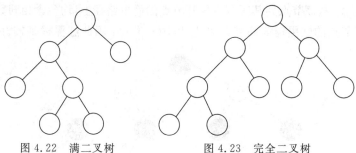

图 4.22 满二叉树　　　　　　图 4.23 完全二叉树

2. 二叉树及一维存储结构

无论是二叉搜索树(binary search tree，BST)、红黑树还是 B 树，节点存储的都是一维数据 (key)，它们是将一维数据有序存储并高效查询的数据结构。红黑树是特殊的二叉搜索树，B 树是二叉搜索树的拓展，红黑树和 B 树的诞生都是为了降低树的高度，从而提高查询的效率。

二叉搜索树按照二叉树的形式组织数据，在逻辑上，数据存储在树的一个个节点上。在具体的实现方面，可以用链表的结构来表示树的结构，其中每一个节点都是一个对象，每个对象包含键值(key)和其他辅助数据，同时包含属性 right、left 和 p，分别指向该对象的右子节点、左子节点和父节点。

对任何节点 x，其左子树的关键字不大于节点 x 的关键字 $x.key$，其右子树的关键字不小于 $x.key$，不同的二叉树可以代表同一组值的集合。大部分搜索树操作的最坏运行时间与其高度成正比。图 4.24 是 1 棵包含 6 个节点且高度为 3 的二叉搜索树，图 4.25 是 1 棵包含 6 个节点但深度为 5 的低效的二叉搜索树。

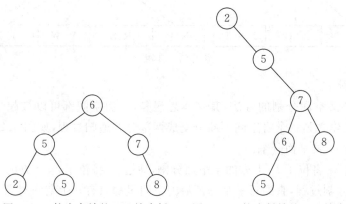

图 4.24 较为高效的二叉搜索树　　图 4.25 较为低效的二叉搜索树

红黑树是一种特殊的二叉搜索树，其每一个节点都多出一个存储位存储节点的颜色，即红或黑，如图 4.26 所示。红黑树通过对任何一条从根节点到叶节点的简单路径上所经过的节点颜色进行约束，确保没有任何一条路径比其他路径长出 2 倍，因而红黑树近似于平衡树。满足以下条件的二叉搜索树称为红黑树：

(1)每个节点或是黑色的，或是红色的。

(2)根节点是黑色的。

(3)每个叶节点(NIL，表示空值)是黑色的，注意红黑树把 NIL 看作叶节点。

(4)如果一个叶节点是红色的，则它的两个子节点都是黑色的。

（5）对每个节点，从该节点到其所有后代叶节点的简单路径上，均包含相同数目的黑色节点。

一棵有 n 个节点的红黑树的高度最多为 $2\log(n+1)$，因此红黑树是较好的搜索树。

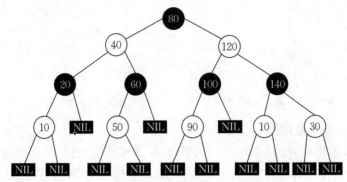

图 4.26　红黑树（深色表示黑色，白色表示红色）

B 树与红黑树的不同在于 B 树的节点可以拥有多于 2 个子节点，从数个到数千个，即 B 树的分支可以相当大，如图 4.27 所示。B 树是二叉搜索树的推广，假设内部节点 x 有 n 个关键字，那么节点 x 就应当有 $n+1$ 个子节点，其中节点 x 的 n 个关键字就是分割点，这 n 个关键字把节点 x 所处理的关键字属性分割为 $n+1$ 个属性域，每个属性域对应 1 个子节点。

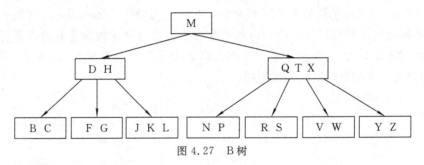

图 4.27　B 树

3. BSP 树索引

BSP 树采用二叉空间分割的方法，其基本思想是，任何空间都可以被超平面分割成两个子空间。BSP 树的建立是一个将空间不断分割成两部分的递归过程，如图 4.28 所示。

（1）首先，通过 l_1 将平面分割。

（2）然后，通过 l_2 将位于 l_1 上方的半平面分割，通过 l_3 将位于 l_1 下方的半平面分割。

（3）重复上述分割过程，直到每一个分割后的空间里都只有一个空间对象。

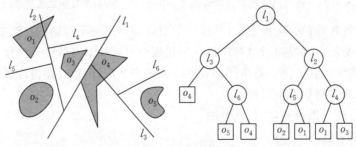

图 4.28　BSP 树的创建

这样一个递归分割空间的过程通过建模形成的二叉树就是 BSP 树。

4. BSP 树与其他几种树的关系

如图 4.29 所示,二叉搜索树、KD 树、BSP 树、B 树大致有如下的关系:

(1)二叉搜索树是最基本的搜索树,它的每个节点存储的都是单个对象,且对象是一维数据,每个节点的子节点最多有两个。

(2)B 树是二叉搜索树在分支因子上的拓展。这意味着,每个节点可以存储多个一维对象,假设某个非叶节点有 n 个对象,那么它便应当有 $n+1$ 个分支。

(3)BSP 树则是二叉搜索树在数据维度上的

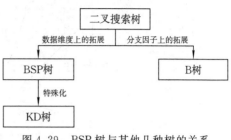

图 4.29　BSP 树与其他几种树的关系

拓展。这意味着,BSP 树是二叉树,内部节点最多只能有两个子节点,但是它每个节点存储的数据维度可以是多维的。

(4)KD 树则是一种特殊的 BSP 树。它与 BSP 树有两个主要的不同:①KD 树的分割线必然平行于坐标轴,而 BSP 树的分割线是随意的,不一定平行于某个坐标轴;②在 KD 树中,地理实体是不可再分割的,即某个地理实体可能存在于两个节点中,而在 BSP 树中,地理实体可以再分割,可以按照分割线分成正空间部分和负空间部分。

4.6.2　BSP 树索引的构建

1. 分割线(分割超平面)的选择

在多维空间中,分割超平面是随意的。为了方便计算,可以设置几个约束条件便于进行空间划分,一个常见的约束条件是划分的超平面必须位于已有的空间对象集合中。对于这个约束可以这样理解:在二维空间里,BSP 树将已有的线状要素作为分割空间的分割线。如图 4.30 所示,划分空间的线都是将已有线状要素延展得到的直线。如果一个二叉空间分割的分割线都是已有的线要素或超平面,那么这样的分割叫作自动分割。

当然并不是所有的二分空间都能从已有的要素集中找到合适的分割线或者分割超平面。因此,还有一种常见的约束,这种约束依据的是一定的统计基础,如图 4.31 所示,约束在一条分割线的两侧,要素个数要大致相同。注意此时的分割线或者分割超平面不在已知的要素集合中。

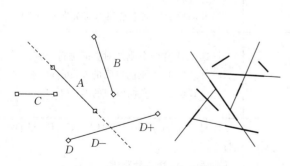

图 4.30　BSP 树的空间分割线

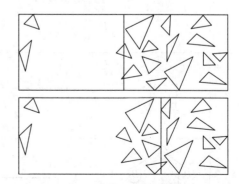

图 4.31　BSP 树中的分割线或者分割超平面

以上两种方式使树的节点有两种不同的存储方式。

（1）如图 4.32 所示，每一个树节点都会存储一个地理要素，无论是完整的地理要素还是被分割的地理要素。

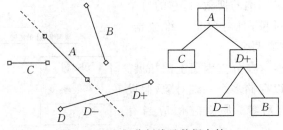

图 4.32　空间分割线及数据存储

（2）如图 4.33 所示，所有地理实体都只位于叶节点中，内部节点和根节点存储的是分割线。

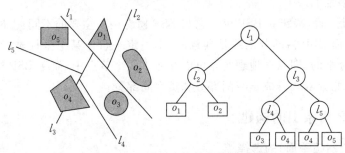

图 4.33　地理实体的存储方式

2. BSP 树索引的建立

对于 BSP 树索引而言，划分的空间要素不同及分割线的选取方式不同都会导致最终 BSP 树的建立过程不同。在这里，以线状要素自动分割的 BSP 树建立过程为例进行说明，如表 4.2 所示。

表 4.2　线状要素自动分割的 BSP 树建立过程

序号	线状要素自动分割	过程说明
1		（1）原始数据为 A、B、C、D 四个线段要素； （2）未划分的要素列表用圆角矩形包括，树的节点用圆圈表示； （3）分割后的正向半空间为箭头指向的空间
2		（1）选择 A 作为分割线对空间进行分割； （2）得到位于 A 正向空间的 B_2、C_2、D_2； （3）得到位于 B 负向空间的 B_1、C_1、D_1
3		（1）对位于 A 正向空间的 B_2、C_2、D_2 进行分割； （2）选择 B_2 作为分割线； （3）得到位于 B_2 正向空间的 D_2 和位于 B_2 负向空间的 D_3 和 C_2

续表

序号	线状要素自动分割	过程说明
4	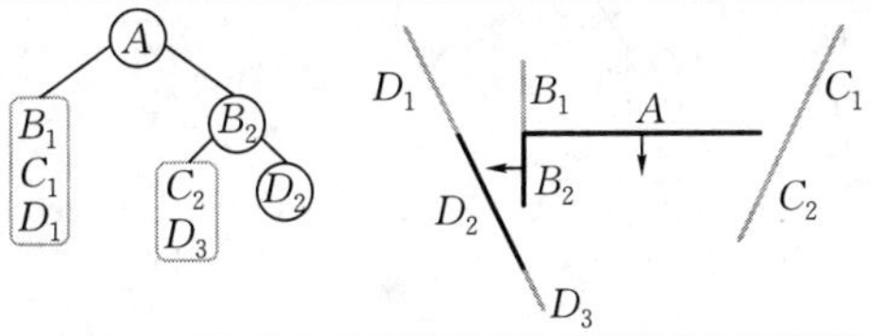	对 A 正向空间、B_2 正向空间进行分割,由于该空间仅有 D_2 一个要素,不再进行递归分割
5	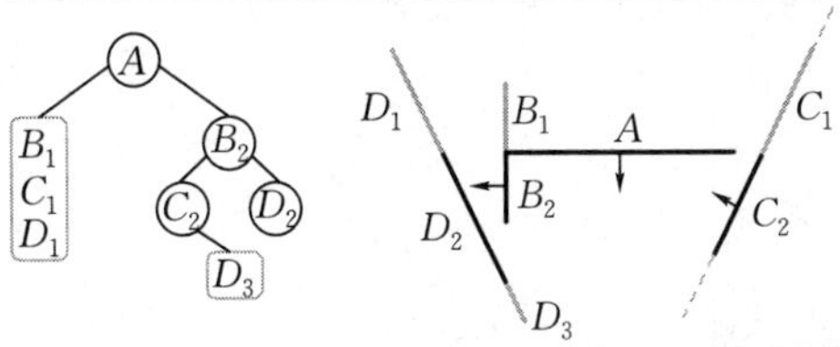	(1)对 A 正向空间、B_2 负向空间进行分割,选择 C_2 作为分割线; (2)得到位于 C_2 正向空间的 D_3
6	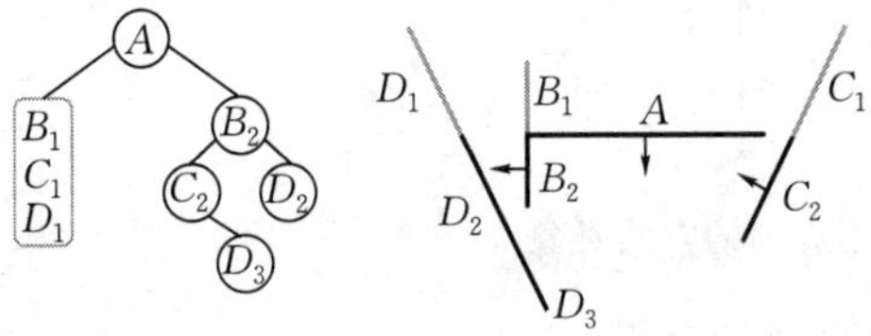	对 A 正向空间、B_2 负向空间、C_2 正向空间进行分割,由于该空间仅有唯一的 D_3 要素,不再进行递归分割
7	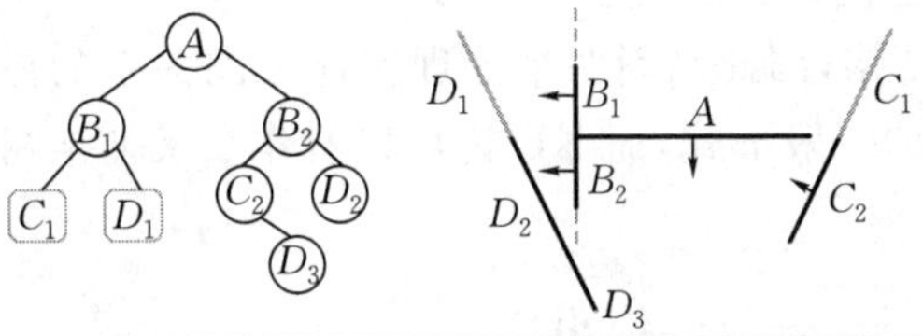	(1)对 A 负向空间进行分割; (2)选择 B_1 作为分割线; (3)得到位于 B_1 正向空间的 D_1 和位于 B_1 负向空间的 C_1
8	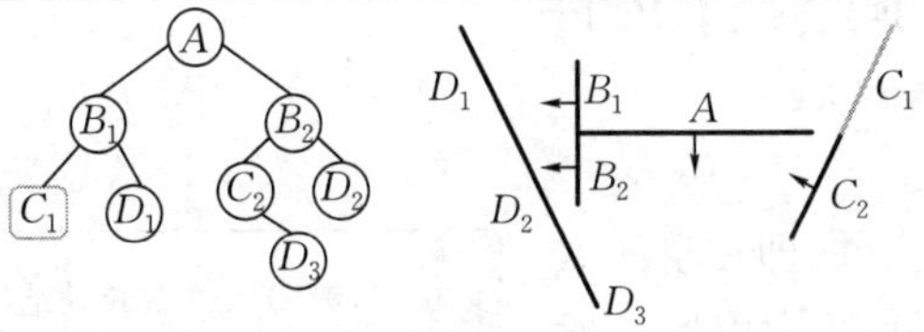	对 A 负向空间、B_1 正向空间进行分割,由于该空间仅有 D_1 一个要素,停止递归分割
9	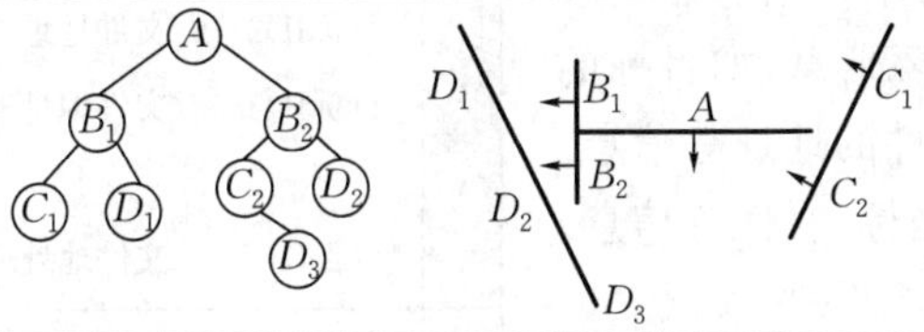	(1)对 A 负向空间、B_1 负向空间进行分割,由于该空间仅有 C_1 一个要素,停止递归分割; (2)所有空间仅有一个要素,BSP 树建立过程结束

4.6.3　BSP 树索引的应用

1. 划分空间

划分空间并提供一种表示空间的方法是提出 BSP 树的初衷。例如,在三维渲染环境中,BSP 树结构可以存储空间对象从前到后的排序或者其他空间信息;在二维平面中,BSP 树结构可以存储空间对象的相互关系,如图 4.34 所示。

2. 组织不规则的空间对象

凸壳用于组织不规则的空间对象,在图形学中意义重大,但是现实世界并不是处处完美,存在着许多不规则的空间对象,因此 BSP 树也被用来通过递归的方式将空间对象分割成凸壳的集合,并将凸壳的集合组织成二叉树的结构(图 4.35)。

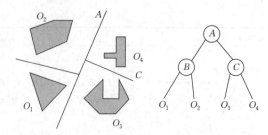

图 4.34　二维空间中存储空间对象的相关关系

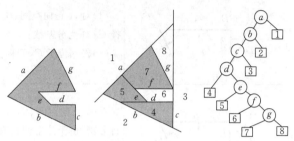

图 4.35　组织不规则的空间对象

其实无论哪种应用,都是基于最基础的空间划分思想。

由于 BSP 树提供了一种"空间排序"的结构,因此判断两个地理实体之间关系的操作次数大大减少。实际上,BSP 树可以看作 KD 树的一般形式,而 KD 树可以看作二叉搜索树在二维空间上的拓展。

4.7　空间索引文件

4.7.1　索引文件的原理

空间索引文件是指含有空间索引的数据文件,即在空间数据文件中包含索引区和数据区,如图 4.36 所示。索引区一般位于数据文件的头部,索引区记录目标的简要信息,如目标的关键字索引号(ID)、最小外接矩形、数据在文件的地址等信息。数据区记录目标的详细信息,如目标的空间坐标、属性等信息。索引文件分为索引顺序文件和索引非顺序文件两种。

有的空间数据还包含一种索引文件,如 ArcGIS 矢量数据文件(后缀为 shp)对应的 shx 文件、MapInfo 空间数据文件(后缀为 map)对应的 idx 文件等。这类索引文件不是用于加快空间数据存储或查询速度的,而是混合数据模型数据文件的附属文件,记录同一空间目标的空间数据与属性数据的对应关系,实现空间数据与属性数据独立组织和一体化管理。

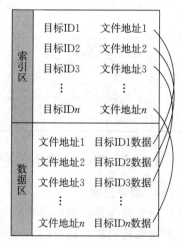

图 4.36　索引文件结构示意

4.7.2　索引非顺序文件

1. 概念

索引表中顺序列出所有可能的键值(稠密索引),利用二分查找法查找所需键值,得到所需记录地址。主文件中的记录不需要排序,即非顺序。

2. 建立方法

将记录按输入顺序放入数据区,同时软件在索引区建立索引表,待全部数据输完后,软件自动将索引表排序,如图 4.37 所示。

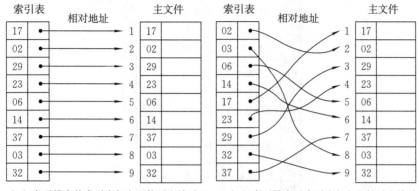

（a）索引排序前索引表与主文件对应关系　　（b）索引排序后索引表与主文件对应关系

图 4.37　索引非顺序文件

3. 特点与操作方法

该索引方法的优点是存取快,不需要将记录按顺序排列,便于增删记录。对该索引的操作包括增加、删除、修改等。

1）增加

将数据放在文件末尾,增加索引项,并对索引项排序。

2）删除

删除索引项,保留数据区,重新组织文件时将其消除。删除数据区,保留索引项,重新组织文件时将其消除。

3）修改

查找记录相应位置,修改记录内容。当修改前后的数据内容大小不一致时,还涉及删除、增加操作。

文件较大时索引排序速度较慢。其解决办法是建立多级索引,如图 4.38 所示。

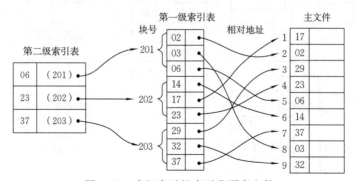

图 4.38　多级索引的索引非顺序文件

4.7.3　索引顺序文件

1. 概念

索引顺序文件是一种按照逻辑键值排序的索引文件,是用嵌入索引的手段把顺序文件予以扩充,以加速查找,记录的物理顺序与索引中键值的顺序是一致的,如图4.39所示。

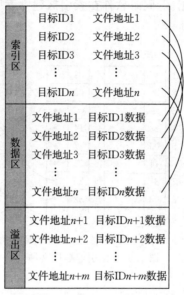

图4.39 索引顺序文件结构示意

2. 建立方法

索引顺序文件采用稀疏索引的方法,数据按顺序分块存放(块间相邻),记录每块的最后记录的键值及每块的首地址,形成索引表,如图4.40所示。

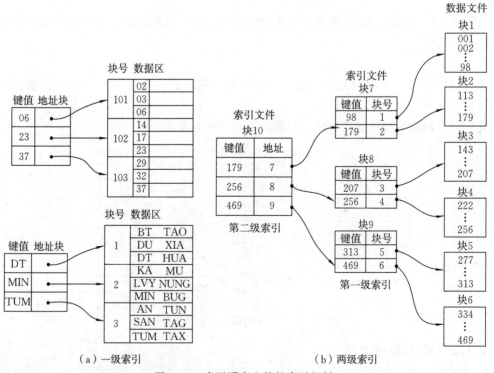

（a）一级索引　　　　　　　　　　（b）两级索引

图4.40 索引顺序文件的索引机制

3．特点与操作方法

该索引方法的优点是索引紧凑，查找速度快；不足之处是增删较麻烦，多次增删后，文件的空间利用率、存储效率均降低，需要重新组织文件。

对该索引的操作包括增加、删除、修改等。

1）增加

为避免移动过多数据，将新增数据暂放于溢出区，待重新组织文件时再归位。

2）删除

为提高删除效率，可以先逻辑删除（并做删除标记）数据内容，待整理文件时再进行物理删除（即从存储空间清除）。

3）修改

查找数据记录相应位置，即可修改记录内容。

思考题

1．解释空间索引的概念。

2．建立空间索引的主要作用是什么？

3．常见的空间索引包括哪些？

4．试分析空间索引与空间引擎的区别。

5．建立网格索引的主要步骤是什么？

6．建立 R 树索引的主要步骤是什么？

7．建立四叉树索引的主要步骤是什么？

8．建立 Z 曲线索引的主要步骤是什么？

9．建立希尔伯特曲线索引的主要步骤是什么？

10．什么叫作索引顺序文件？

11．什么叫作索引非顺序文件？

12．以网格索引为例说明其主要的应用情况。

第5章　空间数据库查询与优化

随着计算机技术的迅速发展,以地理信息系统为代表的空间信息技术已应用到各个领域。空间数据是地理信息系统的血液,对空间数据管理的优劣将直接影响地理信息系统质量的高低。地理信息系统空间数据的管理方式经过了纯文件方式管理图形数据与属性数据、图形数据文件方式管理与属性数据关系数据库管理、图形数据与属性数据一体化管理三个阶段。目前,大多数地理信息系统软件都逐渐倾向于采用第三种管理方式,即图形数据与属性数据都采用数据库管理的方式。

空间数据库是地理信息系统的核心,它也在不断地加强对空间数据处理功能的优化,其中空间查询是空间数据库管理空间数据最有效的功能之一。空间查询能够查询处理地理空间数据、卫星影像、多媒体数据等复杂数据,空间查询优化是提高查询处理效率的重要方法,其相关技术逐步成为空间数据库领域的一个研究热点。

空间查询又称空间查找、空间检索,是指从空间数据库中查找出满足某一条件的空间目标的过程(查找条件与空间位置有关)。空间数据查询实质上是按照一定条件对空间对象的空间数据和属性数据进行查询,以形成一个新的数据子集。在地理信息系统应用中,空间查询无处不在,其性能是这些应用系统成功的关键所在。由于空间数据自身的复杂性,空间数据查询的效率成为提升空间数据库性能的瓶颈,而现有的关系数据库查询优化技术不能完全适用于空间数据,因此空间查询优化对于空间数据库应用就显得尤为重要。

对数据库的查询是通过高级声明性语言来表达的。将查询映射为一系列由空间索引和存储结构支持的操作是数据库软件的责任,其主要的目标是在尽可能少的时间内正确地处理查询。查询处理和优化可以分为两个关键步骤:①为每个基本的关系运算符设计并调整算法;②利用第一步的信息把高层查询映射为基本关系运算符的组合并进行优化。

5.1　空间查询概念与方式

空间查询利用空间索引机制等从数据库中找出符合该条件的空间数据,用户通过查询语言与空间数据库进行交互获取感兴趣的内容。空间查询涉及地理实体的属性特征及图形信息之间的交流通信,是地理信息系统中经常用到的功能。

5.1.1　空间查询概念

1. 数据库中的关系运算

Codd 是关系数据库的鼻祖,首次提出了数据库系统的关系模型,开创了数据库关系方法和关系数据理论的研究,为数据库技术奠定了理论基础。1972 年,他首次提出了关系代数(relational algebra,RA)和关系运算的概念,并定义了关系的基本运算,为其成为标准的结构化查询语言(structured query language,SQL)奠定了基础。

关系代数是一种抽象的查询语言,用关系运算来表达查询,成为研究关系数据语言的数学工具。科德(E. F. Codd)将数据库的关系定义为"一组元组"(即表的一行),即关系(relation)由表(table)表示,其中表的每一行(row)表示一个元组(tuple),每个属性(attribute)的值形成一列(column),也可以简单理解为"relation=table, tuple=row, attribute = column"。关系算子就是从关系到关系的映射,关系代数的运算对象是关系,运算结果也是关系。关系代数中涉及四类运算,即传统的集合运算、专门的关系运算、算术比较和逻辑运算,用相应的运算符表示。其中,算术比较和逻辑运算是用来辅助专门的关系运算的,所以按照运算符,主要将关系代数分为传统的集合运算和专门的关系运算两类。传统的集合运算包括并、差、交、笛卡儿积等,专门的关系运算包括投影(垂直分割,即"列裁剪")、选择(水平分割,即"行裁剪")、连接(关系组合,即"表间乘法")、除(关系组合,即"表间除法")等。

2. 空间查询的基本概念

在介绍空间查询的概念之前,需先理解空间关系和空间谓词两个概念。

空间关系是空间实体之间基于几何、位置的一种联系,包括拓扑关系、顺序关系和度量关系等。

空间谓词是指一系列的两个或更多空间要素之间的空间关系。空间谓词主要有相交(intersect)、包含(contain)、被包围(within)、距离 (distance)、邻接(adjacent)、接触(touch)、覆盖/叠置(overlap)等。

空间关系与空间谓词的主要区别为:空间关系是空间要素之间的几何或位置关系的集合,空间谓词是一种特殊类型的函数或关系。空间关系和空间谓词之间的双射说明在大多数应用程序中其概念是可互换的,如包含(contain)、在内部(inside)、被包围(within),邻接(meet)、接触(touch)等。少数则不能互换,如空间关系的"相离(disjoint)"与谓词"距离(distance)"+"邻接(adjacent)"对应,空间关系的"覆盖(cover)"+"被覆盖(covered by)"+"相交(overlap)(部分重叠)"与谓词"覆盖/叠置(overlap)"对应。但在定义上,空间关系优先于空间谓词。一般在描述空间关系操作时,强调操作"动作(函数)",常用空间谓词进行描述。

查询属于数据库的范畴,一般定义为作用在数据库上的函数,它返回满足条件的内容。查询是用户与数据库交流的途径。

空间查询是指基于给定的属性特征和空间(图形)特征约束条件从空间数据库中查找地理对象及其属性的过程。属性特征约束条件一般用数据库运算符(如并、或等)的逻辑表达式来描述;空间特征约束条件用带空间谓词的逻辑表达式来描述,空间谓词由地理对象空间演变而来,如包含、相交、分离等。因此,空间查询是作用在数据库上的函数,返回用户请求的内容,属于咨询式分析。

空间查询是地理信息系统用户经常使用的功能,用户提出的很大一部分问题都可以以查询的方式解决,查询方法和查询范围在很大程度上决定了地理信息系统的应用程度和应用水平。

5.1.2　空间查询方式

空间数据特征包括空间特征、属性特征和时间特征。空间特征用来描述事物或现象的地理位置、形状和大小等几何特征,以及与其他地物的空间关系,也称几何特征、图形特征、定位特征等。属性特征用来描述事物或现象的类别、等级、数量、名称等特性,也称为专题特征。时间特征来描述事物或现象随时间变化的特性,多数情况可以将其处理为属性特征。在暂不考虑时间特征的情况下,空间数据一般包括几何(图形)数据和属性数据两类。

空间查询方式有多种分类方法。本书依据空间数据的空间和属性两个特征将空间查询方式分为基于空间特征查询、基于属性特征查询、基于空间与属性特征查询三种,如图5.1所示。

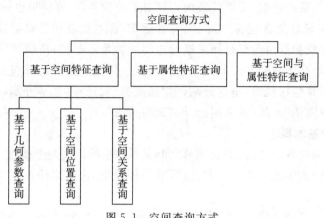

图5.1　空间查询方式

1. 基于空间特征查询

基于空间特征查询是一种通过空间位置、几何参数(如形状、大小等)、空间关系进行查询的空间目标查询方法。因此,该查询方式又分为基于几何参数查询、基于空间位置查询和基于空间关系查询三种方式。

1)基于几何参数查询

基于几何参数查询可以通过点的位置坐标、两点间的距离、一个或一段线目标的长度、一个面目标的周长或面积等几何参数查询对应的地理目标。

2)基于空间位置查询

基于空间位置查询又称空间定位查询,是通过给定一个点或一个几何图形,检索该图形范围内的空间对象及其属性,分为点查询和开窗查询。点查询是给定一个鼠标点,查询离它最近的对象及属性,也就是点的捕捉;开窗查询按矩形、圆、多边形等进行查询,存在该窗口包含和穿过的区别,开窗查询根据空间索引检索哪些对象可能位于该窗口,然后根据点、线、面是否在查询窗口内的判别计算,检索目标,也就是通过空间运算方法检索目标。

3)基于空间关系查询

基于空间关系查询通过检索目标的空间拓扑关系查询对应的地理目标。空间关系查询分为相邻关系检索、相关分析检索、包含关系查询、穿越查询、落入查询、缓冲区查询以及边沿匹配检索。

(1)相邻关系检索包括面与面、线与线和点与点的相邻检索。面与面的相邻检索主要从多边形与弧段关联表和与弧段关联的左右多边形表中检索得到相应的多边形;线与线的相邻检索则从线状地物表中查找组成线的所有弧段及关联的节点,然后从节点表中查询与这些节点关联的弧段,即可得到相邻的线目标;点与点的相邻检索通过两点是否相通或其他条件判定。

(2)相关分析检索则根据不同要素类型之间的关系查找相应的目标,如面的边界线长度、节点的关联弧段、组成弧段的节点等。

(3)包含关系查询分为同层包含查询和不同层包含查询,前者可以通过直接查询拓扑关系表实现,而后者要通过多边形叠置分析技术检索窗口界限范围内的地理实体来实现。

（4）穿越查询和落入查询都采用空间运算的方法获取结果目标。

（5）缓冲区查询先对点、线、面目标创建一个缓冲区多边形，再根据多边形检索原理，检索缓冲区内的空间实体。

（6）边沿匹配检索是在多幅地图的数据文件之间进行的，需要应用边沿匹配处理技术。

2．基于属性特征查询

基于属性特征查询通过限定属性特征条件检索满足条件的对应空间实体，同时也可以得到对应实体的其他属性特征。属性查询可通过查找、SQL 查询和扩展 SQL 检索空间实体，主要利用地理目标的属性特征进行查询。

查找是基于给定的属性值找出对应的属性记录或图形，通过执行数据库查询语言找到满足要求的记录及目标标识，再根据目标标识从图形数据文件中找到对应的空间对象并显示出来。SQL 查询是通过交互式选择或输入选项，系统将其转换为标准的 SQL，再由数据库系统执行 SQL，得到结果并提取目标标识，在图形文件中找到并显示空间对象。扩展 SQL 是在数据库查询语言的基础上加入空间关系查询的空间数据查询语言，增加了空间数据类型、空间操作算子以及空间概念等，保留了 SQL 的风格，通用性较好，易于与关系数据库连接。

除了以上这些空间查询方法外，还有可视化空间查询、超文本查询以及自然语言空间查询等方法。可视化空间查询主要使用图形、图像、图标、符号来表达概念，具有简单、直观、易于使用的优点，但也存在一些缺点，如当空间约束条件复杂时，难以用图幅描述，难以表示"非"关系，且不易进行范围约束。超文本查询是把图形、图像、字符等皆当作文本，并设置一些"热点"，用鼠标点击"热点"后，可以弹出说明信息、播放声音、显示图形图像等，但超文本查询只能预先设置好，用户不能实时构建自己要求的各种查询。自然语言空间查询是在 SQL 查询中引入一些自然语言，使查询更轻松自如，但这只适用于某个专业领域的地理信息系统，而不能作为地理信息系统中的通用数据库查询语言。

3．基于空间与属性特征查询

根据空间查询过程中空间特征与属性特征的运用情况，将空间查询分为单纯查询和联合查询两种方式。单纯查询将空间数据的空间特征和属性特征分离开来，是只利用空间特征或属性特征进行空间目标独立查询的方式，即前面介绍的基于空间特征查询和基于属性特征查询。联合查询则是将空间特征与属性特征结合形成组合条件进行空间目标联合查询的方式。

5.2　空间操作及其算法

数据库用户采用一种声明性查询语言（如 SQL）与数据库交互，用户只需指定所希望的结果，而不用指出得到结果所用的算法。数据库管理系统可自动完成查询所需算法的选择、步骤安排等，自动完成查询任务并反馈给用户。

5.2.1　空间操作

空间操作是对空间数据库进行的如更新、查询、选择等具体操作，供用户完成一定的信息获取等内容。空间查询处理是对空间数据库要进行的查询操作预先进行处理以便计算机更快速准确地完成查询请求。

空间数据库中的空间操作可以分为以下四类：

(1)空间更新。空间更新是标准数据库操作，与一般的关系数据库的操作类似，如修改、创建等。

(2)空间选择。空间选择分为点查询(point query,PQ)和范围查询(range query,RQ)两种。点查询是指给定一个查询点，找出所有包含它的空间对象。例如，找出黄鹤楼附近的景点。范围查询是指给定一个查询多边形，找出所有与之相交的空间对象。例如，检索湖北省境内的旅游景点。当查询多边形是一个矩形时，称这个查询为窗口查询。

(3)空间连接。与关系数据库中的连接运算符类似，空间连接是非常重要的运算符之一。当两个表基于一个空间谓词进行连接时，该连接称为空间连接。空间连接的一个变形是地图覆盖，它也是 GIS 中的一个重要运算符。这个操作将两个空间对象集合合并，以形成一个新的集合。这些新对象集合的"边界"由覆盖操作所指定的非空间属性来决定。例如，如果地图覆盖操作给两个相邻对象的一个非空间属性赋予相同的值，那么这些对象就"合并"了，如列出武汉市城区与绿地的覆盖区域。

(4)空间聚集。空间聚集通常都是最近邻查询问题的变体，即给定一个对象，找出所有距离该对象最近的其他对象。例如，找出距离武汉大学最近的旅游景点。

5.2.2 空间操作算法

针对上述四种空间操作，空间数据库提供了不同的支持算法。其中，空间更新是标准数据库的操作，采用数据库的关系代数运算及其相关的算法，这里不再讲述。另外三种空间操作的对应算法分别进行说明。

1)空间选择算法

第一种算法是基于最小外接矩形的空间选择算法。针对数据未排序且没有索引的空间数据，采用最小外接矩形过滤和空间关系精确计算结合的算法。

第二种算法是基于空间索引的空间选择算法。针对建有空间索引(如 R 树索引、四叉树索引等)的空间数据，采用空间索引进行空间目标的快速查询和选择。

第三种算法是基于空间填充曲线的空间选择算法。尽管多维空间中没有自然的排序，但是存在一对一的连续映射，可以将多维空间的点映射到一维空间，实现高维空间的间接排序。常见的空间填充曲线，如 Z 曲线和希尔伯特曲线，可使多维空间中"位置邻近"的记录在映射后的范围空间中仍保持邻近。一旦数据按空间填充曲线"排序"，就可以将 B 树索引应用于排序后的数据，以加快搜索速度。

2)空间连接算法

空间连接是组合两个关系的基本方式。从概念上说，连接的定义为进行笛卡儿积运算后再进行条件选择运算。这种方式实际的代价可能非常昂贵，对于空间数据库尤其如此。因为它要求应用选择条件前先计算笛卡儿积，所以执行笛卡儿积之前要先采用一些特别的算法进行处理，一般可选择"过滤—精炼"两步方法中的过滤步骤等手段减少计算。常见的空间连接操作算法有嵌套循环、树匹配、基于分块的空间归并连接、外部平面扫描或基于连接索引的方法。

3)空间聚集算法

空间聚集的常见应用是最近邻查询，一般采用两遍检索算法。第一遍检索包含查询对象

O 的数据存储位置页 P（如 R 树或 Z 曲线索引，将空间数据按照位置进行编码存储），以确定 P 中任意对象 O_i 到 O 的最小距离 d_i。第二遍检索通过范围查询检索与 O 的距离在 d 之内（即 $d_i < d$）的对象，以确定最近邻结果。这个方法采用了空间选择（如点查询和范围查询）算法。一般处理最近邻查询需要用到与空间选择完全不同的算法。另一个有代表性的算法为分而治之算法——分支限界算法，该算法由 Roussopoulos 等于 1995 年提出，是基于 R 树的最近邻查询搜索的算法。算法首次引入了查询点 q 到 R 树中叶节点所包含目标对象的距离——最小距离（MINDIST）和最小最大距离（MINMAXDIST）两个距离，作为查询过程中的判断条件，对 R 树进行深度优先遍历以查找最近邻结果，在遍历过程中通过合适的规则对 R 树进行剪枝，从而减少对象的访问数目以及计算量。

5.3　空间数据库查询语言

作为与数据库交互的主要手段，查询语言是数据库管理系统的一个核心要素。SQL 是用于关系数据库管理系统的一种常见的商业查询语言，它在一定程度上是基于形式化查询语言关系代数形成的，并且易于使用，既直观又通用。由于空间数据库管理系统是一种扩展的数据库管理系统，所以它既可以处理空间数据，又可以处理非空间数据，因此可以通过扩展标准 SQL 来支持人们对空间数据的需求。

随着关系模型和 SQL 的广泛应用，人们把简单数据类型和面向对象模型的功能结合起来，产生了一种新的"混合型"数据库管理系统，即对象—关系数据库管理系统。

对象—关系数据库管理系统带来的一个必然结果就是要求对 SQL 进行扩展，使其支持对象的功能。空间数据的一个独有特性是，它与用户交互的"自然"媒介是可视化的，而非文本形式的。因此，任何空间查询语言都应该支持复杂的图形化可视组件。本节主要介绍 SQL 查询语言及其空间扩展。

5.3.1　数据库查询与 SQL

用户使用数据库时需要对数据库进行各种各样的操作，如查询数据，添加、删除和修改数据，定义、修改数据模式等。数据库管理系统必须为用户提供相应的命令或语言，这就构成了用户和数据库的接口。接口的优劣会直接影响用户对数据库的接受程度。

数据库提供的语言一般局限于对数据库的操作，它不是完备的程序设计语言，不能独立地用来编写应用程序。

SQL 是用户操作关系数据库的通用语言。虽然称为结构化查询语言，而且查询确实是数据库中的主要操作，但 SQL 并不是只支持查询操作，它实际上包含数据定义、数据操作、数据控制等与数据库有关的全部功能。

SQL 已经成为关系数据库的标准语言，现在所有的关系数据库管理系统都支持 SQL。本小节主要介绍 SQL 语言支持的数据类型以及定义数据库和基本表的功能，同时介绍在 SQL Server 2008 环境中如何实现这些操作。

1. SQL 语言发展

最早的 SQL 原型是 IBM 的研究人员在 20 世纪 70 年代开发的，该原型被命名为 SEQUEL（由 Structured English QUEry Language 的首字母缩写组成）。现在许多人仍将在这个原型之后推出的 SQL 发音为"sequel",但根据美国国家标准学会(American National Standards Institute, ANSI)SQL 委员会的规定,其正式发音应该是"ess cue ell"。随着 SQL 的颁布,各数据库厂商纷纷在他们的产品中引入并支持 SQL。尽管绝大多数产品对 SQL 的支持是相似的,但它们之间也存在一定的差异,这些差异不利于初学者的学习。因此,本小节介绍 SQL 时主要介绍标准的 SQL,将其称为基本 SQL。从 20 世纪 80 年代以来,SQL 就一直是关系数据库管理系统(RDBMS)的标准语言。最早的 SQL 标准是 1986 年 10 月由 ANSI 颁布的,称为 SQL-86。随后,国际标准化组织于 1987 年 6 月也正式采纳它为国际标准,并在此基础上进行了补充。到 1989 年 4 月,国际标准化组织提出了具有完整性特征的 SQL,并称为 SQL-89。SQL-89 标准的颁布,对数据库技术的发展和数据库的应用起到很大的推动作用。尽管如此,SQL-89 仍有许多不足或不能满足应用需求的地方。为此,在 SQL-89 的基础上,经过三年多的研究和修改,国际标准化组织和 ANSI 共同于 1992 年 8 月颁布了 SQL 的新标准,即 SQL-92(或称为 SQL2)。SQL-92 标准也不是非常完备的,1999 年又颁布了 SQL:1999(或称为 SQL3)。不同数据库厂商的数据库管理系统提供的 SQL 也略有差别,如 Microsoft SQL Server 使用的 SQL 称为 Transact-SQL,简称为 T-SQL。

在 SQL:1999 完成之后,人们在支持 Java(Sun 的商标)和 XML 语言以及使用 SQL 管理数据库外部扩展数据等方面进行了大量工作,于 2003 年形成 SQL:2003(即 SQL4)标准。自 SQL:2003 以来,SQL 标准委员会已经扩展了 XML 支持并纠正了一些错误,扩展的 SQL/XML 标准于 2006 年发布,所有 9 个部分的完整修订版于 2008 年发布。2007 年,在 SQL:2008 完成后,WG3 决定 9 个部分中的 4 个部分足够稳定,不需要额外扩展;其余 5 个部分,SQL/Framework、SQL/Foundation、SQL/PSM、SQL/Schemata 和 SQL/XML 在 2011 年完成,形成 SQL:2011(即 SQL5)。多年来,SQL 标准围绕 15 个部分(SQL/Framework、SQL/Foundation、SQL/CLI、SQL/PSM、SQL/Bindings、SQL/Transaction、SQL/Temporal、SQL/Extended Object Support、SQL/MED、SQL/OLB、SQL/Schemata、SQL/Replication、SQL/JRT、SQL/XML、SQL/MDA)不断更新和扩展。截至 2016 年,SQL 标准增加了行模式匹配、多态表函数、JSON 等,形成了 SQL:2016。2019 年,SQL 标准增加了第 15 部分的内容,即多维数组(MDarray 类型和运算符),形成了 SQL:2019。

截至目前,SQL 标准存在很多版本,重要的有 SQL-86、SQL-92(SQL2)、SQL:1999(SQL3)、SQL:2003(SQL4)、SQL:2011(SQL5)、SQL:2016、SQL:2019 等,其中 SQL:1999(SQL3)是支持空间数据定义和管理的版本。需要注意的是,数据库软件的版本不同于 SQL 标准的版本,两者有本质的区别,如 Oracle 11g、SQL Server 2019 等。

2. SQL 语言功能

SQL 按其功能可分为四大部分,包括数据定义功能、数据控制功能、数据查询功能和数据操作功能。数据定义功能用于定义、删除和修改数据库中的对象,包括命令 CREATE、DROP、ALTER 等;数据控制功能用于控制用户对数据库的操作权限,包括命令 GRANT、REVOKE、DENY 等;数据查询功能用于实现数据的查询,数据查询是数据库中使用最多的操作,包括命令 SELECT 等;数据操作功能用于增加、删除和修改数据,包括命令 INSERT、UPDATE、DELETE 等。

3. SQL 常用语言示例

不同数据库系统对应的 SQL 略有不同,此处以 SQL Server 数据库为例进行介绍。

（1）数据库创建、删除等操作。

```
CREATE DATABASE DBNAME       //创建数据库
DROP DATABASE DBNAME         //删除数据库
```

（2）表格创建、修改、删除等操作。

```
CREATE TABLE TABLENAME( COLUMN1 TYPE [NOT NULL] [PRIMARY KEY],
                        COLUMN2 TYPE [NOT NULL],
                        ……)        //创建新表
CREATE TABLE TAB_NEW LIKE TAB_OLD   //使用旧表创建新表
CREATE TABLE TAB_NEW AS SELECT COLUMN1,COLUMN2,… FROM TAB_OLD
ALTER TABLE TABLENAME ADD COLUMN COLUMNNAME TYPE    //修改表
ALTER TABLE TABLENAME ADD PRIMARY KEY (COLUMNNAME)  //修改表并添加主键
DROP TABLE TABLENAME //删除表
```

（3）记录增加、查询、修改、删除等操作。

```
INSERT INTO TABLENAME(COLUMN1,…) VALUES (VAL1,…)    //增加记录
SELECT [COLUMN1,…] FROM TABLENAME WHERE [CONDITIONS]    //查询记录
UPDATE TABLENAME SET COLUMN1NAME = 'VALUE1',COLUMN2NAME = 'VALUE2' WHERE [CONDITIONS]    //更新记录
DELETE FROM TABLENAME WHERE [CONDITIONS] //删除记录
```

5.3.2 空间查询语言

1. 空间查询语言

RA 和 SQL 都是功能强大的查询处理语言，它们主要的不足之处在于只提供简单的数据类型，如整型、日期型、字符串型等。空间数据库必须能处理空间点、线或面等复杂数据类型，而面向对象系统对数据库管理系统的功能扩展具有重要影响，它扩展了关系数据库的面向对象特性，由此产生对象—关系数据库管理系统的通用框架。

为支持空间复杂对象（如点、线、面等）的定义功能和复杂空间操作（如空间网络分析等），关系数据库更新了数据库查询语言版本 SQL:1999（也称为 SQL3）。SQL:1999 是数据库查询语言 SQL 的第三个主要版本，是关系数据库查询语言的一个重要版本。较之前的版本，SQL:1999 增加了常规表达匹配、回归查询（如传递闭包），支持控制流语句、非标量类型（如数组、类等）和面向对象的要素（如结构等），支持对象语言绑定（object language bindings，OLB）和 Java 语言的过程与类型（routines and types using the Java language，JRT）。支持 SQL:1999 版本的关系数据库称为后关系数据库（Post-RDMS）。

空间查询语言是指在后关系数据库的结构化查询语言基础上扩展空间抽象数据类型（spatial abstract data type，SADT）的定义和空间操作，在标准数据库 SQL 中实现对空间对象的定义，并可通过定义的空间操作（函数）进行空间对象的查询、计算与分析。

2. OGIS 标准的 SQL 扩展

开放性地理数据互操作规范（open geodata interoperability specification，OGIS）是由一些大学、研究所、主要软件开发商以及应用单位组成的开放式地理空间信息联盟（Open

Geospatial Consortium,OGC)制订的,包括一系列与互操作、共享相关的行业标准。OGIS 的空间数据模型可以嵌入各种编程语言,如 C 语言、Java、SQL 等。

　　OGIS 是基于图 5.2 所示的几何数据模型开发的。该数据模型包括一个基类 GEOMETRY,这个基类是非实例化的,但它规定了一个适用于其子类的空间参照系统。 GEOMETRY 这 个 超 类 派 生 出 四 个 子 类,分 别 是 Point、Curve、Surface 和 GeometryCollection,每个子类还关联了一组操作,这组操作是应用于类的实例。

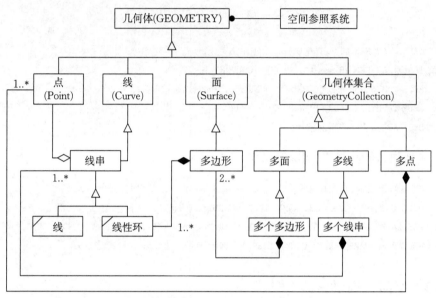

图 5.2　OGIS 几何模型 UML 图

　　在 OGIS 规范中,所指定的操作可分为基本函数、拓扑/集合运算、空间分析函数三类,详细内容如表 5.1 所示。

表 5.1　OGIS 空间操作分类

空间操作类型	空间操作	说明
基本函数	SpatialReference()	返回几何的基本坐标系统
	Envelope()	返回包含集合体的最小外接矩形
	Export()	返回以其他形式表示的几何体
	IsEmpty()	判断几何体是否为空集
	IsSimple()	判断几何体是否为简单的(不自相交等)
	Boundary()	返回几何体的边界
拓扑/集合运算	Equal()	判断两个几何体的内部和边界是否相等
	Disjoint()	判断内部和边界是否相交
	Intersect()	判断几何体是否相交
	Touch()	判断边界是否相邻
	Cross()	判断两个几何体是否内部相交
	Within()	判断给定几何体内部与另一个几何体外部是否相交
	Contains()	判断给定几何体是否包含另一个几何体
	Overlap()	判断两个几何体的内部是否有交集

续表

空间操作类型	空间操作	说明
空间分析函数	Distance()	计算两个几何体之间的最短距离
	Buffer()	计算给定几何体及指定距离的缓冲区
	ConvexHull()	计算几何体的最小闭包
	Intersection()	计算两个几何体的交集
	Union()	计算两个几何体的并集
	Difference()	计算几何体与给定几何体不相交的部分
	SymmDiff()	计算两个几何体与对方不相交的部分

OGIS 规范仅仅局限于空间的对象模型,空间信息有时可以很自然地映射到场模型。OGIS 正在开发针对场数据类型和操作的统一模型,这种场模型或许会整合到 OGIS 未来的规范中。即使在对象模型中,对于简单的选择、投影、连接查询来说,OGIS 的操作也有局限性。使用 GROUP BY 和 HAVING 子句来支持空间聚集查询确实会出问题。OGIS 规范过于关注基本拓扑和空间度量的关系,忽略了对整个度量操作的类的支持。也就是说,它不支持基于方位(如北、南、左、前等)谓词的操作。OGIS 规范还不支持动态的、基于形状的以及基于可见性的操作。

5.3.3　空间数据类型定义

空间数据类型抽象为点、线、面等几种主要类型,称为空间抽象数据类型,其定义是通过数据库 SQL 中自定义抽象数据类型的方式实现的。与面向对象技术中的类一样,空间抽象数据类型由一组属性和访问这些属性值的成员函数组成,成员函数可以隐含地修改数据类型中的属性值,因而也就能改变数据库的状态。空间抽象数据类型可以作为关系模式中某一列的类型。在数据库中,一般使用 CREATE TYPE 语句来定义抽象数据类型。为了访问封装在空间抽象数据类型中的数据,必须在 CREATE TYPE 中定义成员函数。

1. 空间数据库中已定义的空间数据类型

在一般的空间数据库中已经预定义了常用的空间数据类型,也支持用户自定义空间数据类型。下面以 Oracle 数据库为例,说明其已定义的空间点、线、面等数据类型。

在 Oracle Spatial 中,空间数据的字段存储为 MDSYS. SDO_GEOMETRY 类型,该类型定义如下:

```
CREATE TYPE SDO_GEOMETRY AS OBJECT(
    SDO_GTYPE NUMBER,
    SDO_SRID NUMBER,
    SDO_POINT SDO_POINT_TYPE,
    SDO_ELEM_INFO SDO_ELEM_INFO_ARRAY,
    SDO_ORDINATES SDO_ORDINATE_ARRAY);
```

该类型中各参数介绍如下:

(1)SDO_GTYPE 表示要存储的几何类型,如点、线或面,如表 5.2 所示,通过 NUMBER 类型来表达。

表 5.2　SDO_GTYPE 参数说明

SDO_GTYPE 值	几何类型	相关描述
2000	未知的地理类型	Oracle Spatial 会无视这个类型的地理对象
2001	单点 Point 类型	地理对象包含一个普通的点
2002	单线 Polyline 和 Curve 类型	地理对象包含直线或片段
2003	Polygon 类型	地理对象包含一个普通的多边形,但不包含空岛
2004	集合 Collection 类型	地理对象包含不同类型元素集合
2005	多点 MultiPoint 类型	地理对象包含多个点集合
2006	多线 MultiPolyline 和多曲线类型	地理对象包含一个或多个线或曲线集合
2007	多多边形 MultiPolygon 类型	地理对象包含岛(多岛)的多边形和多个多边形

(2)SDO_SRID 表示几何的空间参考坐标系,类型为 NUMBER。SDO_SRID 定义了空间坐标参考系统。如果 SDO_SRID 为 NULL,则没有指定坐标系统;如果 SDO_SRID 不为 NULL,那么它的值必须为 MDSYS.CS_SRS 表(表 5.3)中 SRID 列对应的值,而且它的值必须插入 USER_SDO_GEOM_METADATA 视图中。

表 5.3　MDSYS.CS_SRS 表结构说明

列名	类型	列名描述
CS_NAME	VARCHAR2(68)	坐标系统名称
SRID	NUMBER(38)	空间参考 ID,1～999999 为 Oracle Spatial 使用的空间参考,1000000 以后为用户自定义
AUTH_SRID	NUMBER(38)	可选的 SRID,是个外键,另一个坐标系统的 SRID
AUTH_NAME	VARCHAR2(256)	
WKTEXT	VARCHAR2(2046)	
CS_BOUNDS	MDSYS.SDO_GEOMETRY	

(3)SDO_POINT 表示,如果几何类型为点,则存储点坐标,否则为空。其类型为 Oracle Spatial 自定义的 SDO_POINT_TYPE 类型。

(4)SDO_ELEM_INFO 对如何理解 SDO_ORDINATES 中的坐标串进行定义。SDO_ELEM_INFO 类型的构造方法为 SDO_ELEM_INFO_ARRAY(a,b,c),其中(a,b,c)为 Number 类型。SDO_ELEM_INFO 的每三个数字(三元组)组合为一个 SDO_ELEM_INFO 属性单元,即 SDO_STARTING_OFFSET、SDO_ETYPE 和 SDO_INTERPRETATION。下面介绍这三个数字的具体含义。

——SDO_STARTING_OFFSET 声明组成当前几何片段的第一个坐标在 SDO_ORDINATES 数组中的坐标序号。坐标序号是从 1 而非 0 起算的。这里的 SDO_ORDINATES 就是 SDO_GEOMETRY 中的坐标序列,坐标序列是以逗号隔开的数字。例如,如果 SDO_ORDINATE_ARRAY(1,4,6,7,8,9)是以 6 开始的几何片段,则坐标序号 SDO_STARTING_OFFSET=3。

——SDO_ETYPE 声明元素的类型。可结合 SDO_STARTING_OFFSET 和 SDO_

ETYPE(表 5.4)来理解。SDO_ETYPE 为 1、2、1003 或 2003 时,元素为简单的几何类型。特别说明:SDO_ETYPE 为 1003 时,假如几何类型为面,则表示为外多边形环(以逆时针顺序);SDO_ETYPE 为 2003 时,假如几何类型为面,则表示为内多边形环(以顺时针顺序);SDO_ETYPE 为 4、1005 或 2005 时,说明为组合元素,往往第一组三个数字不是 SDO_ELEM_INFO 属性单元,而是为了说明组合元素的信息。具体可查阅相关复杂多义线和复杂多边形的例子,本书只介绍简单多义线与简单多边形。

——SDO_INTERPRETATION 依赖于 SDO_ETYPE 是否为组合元素,该参数有两种可能情况:SDO_ETYPE 为 4、1005 或 2005 时,标识组合元素的数目;SDO_ETYPE 为 1、2、1003 或 2003 时,标识元素坐标序列的顺序。

表 5.4　SDO_ETYPE 和 SDO_INTERPRETATION 表结构说明

SDO_ETYPE 值	SDO_INTERPRETATION 值	这两个组合值的具体含义
0	任意数(n)	Oracle Spatial 不支持的几何对象
1	1	普通单点
1	n(其中 $n>1$)	多点
2	1	由直线段组成的多义线(Polyline 就是多义线之一)
2	2	由曲线片段组成的多义线,每一条曲线由三点描述,即起点、曲线段上的任意一点、终点,且前一条曲线的终点是下一条曲线的起点
1003 或 2003	1	由系列直线段组成的多边形,必须标出每个节点的坐标,最后一个点要与第一个点相同,构成封闭的多边形
1003 或 2003	2	由系列曲线段构成的自封闭的多边形,其前一条弧段的终点和后一条弧段的起点重合
1003 或 2003	3	矩形,用左下至右上的两个点描述
1003 或 2003	4	圆,用三个非共线的点描述
4	n(其中 $n>1$)	由系列直线段和系列曲线段组成的复杂多义线,其中 n 值表示构成多义线的直线和曲线数量,此时 SDO_ELEM_INFO 包含的第一个三元组不是 SDO_ELEM_INFO 属性单元,后续三元组依次用于描述组成多义线的 n 个部分的属性单元
1005 或 2005	n(其中 $n>1$)	由系列直线和系列曲线组成的复杂多边形,其中 n 值表示构成复杂多边形的直线和曲线数量,此时 SDO_ELEM_INFO 包含的第一个三元组不是 SDO_ELEM_INFO 属性单元,后续三元组依次用于描述组成复杂多边形的 n 个部分的属性单元

(5)SDO_ORDINATES 存储实际坐标,X、Y 以及不同点之间都用逗号隔开。依据参数设置,MDSYS. SDO_GEOMETRY 类型可以表示点、线、面甚至极其复杂的空间数据。

2. 空间数据库中自定义的空间数据类型

除了以上介绍的在空间数据库中已定义的空间数据类型,用户还可以依据需要自定义数据类型。下面简单介绍空间点、线、面数据类型的定义。

1)空间点目标 GEOPOINT 定义

(1)类型定义。创建一个包含 X 和 Y 坐标的 GEOPOINT 类型,并定义一个成员函数
DISTANCE,具体如下:

```
CREATE TYPE GEOPOINT AS OBJECT(
    X NUMBER,
    YNUMBER,
    MEMBER FUNCTION DISTANCE(U GEOPOINT,V GEOPOINT)
    RETURN NUMBER
);
```

为正常使用该类型成员函数,还需要为其创建方法主体(下文省略其他方法主体),具体如下:

```
CREATE TYPE BODY GEOPOINT AS MEMBER FUNCTION DISTANCE (U GEOPOINT,V GEOPOINT)
RETURN NUMBER IS DISTANCE NUMBER(38,8);
BEGIN
    DISTANCE: = POWER((U.X − V.X) * (U.X − V.X) + (U.Y − V.Y) * (U.Y − V.Y),0.5);
    RETURN DISTANCE;
    END;
    END;
```

(2)类型应用。以 GEOPOINT 为数据类型创建表示景点 SCENICSPOT 的表格,具体如下:

```
CREATE TABLE SCENICSPOT(
    NAME VARCHAR(30),
    DISTRICTNAME VARCHAR(35),
    RANK VARCHAR(10),
    SHAPE GEOPOINT);
```

对表格 SCENICSPOT 添加记录,具体如下:

```
INSERT INTO SCENICSPOT VALUES ('黄鹤楼','武昌区','5A' GEOPOINT(114.31,30.55));
```

2)空间线目标(GEOLINE)定义

(1)类型定义。首先,定义存储 GEOLINE 地理坐标的数组 LINETYPE,具体如下:

```
CREATE TYPE LINETYPE AS VARRAY(500) OF GEOPOINT;
```

其次,定义包含坐标串(数组)LINETYPE 的线目标类型,并定义一个成员函数
LENGTH,具体如下:

```
CREATE TYPE GEOLINE AS OBJECT(
    NUM_OF_POINTS INT,
    GEOMETRY LINETYPE,
    MEMBER FUNCTION LENGTH(SELF IN GEOLINE) RETURN  NUMBER,
    PRAGMA RESTRICT_REFERENCES(LENGTH,WNDS));
```

(2)类型应用。以 GEOLINE 为数据类型创建表格 RIVER,具体如下:

```
CREATE TABLE RIVER(
    NAME VARCHAR(30),
    ORIGIN VARCHAR(30),
    LENGTH NUMBER,
    SHAPE GEOLINE);
```

对表格 RIVER 添加记录,具体如下:

```
INSERT INTO RIVER VALUES('长江','青海',6397,
GEOLINE(100,LINETYPE(GEOPOINT(91.4,33.2)…GEOPOINT(121.7,31.4))));
```

3)空间面目标(GEOPOLY)定义

(1)类型定义。首先,定义存储 GEOPOLY 地理坐标的数组 POLYTYPE,具体如下:

```
CREATE TYPE POLYTYPE AS VARRAY(500) OF GEOPOINT;
```

其次,定义包含坐标串(数组)POLYTYPE 的面目标类型 GEOPOLY,并定义一个成员函数 AREA,具体如下:

```
CREATE TYPE GEOPOLY AS OBJECT(
    NUM_OF_POINTS INT,
    GEOMETRY POLYTYPE,
    MEMBER FUNCTI ON AREA(SELF IN) RETURN NUMBER,
    PRAGMA RESTRICT_REFERENCES(AREA,WNDS));
```

(2)类型应用。以 GEOPOLY 为数据类型创建表格 COUNTY,具体如下:

```
CREATE TABLE COUNTY(
    NAME VARCHAR(30),
    POP INT,
    GDP NUMBER,
    SHAPE GEOPOLY);
```

对表格 COUNTY 添加记录,具体如下:

```
INSERT INTO COUNTY VALUES('公安县',105,173,
GEOPOLY(200,POLYTYPE(GEOPOINT(112.2,30.3)…GEOPOINT(112.2,30.3))));
```

5.3.4 数据库中的常见空间操作

OGIS 对数据库进行了空间扩展,在空间数据库中实现了大部分 OGIS 的空间操作,但不同品牌的空间数据库实现的操作不尽相同。下面以 Oracle Spatial 数据库为例,说明空间数据库中的常见空间操作。

Oracle Spatial 与 PL/SQL 应用程序接口(application programming interface,API)包含很多空间操作、过程及函数。空间操作(如 SDO_FILTER、SDO_RELATE 等)由于采用了空间索引而提供了更高的操作性能(空间操作要求数据库的几何坐标所在列必须建立空间索引),只能用于 Where 语句。过程及函数是 PL/SQL 包提供的子程序,如 SDO_GEOM、SDO_CS、SDO_LRS 等。这些子程序一般不要求定义空间索引,可以用于 Where 语句或者子查询语句中。当过程及函数有两个几何类型参数时,两个几何目标必须具有相同的空间坐标系统。

空间操作、过程及函数使用的指导原则如下:

(1)当空间操作、过程及函数执行类似的操作时,如果空间操作能满足需求,优先使用空间操作,如使用 SDO＿RELATE 替代 SDO＿GEOM.RELATE,使用 SDO＿WITHIN＿DISTANCE 替代 SDO_GEOM.WITHIN_DISTANCE。

(2)对于空间操作,一般使用大写 TRUE。

(3)对于空间操作,当查询窗口来自表格时,使用"/＊＋ORDERED＊/"优化提示。

Oracle Spatial 提供的主要空间操作如表 5.5 和表 5.6 所示。

表 5.5　主要空间操作

空间操作	描述
SDO_FILTER	列举与指定几何体可能相交的几何体
SDO_JOIN	执行基于一个或多个拓扑关系的空间连接
SDO_NN	确定给定几何体的最邻近几何体
SDO_NN_DISTANCE	获得 SDO_NN 操作返回的目标的距离
SDO_POINTINPOLYGON	获得指定多边形中的点
SDO_RELATE	确定两个几何体是否在指定方式下相交(参见表 5.6)
SDO_WITHIN_DISTANCE	确定两个几何体是否在指定的距离范围内

表 5.6　SDO_RELATE 操作算子

操作算子	描述
SDO_ANYINTERACT	检查表格中的任意几何体与指定几何体是否有 ANYINTERACT 拓扑关系
SDO_CONTAINS	检查表格中的任意几何体与指定几何体是否有 CONTAINS 拓扑关系
SDO_COVEREDBY	检查表格中的任意几何体与指定几何体是否有 COVEREDBY 拓扑关系
SDO_COVERS	检查表格中的任意几何体与指定几何体是否有 COVERS 拓扑关系
SDO_EQUAL	检查表格中的任意几何体与指定几何体是否有 EQUAL 拓扑关系
SDO_INSIDE	检查表格中的任意几何体与指定几何体是否有 INSIDE 拓扑关系
SDO_ON	检查表格中的任意几何体与指定几何体是否有 ON 拓扑关系
SDO_OVERLAPBDYDISJOINT	检查表格中的任意几何体与指定几何体是否有 OVERLAPBDYDISJOINT 拓扑关系
SDO_OVERLAPBDYINTERSECT	检查表格中的任意几何体与指定几何体是否有 OVERLAPBDYINTERSECT 拓扑关系
SDO_OVERLAPS	检查表格中的任意几何体与指定几何体是否有 OVERLAPS 拓扑关系
SDO_TOUCH	检查表格中的任意几何体与指定几何体是否有 TOUCH 拓扑关系

5.3.5　空间数据库查询举例

1. 实例设计

本实例试验数据的地理空间范围为湖北省,主要数据包括省份(PROVINCE)、地级市(CITY)、区县(COUNTY)、道路(ROAD)、河流(RIVER)、铁路(RAILWAY)、景点(SCENICSPOT)、景点管理单位(SPOTMANAGER)等。因此,对应的 E-R 模型(图 5.3)中的实体分别为 PROVINCE、CITY、COUNTY、ROAD、RIVER、RAILWAY、SCENICSPOT、SPOTMANAGER 等。

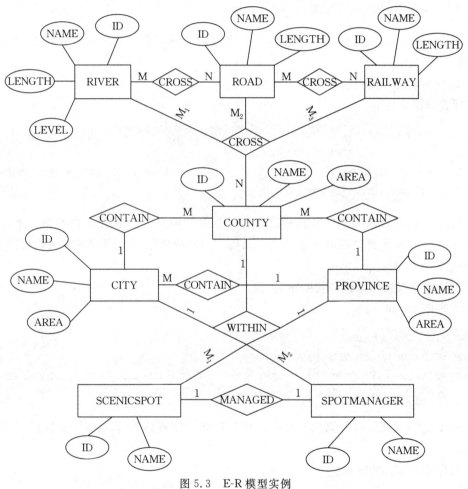

图 5.3　E-R 模型实例

2. 空间抽象数据类型定义举例

根据图 5.3 所示的实例,空间抽象数据类型分为点、线、面三类,对应的类型分别为 GEOPOINT、GEOLINE、GEOPOLY,对应的实体为 GEOPOINT(SCENICSPOT、SPOTMANAGER)、GEOLINE(RIVER、ROAD、RAILWAY)、GEOPOLY(COUNTY、CITY、PROVINCE)。

本空间查询实例是基于 Oracle 数据库设计的,空间查询也是基于 Oracle 数据库的查询语句设计的。考虑自定义空间类型 GEOPOINT、GEOLINE、GEOPOLY 等对应的空间查询函数(如 CROSS 等)需要重新定义(定义方法可参照前面例子或相关书籍的说明),本小节实例采用 Oracle 数据库已定义的空间类型及空间函数。

3. 空间查询举例

例 1:列举京九线穿越的区县。

空间查询语句如下:

```
SELECT P.NAME99,P.SHAPE
FROM HUBEICOUNTYORCL P,HUBEIRAILWAYORCL R
WHERE MDSYS.OGC_CROSS(MDSYS.ST_GEOMETRY.FROM_SDO_GEOM(P.SHAPE),MDSYS.ST_GEOMETRY.FROM_SDO_GEOM
(R.SHAPE)) = L AND R.NAME = '京九线';
```

查询结果为:{"黄冈市市辖区""黄梅县""武穴市""麻城市""新洲区""团风县""浠水县""蕲春县"}。

例 2:列举湖北省境内的景点。

空间查询语句如下:

```
SELECT K.NAME,K.SHAPE
FROM HUBEIPROVINCEORCL P,HUBEISCENICORCL K
WHERE MDSYS.OGC_WITHIN(MDSYS.ST_GEOMETRY.FROM_SDO_GEOM (K.SHAPE),MDSYS.ST_GEOMETRY.FROM_SDO_GEOM
(P.SHAPE)) = L AND P.NAME = '湖北省';
```

查询结果为:{"武汉大学""黄鹤楼""东湖风景区""归元寺""湖北省博物馆""木兰天池""武汉海昌极地海洋世界""三峡大坝""清江画廊""屈原故里""三游洞""恩施大峡谷""恩施土司城"……}。

例 3:列举武汉市市辖区邻接的市县。

空间查询语句如下:

```
SELECT P1.NAME99,P1.SHAPE
FROM HUBEICOUNTYORCL P1,HUBEICOUNTYORCL P2
WHERE MDSYS.OGC_TOUCH (MDSYS.ST_GEOMETRY.FROM_SDO_GEOM (P1.SHAPE),MDSYS.ST_GEOMETRY.FROM_SDO_
GEOM(P2.SHAPE)) = 1 AND P2.NAME99 = '武汉市市辖区';
```

查询结果为:{"武昌区""嘉鱼县""汉阳区""鄂州市市辖区""孝感市""黄陂区""新洲区""汉川市"}。

例 4:计算各市县的面积。

空间查询语句如下:

```
SELECT C.NAME99,C.SHAPE
MDSYS.OGC_AREA(MDSYS.ST_GEOMETRY.FROM_SDO_GEOM(C.SHAPE))
FROM HUBEICOUNTYORCL C;
```

查询结果为:{"利川市""黄冈市市辖区""鄂州市市辖区""宜都市""武昌区""仙桃市""五峰土家族自治县""沙市区""松滋市""武汉市市辖区""大冶市""公安县""黄梅县""嘉鱼县"……}。

5.4　空间数据库查询优化

随着计算机技术的迅速发展,以 GIS 为代表的空间信息技术已应用到各个领域。GIS 的核心——空间数据库也在不断地加强对空间数据的处理功能,其中空间查询是空间数据库管理空间数据最有效的功能之一,空间查询优化技术也逐步成为空间数据库领域的研究热点。因为空间数据具有数据量大、数据结构复杂、操作费时等特点,对空间数据的查询优化是空间数据库研究的重点和难点。空间数据查询优化领域至今还没有提出一套完整的优化系统设计方案。目前,主要的研究方法是建立一个空间查询的代价模型,对空间操作的代价进行估计,操作代价主要包括执行代价和输入输出(input/output,I/O)代价等。同时还要对空间谓词操作的对象数目,或满足查询条件的对象数目与源对象集合数目的比值(即输出集合和输入集合的数量比)进行估计。也就是通过查询优化减少空间操作的对象数目,进而提高检索效率或空间操作效率。

5.4.1　空间查询过程

对空间对象进行空间索引时,由于其空间位置描述的复杂性,索引中存储的往往是对于空间对象的一个抽象,其中最常用的是最小外接矩形,因此在索引操作中所得出的结果是相对粗略的,即除了包括所有满足查询条件的对象外,还可能包括一些并不满足查询条件的目标。因此,在利用空间索引处理查询时,往往有过滤和精选两个步骤。下面以图 5.4 为例,说明空间查询过程。图 5.4 中有五个空间目标,即①、②、③、④和⑤,虚线框表示每个目标的最小外接矩形,粗实线框为空间查询矩形。

(1)过滤步骤。对查询进行过滤处理时,查询的对象用最小外接矩形来表示,这是因为一个查询区域与一个矩形之间的求交计算比一个查询区域与一个任意形状的不规则空间对象之间的求交计算容易。如果查询区域是一个矩形,那么最多需要四次计算就可以确定两个矩形是否相交,这个过程称为过滤。过滤阶段得到的结果包含了满足原始查询条件的候选者(如图 5.4 中的①、②、③和④)。过滤的目的是通过简单矩形计算过滤掉无关目标(如图 5.4 中的⑤),减少精选步骤中参与计算的目标,提高整体查询效率。

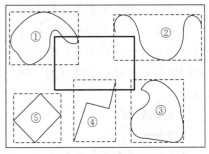

图 5.4　空间查询过程

(2)精选步骤。完成过滤处理后,就要使用精确的几何条件对过滤的结果进行处理,这是一个计算代价较大的过程,但经过过滤阶段的处理后,输入集合只剩下较少的候选者。精选过程有时可以在空间数据库以外的某个应用程序(如 GIS)中实现,通常会用到空间数据库在过滤步骤产生的候选目标集。

5.4.2　空间查询优化原理

查询通常使用类似 SQL 的高级声明性语言来表达,这意味着用户只需指明结果集,获取结果的策略则交由数据库负责。度量策略或者计算计划的标准,是执行查询所需要的时间。

在传统数据库中,该度量在很大程度上取决于输入输出代价,这是因为可用的数据类型(简单数据类型,如数值型等)和对这些类型进行操作的函数相对来说都是易于计算的。而空间数据库的情况就不同了,它包含了复杂数据类型(如空间点、线、面等)和 CPU 密集型的函数(如几何目标间求交计算等)。因此,在空间数据库中选择一个优化策略的任务比在传统数据库中更重要和复杂。

空间数据库查询优化一般通过设计查询优化器来实现,如图 5.5 所示。

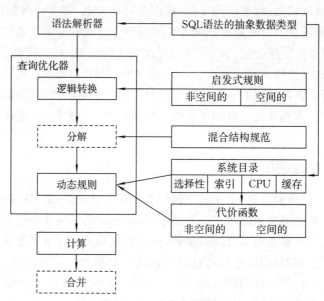

图 5.5　查询优化器模式

查询优化器是数据库软件中的一个模块,用于产生不同的计算计划并确定适当的执行策略。查询优化器从系统目录中获得信息,并结合一些启发式规则和动态规划技术制定合适的策略。因为优化计算十分复杂,所以查询优化器很少执行最好的计划。一般情况下,尽量避免最差的计划而选择一个较好的计划。查询优化器所承担的任务可以分成逻辑转换和动态规划两部分。

1. 逻辑转换

1)语法分析

语法分析是查询优化器处理查询前对查询语法进行检查并转换为查询树的过程。相对传统数据库,空间数据库的语法分析器因支持用户自定义的类型和方法而更加复杂,语法分析器需要识别并管理用户自定义的数据类型并将其转换为语法正确的查询树。

2)查询树

查询树是由查询语句绘制成的查询执行图,形状为树。查询树中常用符号及意义包括:∞表示连接,π 表示投影,σ 表示选择。查询树的执行顺序是从叶节点开始自底向上,直到根节点上的操作执行完成。

3)启发式规则

启发式规则是逻辑转换过程中实现查询树过滤的条件,包括空间和非空间的启发式规则。经过语法分析器得到的查询树,其磁盘存取复杂性可能降低,也可能增加,可以采用等价变形时的启发式代数优化规则(策略),使变换结果有较低的磁盘存取复杂性。具体的规则如下:

（1）尽早执行选择和投影操作，在笛卡儿乘积或连接操作之前尽量排除无关数据。

（2）把某些选择操作与邻接的笛卡儿乘积结合为连接操作，可以节省两次操作之间的磁盘存取，特别是笛卡儿乘积大量的中间数据存取。

（3）同时执行相同关系的多个选择和投影操作，可以避免对相同关系的重复扫描。

（4）把投影操作与连接操作结合起来执行，节省了单独投影操作所需的关系扫描。

（5）提取公共表达式，存储中间结果，减少重复计算。本规则适用于结果数据量少但计算量大的公共表达式，对公共表达式的调用越频繁，效益就越大。

4）逻辑转换

数据库中的逻辑转换是指将语法分析器生成的查询树转换为等价查询树，并对查询树进行筛选的过程。等价是指从关系代数继承的一组形式化规则的结果。在逻辑转换过程中，启发式规则（包括空间和非空间的规则）是实现对等价树进行过滤筛选的条件。数据库经过逻辑转换，将不是最佳的查询树过滤掉，形成候选者。

2. 动态规划

动态规划是从一组执行计划中确定最优执行策略的技术。最优解决方案是根据代价函数推导而来的。每个计划使用代价函数来评估，代价最小的计划就是最优计划。在动态规划步骤中，关注查询树的每个节点，枚举处理该节点的所有可能的执行策略。在组建整个查询树的过程中，每个节点的不同处理策略组成了计划空间。计划空间的基数通常很大，性能也可能相差几个数量级。此外，选择一个执行计划所用的时间必须保持最少，即"优化时间"。所有这些要求都意味着动态规划的目标只是选择一个较好的计划，而不是最好的计划。

动态规划的核心在于利用代价函数评估每个执行策略。一个较好的代价函数必须考虑如下因素：

（1）访问代价，即从二级存储搜索和传输数据的代价。

（2）存储代价，即存储查询的执行策略所产生的临时关系的代价。

（3）计算代价，即执行主存内运算的 CPU 代价。

（4）通信代价，即在客户端与服务器之间传递信息的代价。

1）系统目录

系统目录维护着代价函数所需的信息，以便设计最优执行策略。这些信息包括每个文件的大小、文件的记录数、记录占用的块数，还可能包括索引和索引属性的信息，谓词的选择性和特征代价也包括在内。系统目录可通过存储函数信息建立函数索引等方式，提高函数检索效率。

2）代价函数

关系数据库使用的代价函数 Cost 表示为

$$Cost = Exp(records\text{-}examined) + K \cdot Exp(pages\text{-}read)$$

式中，Exp(records-examined)为预计读取的记录数，可以作为 CPU 时间的度量；Exp(pages-read)为预计从外存读取的页数，可以作为输入输出时间的度量；因子 K 度量 CPU 资源相对于输入输出资源的重要程度。

5.4.3　空间查询优化方法与过程

1. 空间查询优化方法

空间查询优化方法有基于复杂性估计的查询优化方法和语义查询优化方法两种。

1)基于复杂性估计的查询优化方法

基于复杂性估计的查询优化方法分为以下两个阶段：

(1)用启发性方法产生逻辑级优化的查询计划。

(2)为查询计划中每个关系代数选择具有最小复杂性的实现算法,即确定查询计划的优化执行策略。集中式数据库中影响查询执行效率的三个因素为访问磁盘的块数、中间结果占用的磁盘空间、处理机时间。

对这三个因素的度量就是查询执行策略的复杂性。但对于大规模数据库而言,主要因素是访问磁盘的块数,因此把它作为查询执行策略的复杂性的因素。一个查询计划的执行策略复杂性,就是它调用的所有关系代数操作的磁盘存取块数的总和。

2)语义查询优化方法

语义查询优化方法是利用关系的完整性约束,压缩查询对象的搜索范围,然后使用一般性的查询算法。该方法的关键是找出与给定查询有关的完整性约束条件。

2. 空间查询优化过程

空间查询优化过程大致分为以下四个阶段：

(1)将查询转换为某种内部表示,一般是将查询条件用语法树(查询树)的形式表示。

(2)逻辑转换,即进行某些提高效率的表达式变换,如数据库进行"先选择再连接,先投影再连接"等变换。

(3)谓词代价计算。

(4)选择代价最小的执行计划。

谓词代价计算与具体的代价估计模型有关。现有的关系优化不能适应空间数据的查询,空间系统必须具有自己的优化器和代价模型。对空间查询进行优化处理主要在于如何保证查询优化器和代价估计模型的合理性。查询优化器是数据库软件中的一个模块,它用于产生不同的计算计划并确定适当的执行策略。其从系统目录中获得信息,并结合一些启发式规则和动态规划技术,制定合适的策略。代价估计模型与空间数据组织形式及空间索引都密切相关,其研究重点是空间操作的代价估计。空间查询优化的机制在于设计合理准确的代价估计模型与查询优化器。

5.4.4　空间查询优化举例

1. 查询树优化步骤与方法

数据库查询优化主要通过查询优化器完成,逻辑转换中基于启发式规则进行的查询树优化是查询优化的重要方法。从高级声明性语言到启发式规则处理的查询树的步骤如下：

(1)把查询的高级表示(如 SQL)转换为查询的内部表示,包括两个步骤:①将查询高级表示转换为关系代数表达式;②将关系代数表达式转换为查询树。查询树是数据库查询的一种内部表示形式,其执行方向为自底向上,即从叶节点到根节点方向。在查询树中,非叶节点表示关系代数操作,叶节点表示关系。

(2)运用关系代数等价变换规则和关系代数优化规则,对查询树进行等价变换,产生一个优化的查询方案。查询树优化变换的实质,是对构成查询的各个关系代数操作进行优化重组。按优化规则对查询树进行等价变形(查询树优化)的一般方法包括:①增加选择操作的灵活性;②把选择或投影操作沿树向下移,靠近叶节点;③把多个邻接选择的投影合并为单个操作;

④优先执行具有最小选择操作(具有最小选择结果关系)的叶节点;⑤将紧邻的笛卡儿乘积和选择操作合并为连接操作;⑥划分子树,使每棵子树的操作由单个存取程序一次完成;⑦产生一个计算最后查询树的程序,每步计算一棵子树。

2．查询树优化举例

列出长江穿越的、与武汉市邻接的、面积大于 $20\ \text{km}^2$ 的县名称。

1)查询语句

空间查询语句如下:

```
SELECT C.NAME
FROM COUNTY C,CITY CI,RIVER R
WHERE AREA (C.SHAPE)>20 AND
            R.NAME = '长江' AND
            CROSS (C.SHAPE,R.SHAPE) = 1 AND
            TOUCH (C.SHAPE, CI.SHAPE) = 1 AND
            CI.NAME = '武汉')
```

此查询语句仅为形式化表达,根据不同数据库的语句要求可进行相应的修改,以转换成相应数据库可执行的实际语句。查询语句中"AREA"(计算面积)、"CROSS"(求交)、"TOUCH"(接触)为空间操作函数,假设三个空间操作函数的算法复杂度由高到低依次为"CROSS""TOUCH""AREA"。

2)查询树

由以上查询语句生成的一棵查询树如图 5.6 所示。

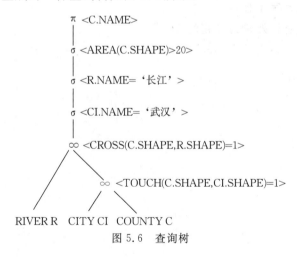

图 5.6 查询树

3)逻辑转换

根据上述查询树优化步骤与方法,按照选择操作下移、跨表的空间连接操作上移、空间操作函数计算复杂度由低到高(在树中表现自下向上)等优化原则,图 5.6 的查询树经逻辑转换,得到图 5.7 的查询树。

查询树的执行顺序是自下向上,在优化过程中,将选择河流和市的选择操作移至树的底端,并将计算区县面积的空间函数下移,减少进行接触(邻近)和求交(穿越)函数计算的记录数,以提高计算和查询效率。

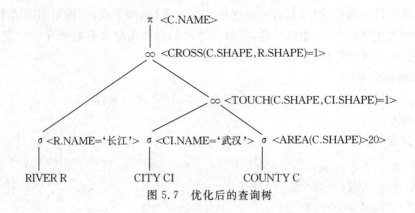

图 5.7　优化后的查询树

思考题

1. 什么是空间查询语言?
2. 空间操作包括哪些?
3. 空间操作的主要算法有哪些?
4. 空间数据库中的空间数据类型包括哪些?
5. 空间查询优化的基本原理是什么?
6. 查询树是什么?
7. 什么是逻辑转换?
8. 空间查询优化过程是什么?
9. 举例说明空间查询及查询优化的方法。

第6章 空间数据共享与互操作

地理信息系统的迅速发展和广泛应用促使空间数据多源性的产生。空间数据多源性的特征主要可以概括为多语义性、多时空性、多尺度性、获取手段多源性、存储格式多源性等几个层次。这些多源性特点使数据具有异构性特征，主要体现在数据内容与来源的差异性、空间数据模型的差异性和支撑软件平台的差异性等方面。

传统地理信息系统是封闭的、孤立的系统，没有统一的标准，各自采用不同的数据格式、数据存储和数据处理方法；地理信息系统及其应用系统的开发都是基于具体、相互独立和封闭的平台，并且在数据语义表达上往往存在不可调和的矛盾，无法直接进行应用系统之间的数据共享。这些使地理信息应用技术的发展潜力受到了很大的限制。

因此，如何使不同的地理信息系统软件能够迅速快捷地处理、集成这些来源不同的数据，并使这些集成数据能够在不同的系统下相互可操作，以及在异构分布数据库中获取所需要的数据信息就变得非常重要。信息共享已经成为现代信息社会发展的一个重要标志，地理空间数据互操作则是空间信息共享的必然产物。空间数据共享与互操作是空间信息网络、地理信息服务的关键技术和重要组成部分。

6.1 基本概念

6.1.1 空间数据共享

1. 地理信息共享

1)信息共享

共享即共用。信息共享是指在一定程度的开放条件下，同一信息资源被不同用户共同使用的服务方式。信息共享既具有自然属性，又具有社会属性。信息共享是人类生存和社会发展所必需的，其形式是不断发展的，其行为是需要不断调整的。

2)地理信息共享

地理信息共享是指国家依据一定的政策、法律和标准规范，实现地理信息的流通和共用。地理信息共享的内涵包括：①用户享用非己有信息的资格、权利和义务；②生产必需的地理数据，实现信息共享；③为共享信息准备必要的设备、共享和服务环境；④政府有发展和协调信息共享的调控权。

3)地理信息共享的主控因素

地理信息共享的主控因素包括组织管理、数据资源、社会需求、共享规则和共享技术。这五个要素相互促进、相互制约，缺一不可。组织管理者以发展需求为导向制定地理数据管理的整体规划与组织实施，体现国家意志的整体规划与管理，这既是确定共享规则和共享技术的出发点，又是地理数据整合与共享权力的体现；数据资源的存储、分布状态、成品形式决定了共享政策和共享方式的多样性，从而促使共享规则的产生；共享规则是对不同用户需求和共享行为进行规范的规则,它引导共享技术的支持和发展;共享技术是指用于实现数据共享的技术方法,它决定地理信息共享的有效性。总之,数据资源、共享规则和共享技术是共享管理的必要条件,发展需求是实现有效共享的充分条件。

4)地理信息共享的类型

地理信息共享泛指地理信息资源共享,一般来说地理信息共享包括模型共享、数据共享、语义共享和硬软件共享等。

5)地理信息共享的意义

GIS 数据和系统的异构性导致 GIS"孤岛"现象的产生,而共享技术则是解决这个问题的关键技术。

地理信息共享的意义在于:①可以最大限度地减少地理信息采集、加工、整理在人力、物力和财力上的投入;②有助于政府决策的民主化和科学化;③有助于实现全球、地区、国家和区域范围内的信息化。

2. 空间数据共享

空间数据共享是指不同用户按其不同目的可以同时访问异地、异构数据库中的同一数据。数据库中的数据允许当前所有用户同时存取,也可以为新用户服务,用户可以通过多种程序设计语言或查询语言使用这些数据。

空间数据共享涉及数据管理、数据资源、标准体系、共享技术、共享服务等诸多方面。共享数据集是指数据库中数据集的所有者(或管理者)允许其他用户访问的数据集。数据共享者是指向数据集的所有者请求访问他的数据集而发出共享命令并获准访问的这个用户。实际应用中,数据提供者往往也是数据所有者。数据共享标准体系是指按照统一的标准化框架组织制定的本领域科学数据共享标准的体系,包括元数据标准、共享服务标准、数据产品与生产标准、数据质量的评价方法与检测规范、应用服务技术规范和管理规范,可用于研究开发共享技术。数据共享服务体系是指由数据管理、目录服务、数据服务和延伸服务组成的服务体系。

3. 空间数据共享方法

在 GIS 发展的初期,数据共享通常局限于对基于不同数据结构的空间数据进行转换的研究。对于空间数据和属性数据的处理,早期的 GIS 一般采用分开管理的手段,数据转换则需要对两者同时进行。因此在数据转换的方法中,需要同时考虑空间数据和属性数据。地理空间数据与一般的事务管理数据不同。一般的事务管理数据或者属性数据仅有几种固定的数据模型,而且一般关系数据库管理系统可直接提供读写该类数据的函数,因此数据的转换问题比较简单。

20 世纪 80 年代以来,以计算机技术、通信技术和网络技术为代表的现代信息技术,使人类的信息资源进入了高效、专业化、多样化和共享化的现代工作方式。鉴于地理数据及信息的保密性和敏感性,政策法规和技术成为影响地理数据及信息共享的主要因素。政策法规因素是实现地理信息共享的充分条件,而技术因素是实现地理信息共享的必要条件。

由于对空间现象的理解不同,因此对空间对象的定义、表达、存储方式也不相同,加上空间数据的政治敏锐性,空间数据共享变得异常复杂。随着信息技术的发展,空间数据共享方法也在不断地发展变化。

到目前为止,空间数据共享技术分为单机环境下的空间数据共享技术和网络环境下的空间数据共享技术两种。

　　单机环境下主要利用存储介质实现地理信息共享。为了消除 GIS 空间数据结构性差异带来的不利影响,空间数据共享方案主要采用数据格式转换技术,包括公开(明码)数据转换方法、标准空间数据格式转换方法和系统直接存取方法。

　　以网络为载体的地理信息共享正逐渐成为地理信息共享的主要途径,具有很好的发展前景。基于网络的地理信息共享需要网络通信技术、分布式对象技术和网络服务技术等的支持,分布式地理信息系统是实现基于网络的地理信息共享的重要途径,分布式数据库则是分布式地理信息的载体,同时也是分布式地理信息系统的基础。

　　按照空间数据共享的形式,空间数据共享方法分为基于数据格式转换的空间数据共享方法、基于互操作的空间数据共享方法和基于数据共享平台的空间数据共享方法等。相关内容将在 6.2～6.4 节进行详细介绍。

6.1.2　空间数据互操作

1. 地理信息系统互操作

在地理信息系统领域,对互操作具有不同的理解。

　　在《计算机辞典》中,将互操作定义为两个或者多个系统交换信息并相互使用已交换信息的能力,即一个系统接收和处理另一个软件系统发送信息的能力。它反映了一个系统是否易于与其他软件系统快速连接,是衡量软件质量的一个重要指标。

　　美国大学地理信息科学研究会(University Consortium for Geographic Information Science,UCGIS)认为,互操作通常指自底向上将已有系统和应用集成在一起,不是简单地集成而是系统地组合,它需要多种 DBMS 和应用程序的支撑。

　　国际标准化组织地理信息技术委员会(ISO/TC 211)认为,如果两个实体 X 和 Y 能够相互操作,则 X 和 Y 对处理的请求 Ri 具有共同的理解,并且如果 X 向 Y 提出处理请求 Ri,Y 能够对 Ri 做出正确的反应,并且将结果 Si 返回给 X。

　　开放性地理数据互操作规范(OGIS)给出的互操作定义是系统或者系统的构件的可扩展性,以及互相应用和协作处理的能力。

　　由以上不同组织对互操作的不同定义可以看出,互操作强调将具有不同数据结构和数据格式的软件系统集成在一起共同工作。地理信息系统互操作是指不同应用(包括软件、硬件)之间能够动态地相互调用,并且不同数据集之间有一个稳定的接口。地理信息系统互操作在不同的情况下具有不同的侧重点:强调软件功能模块之间相互调用的时候称为软件互操作;强调数据集之间相互透明地访问的时候称为数据互操作;强调信息的共享、在一定语义约束下的互操作称为语义互操作。

　　地理信息系统互操作的层次结构可归纳为技术层、应用层和企业层三个层次。

　　(1)技术层的互操作,是数据库和地理信息系统层次上实现不同系统之间数据的互操作。地理信息系统的互操作不仅仅是数据的互操作,更应该是语义及含义上的互操作,即客户对数据和处理资源方法的访问是实时的,并且所获得的结果是可预测的。

　　(2)应用层的互操作,是指地理信息系统互操作应强调在语义层次上的互操作。

　　(3)企业层的互操作,是地理信息系统最高层次的互操作,实际上是通常所称的信息共享,包括企业之间和部门之间在互联网上的互操作,涉及政策、法规、经济等因素。

2. 空间数据互操作

由 GIS 互操作的概念可知,空间数据互操作只是 GIS 互操作技术层面上的主要内容之一。空间数据互操作是在异构数据库和分布计算的情况下出现的,指通过规范接口自由处理所有种类空间数据的能力和在 GIS 软件平台通过网络处理空间数据的能力。空间数据互操作强调空间数据集之间相互透明的访问,其目标就是简单、透明、开放、统一地交换空间数据。

数据转换方法仅仅是从数据转换角度考虑共享,它是基于文件级的共享,仅能用于数据的集成,不能实现地理空间数据要素级的实时共享,因此还不能实现真正的互操作。与数据转换相比,互操作不仅是对数据的集成,还是对处理过程的集成,实现在更高层次上不同系统、环境之间的互相合作,从而为空间数据集中式管理和分布存储与共享提供操作的依据。

3. 空间数据互操作方法

空间数据互操作的方法主要有两种。

1)基于直接访问模式的互操作方法

直接访问是指在一个 GIS 软件中实现对其他软件数据格式的直接访问,用户可以使用单个 GIS 软件存取多种数据格式。直接数据访问不但避免了烦琐的数据转换,而且在一个 GIS 软件中访问某种软件的数据格式不再要求用户拥有该数据格式的宿主软件,更不需要运行该软件。直接数据访问提供了一种更为经济实用的多源数据共享模式。

2)基于开放式地理信息系统的互操作方法

为了使不同的地理信息系统之间能够实现互操作,最理想的方法是通过公共接口来实现。接口相当于一种规范,是大家都遵守并且达成一致的统一标准。在接口中不仅要考虑数据格式、数据处理,还要提供数据处理应该采用的协议。各系统通过公共接口相互联系,而且允许各系统内部数据结构和数据模型互不相同,这正是多年来 ISO/TC 211 和 OGC 所追求的目标。

6.2　基于格式转换的空间数据共享方法

6.2.1　基于公开数据格式的数据转换方法

1. 转换方法

基于格式转换的空间数据共享方法是通过数据转换工具将一种格式的数据转换为另一种格式的数据,以此来实现 GIS 的数据集成,可分为直接数据转换和中间格式转换。直接数据转换是将一种格式的数据借助转换工具转换为另一种内部格式的数据,这种转换是单向、不可逆的。也就是说,转换后的数据不能在前一系统中使用,需要再次转换才能使用。中间格式转换是将一种系统内部格式的数据通过数据转换工具转换为几种重要的空间数据交换格式的数据。

起初,空间数据在 GIS 等系统中存储为系统内部的自定义格式,一般不对外共享,但随着GIS 应用领域扩大,GIS 软件系统逐步增多,不同 GIS 之间的空间数据共享的需求逐步增加。GIS 软件通常定义一种外部数据交换格式,通过这些自定义的外部数据交换格式与其他系统实现空间数据的转换,如 Esri 公司软件中的 E00 格式、MapInfo 的 MIF 格式以及数字交换格式 DXF 等。外部数据格式实质上起到数据桥梁的作用,通过这个桥梁可以实现软件之间的数据转换。应该看到,在单机环境下用数据转换的方法实现数据共享有明显的优势,如可以快速、准确地实现用户的需要,达到数据共享的目的。用户甚至可以在系统内设置有关的转换参数,对海量 GIS 数据进行批量转换。从技术实现的难度来讲,用户只需要做一些有限的参数设置就可以达到自己的目的,转换过程不需要用户干预。但是,由于不同的 GIS 软件数据模型不同,对地理实体的描述也不一致,因而转换后的数据不能准确地表达源数据的信息,空间数据转换容易造成数据信息丢失,有时还会造成空间数据精度损失等。

基于格式转换的空间数据共享方法解决了不同 GIS 软件之间空间数据的转换问题,但并不是一种最佳方案。它仅仅是从数据转换角度考虑共享,是基于文件级的共享,仅能用于数据的集成,不能实现要素级的实时共享,因此还不能实现真正的互操作。一方面,软件 A 中的数据转换到软件 B 使用可能要经过两次转换,因而耗费大量人力、物力。另一方面,由于缺乏对空间对象统一的描述方法,不同数据格式描述空间对象时采用的数据模型不同,因而转换后不能完全准确地表达源数据的信息,经常造成一些信息丢失,而且通过外部数据转换难以做到空间数据的实时更新和保持数据的一致性。

2. 基于 Shapefile 的数据转换示例

Shapefile 是 Esri 研制的文件系统格式文件,是工业标准的矢量数据文件。Shapefile 将空间特征表中的非拓扑几何对象和属性信息存储在数据集中,将空间特征表中的几何对象存储为以坐标点集表示的图形文件,不含拓扑数据结构。一个 Shapefile 包括三个文件,分别为一个坐标文件(＊.shp)、一个索引文件(＊.shx)和一个属性文件(＊.dbf)。坐标文件是一个直接存取、变长度记录的文件,其中每条记录描述构成一个地理特征的所有坐标值。在索引文件中,每条记录包含对应于主文件记录距离主文件头的偏移量,属性文件包含坐标文件中每一个地理特征的特征属性,表中几何记录和属性数据之间的一一对应关系是基于记录数目的 ID 的。属性文件中的属性记录必须与主文件中的记录顺序相同。图形数据和属性数据通过 ID 建立一一对应的关系。

1)数据模型

如图 6.1 所示,软件 ArcGIS 与 QGIS 之间通过 Shapefile 进行数据交换,数据转换的实质是在解析 Shapefile 数据(文件)结构的基础上进行数据模型转换,对 Shapefile 的文件组织结构进行深入分析,并通过开发程序接口进行数据读取,然后基于读取的 Shapefile 数据再建立 QGIS 新数据模型。

2)坐标数据

Shapefile 中坐标文件(＊.shp)由固定长度的文件头和若干变长度的数据记录组成。其中文件头共 100 字节,有 9 个整型(integer)和 7 个双精度浮点型(double)数据,主要包括文件长度、数据类型、数据范围等。数据记录包括记录头和记录内容,而变长度的数据记录是由固定长度的记录头和变长度记录内容组成。记录头的内容包括记录号(record number)和坐标记录长度(content length)两个记录项,Shapefile 中的记录号都是从 1 开始的,坐标记录长度是按 16 位字长来衡量的。记录内容包括目标的几何类型(shape type)和具体的坐标记录 (X,Y)。因要素几何类型的不同,记录的具体的内容和格式都有所不同。记录主要包括空坐标记录、点记录、线记录和多边形记录等。

3)属性数据

属性文件(＊.dbf)用于记录属性信息。它是一个标准的 DBF 文件,也是由文件头和实体信息两部分构成。文件头的长度是不定的,主要对 DBF 文件做一些总体说明,其中最主要的是对 DBF 文件的记录项的信息进行详细的描述,如对每个记录项的名称、数据类型、长度等信息都有具体的说明。属性文件的实体信息就是一条条属性记录,每条记录由若干个记录项构成,因此只要依次循环读取每条记录就可以了。

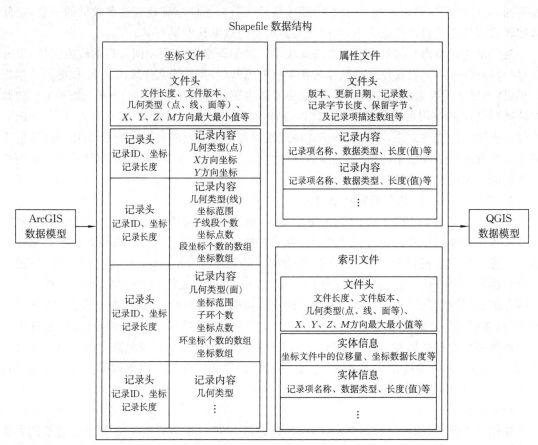

图 6.1 基于 Shapefile 的数据转换

4)索引数据

索引文件(∗.shx)主要包含坐标文件(∗.shp)的索引信息,文件中的每条记录包含对应目标在坐标文件的文件头的存储位置偏移量。通过索引文件可以很方便地在坐标文件中找到指定目标的坐标信息。索引文件也是由文件头和实体信息两部分构成的。文件头是一个长度固定(100 字节)的记录段,其内容与坐标文件的文件头基本一致。实体信息以记录为基本单位,每一条记录包括偏移量(offset)和记录段长度(content length)两个记录项。

6.2.2 基于数据交换标准的数据转换方法

1. 转换方法

基于标准的空间数据交换格式在多种地理信息系统间具有较好的共享性。为了规范和统一,许多国家和行业部门制定了自己的外部数据文件交换标准,要求在一个国家或一个部门采用公共的数据交换格式,如美国的 DLG 和 STDS、澳大利亚的 ASDTS、英国的 NTF、北约的 DIGEST,中国的 CSTDF 等。除此之外,有些公司还开发了专门的地理空间数据转换软件。

空间数据标准化的举措在很大程度上推动了空间数据的共享和互操作。

由于标准化的规范不同,所以 GIS 标准格式数据的接口和转换无法同步实现,而且随着各种各样标准的出现,数据标准化已失去了原来的意义。不同国家和地区制定的标准互不兼容的情况普遍存在,标准间仍然存在地理模型和数据结构性差异的问题。现在的空间数据标准化只能做到在某个特定的行业或国家实现空间数据共享,而无法实现基于地理空间概念的数据共享与互操作。

2.我国地理空间数据交换格式示例

《地理空间数据交换格式》(GB/T 17798—2007)是我国制定的地理空间数据交换格式,包括矢量和栅格两种空间数据的交换格式。其主要特点是:①采用文本格式的明码文件,方便不同系统间的数据交换和查看;②空间矢量数据按要素层进行分类组织,要素层是具有相同几何类型(点、线、面、注记等)且代表同一类地理对象的实体集合;③空间数据之间可以有显性拓扑关系,也可以没有拓扑关系;④一个文件能包含多个要素层,并且可以是不同的几何注记类型,如点状地物、线状地物、地类块、地名注记等,可同时存放在一个文件中;⑤同时可以兼顾二维和三维坐标的地理要素对象;⑥空间对象同时可带有属性数据,属性数据和图形数据都存放在数据交换文件中,不同的要素层拥有不同的属性数据结构,属性数据通过目标标识符与几何数据关联。

与 DXF、E00 等交换格式相比,该交换格式兼顾了空间(几何)数据和属性数据的统一组织,同时考虑了多种几何类型,尽可能避免了空间数据的属性或几何信息的丢失。同时,将交换格式改为文本格式,易于解析和交换。

该交换格式考虑了零维空间对象(点)、一维空间对象(线)、二维空间对象(面)、三维空间对象(体)、注记对象和聚合对象。空间对象由几何数据、属性数据、拓扑数据、图形表现数据组成,通过标识符关联。几何数据属于同一坐标参考系统,并在文件头中进行说明。注记对象的几何数据类型包括单点和多点,注记内容作为注记对象的一部分进行记录。二维、三维空间对象的标识点作为空间对象的一部分进行记录。

(1)几何数据。该交换格式的几何数据类型分为点、线、面、体和聚合对象五类。点状要素有四种,分别是独立点、节点、有向点和点簇。线状要素、面状要素和体状要素的几何数据可以用直接坐标或间接坐标表示。直接坐标可以包括用于描述图形的参数。一个线对象由一个或多个线段组成。一个面对象由一个或多个圈组成。聚合对象是多个空间对象组成的聚合。

(2)属性数据。几何数据和属性数据通过对象标识符关联,即具有相同对象标识符的几何数据和属性数据是对同一空间对象的描述。空间对象的对象标识符必须为大于 0 的整数,并在同一文档中是唯一的对象标识符。任一空间对象采用的属性数据结构可通过在空间对象上添加要素类型编码来说明。

(3)文件组成。矢量数据交换文件由八部分组成:第一部分为文件头,说明数据的基本特征,如数据范围、坐标维数、比例尺等;第二部分为要素类型参数;第三部分为属性数据结构;第四部分为几何数据;第五部分为注记;第六部分为拓扑数据;第七部分为属性数据;第八部分为图形表现数据。矢量数据交换文件格式如下:

〈矢量数据交换格式〉::=〈文件头〉〈要素类型参数〉〈属性数据结构〉〈几何数据〉〈注记〉

〈拓扑数据〉〈属性数据〉〈图形表现数据〉

其中,每一部分表示一个数据段,分别以"Begin"和"End"表示数据段的起始位置和结束位置。

数据段内的格式是严格的,但可以在文件中增加数据段以自行扩展用户需要的数据,或使应用程序兼容不同版本的格式标准。要素类型参数以 FeatureCodeBegin 开始,以 FeatureCodeEnd 结束,示例格式及内容的详细解释参见《地理空间数据交换格式》,具体如下:

　〈要素类型参数〉::=FeatureCodeBegin〈CR〉{〈要素类型编码〉,〈要素类型名称〉,〈几何类型〉,
　　　　　　　〈属性表名〉{〈,用户项〉}。°〈CR〉}。° FeatureCodeEnd〈CR〉

其中,〈要素类型名称〉::=〈字符串〉;〈几何类型〉::= Point | Line | Polygon | Solid | Annotation,同一要素类型必须具有相同的几何类型,该格式支持的几何类型分别是点(Point)、线(Line)、面(Polygon)、体(Solid)和注记(Annotation);〈属性表名〉::=〔〈标识符〉〕,空表名表示没有属性表;〈用户项〉::=〈字符串〉,〈字符串〉中不能含有逗号(,)。

　　(4)文件组织方式。数据以文本格式存储在一个文件中,或根据《地理空间数据交换格式》附录 B 规定的模式以可扩展标记语言(extensible markup language,XML)形式存储在一个文件中。

6.2.3　基于语义映射的数据转换方法

1. 转换方法

　　基于语义转换技术的数据共享是指允许用户在数据转换过程中重新构造数据,利用语义映射提取源数据中的内容,以解决同构转换方式存在的问题。基于语义映射的空间数据转换主要包括:①数据模型的描述,包括要素的表达方式,如坐标记录方式、属性记录、要素之间的联系等;②要素类型的定义,如点、线、面、圆等;③模型之间的映射,即模型间要素的对应关系;④转换规则,即在模型映射的基础上,为实现数据转换而对源数据进行的各种空间操作。

　　实现基于语义转换的数据共享,可减少提供者和用户所需的工作量,节省数据管理费用。当系统间数据模型存在极大的语义差异时,这种共享方法的优势更加突出。但是目前并不支持对所有几何实体的描述,因此难以保证几何图形的一致性。

　　由于不同地理信息系统中空间对象的建模和表现方式不同,依赖公开数据格式或数据交换标准进行数据结构解析和数据转换往往会造成属性信息丢失、几何数据变形、空间关系表达错误或丢失等问题。数据转换的工作量和难度也取决于数据交换格式的复杂度,且与数据交换格式的版本密切相关。因此,需要探讨一种更高层次的、开放式的数据交换方式,于是出现了基于语义规则、开放转换引擎(工具)等的数据转换方法。

　　基于语义规则的数据转换方法的基本内容包括源数据与目标数据的模型映射、关系映射、坐标映射、表达映射、转换规则,以及实现这些映射或转换的工具等,如图 6.2 所示。其中,模型映射包括源数据与目标数据的要素类型定义(如点、线、面等)、要素几何与属性信息、要素组合关系等转换或对应关系;关系映射指拓扑关系等的构建或对应关系;坐标映射包括几何

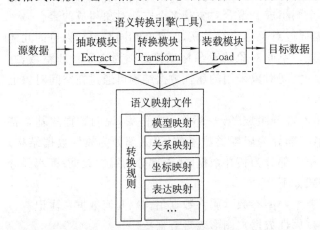

图 6.2　基于语义规则的数据转换方法

坐标系统到地理坐标系统、地理坐标系统到地理坐标系统之间的转换或对应关系等;表达映射包括数据表达的符号、颜色、字体等模型的对应关系;转换规则包括空间操作、转换操作等。

2. FME 空间数据转换系统示例

FME(feature manipulation engine)是加拿大 Safe Software 公司开发的空间数据转换系统,它是完整的空间抽取、转换、装载(extract transformation load,ETL)方法,该方法基于语义转换,实现了可定制的多元空间数据间的提取、转换和处理,为进行高效率、高质量、多需求的数据转换提供了优质解决方案。FME 能实现各类 GIS 及 CAD 格式的数据相互转换。以 FME 为中心实现了超过 100 种 GIS 及 CAD 空间数据格式的相互转换,如 DWG、DXF、DGN、ArcInfo Coverage、Shapefile、ArcSDE、Oracle SDO 等。FME 不是简单的从一种格式到另一种格式的转换,更核心的是 FME 实现了语义转换(宽通道转换)。它的重点是按照最终用户或系统的要求改变数据的视图,完全在一种通用格式上工作,注重提供各种模块来帮助用户操纵数据并转换为需要的形式,其中格式的改变只是数据转换过程中的极小部分工作。语义转换提供了一个引擎,能够分别对输入或输出数据重新进行定义。支持这个引擎的是 FME 所提供的一个非常丰富的数据模型,它比各种专用格式所支持的数据模型要更丰富,并且具有内部的一致性和扩展性,从而实现很高程度上的数据重新定义。FME 的转换分类(Transformer Categories)在转换函数库窗口中可以搜索自己所需的转换函数,转换分类是按函数的应用及功能进行的以组为单位的分类,以便于进行搜索,包含三维操作(3D)、计算操作(Calculators)、集合操作(Collectors)、数据库操作(Database)、过滤操作(Filters)、图形操作(Geometric Operators)、线型参照操作(Linear Referencing)、列表操作(Lists)、编辑操作(Manipulators)、栅格操作(Rasters)、字符串操作(Strings)、表面操作(Surfaces)、Web 服务操作(Web Services)、工作流操作(Workflow)、可扩展标记语言操作(XML)等分类。

6.3　基于互操作的空间数据共享方法

6.3.1　基于直接访问模式的互操作方法

基于直接访问模式的互操作方法是指在一个地理信息软件中实现对其他软件数据格式的直接访问,用户可以使用单个软件访问、存取多种数据格式。例如,GeoMedia 系列软件实现了对大多数 GIS 和 CAD 软件数据格式的直接访问,包括 MGE、ArcGIS、Frame、Oracle Spatial、SQL Server、Access MDB 等。再如,SuperMap 也可对不同地理信息数据格式直接访问。

直接存取方法本质上也属于数据转换方法。地理信息系统对不属于本系统格式的空间数据进行直接读取时,事实上也存在一个数据转换的过程。因此,用这种方式实现数据共享也包含数据转换的一些弊病。直接存取方法在实现时会出现空间数据丢失、精度损失和数据表达歧义性的情况。

空间数据格式开放的程度不同,会使直接存取方法出现一些特殊的和不可克服的弊病。例如,对于地理信息软件升级的情况,通常会对空间数据格式进行修改,而且有时这种升级是全方位的,系统会对空间数据结构做一些彻底的、根本性的修改。这时基于直接读取方式的数据共享方式就显得无能为力,系统必须重写已经实现的数据存取模块。例如,Bentley 公司对

MicroStation 8 的 DGN 文件格式进行了大幅度修改,如果有用户实现了该版本以前的 DGN 格式数据共享,那么现在就只能重写相应模块才能实现。如果升级后的 DGN 格式不公开,基于此平台的数据就几乎不能实现互访,而破译对方的格式时,除了破译的完全程度值得考虑外,还会有知识产权的纠纷。

　　直接访问是指在一个地理信息软件中实现对其他软件数据格式的直接访问,用户可以使用单个地理信息软件存取多种数据格式。直接访问不但避免了烦琐的数据转换,而且在一个地理信息软件中访问某种软件的数据格式不再要求用户拥有该数据格式的宿主软件,更不需要运行该软件。直接访问提供了一种更为经济实用的多源数据共享模式(龚健雅 等,2004)。

　　直接访问同样要建立在对要访问的数据格式充分了解的基础上,如果要访问的数据格式不公开,就必须破译该格式,还要保证破译完全正确,这样才能真正与该格式的宿主软件实现数据共享。如果宿主软件的数据格式发生变化,各数据集成软件就不得不重新研究该宿主软件的数据格式,提供升级版本,而宿主软件的数据格式发生变化时往往不对外声明,这就会导致其他数据集成软件对于这种地理信息软件数据格式的数据处理存在滞后性。如果要实现每个地理信息软件都与其他 GIS 中的空间数据库进行互操作,则需要为每个地理信息软件开发读写不同地理信息空间数据库的接口函数,工作量非常大。但倘若能够得到读写其他地理信息空间数据库的 API 函数,则可以直接用 API 函数读取地理信息数据库中的数据,减少开发工作量。直接访问互操作模式如图 6.3、图 6.4 所示。

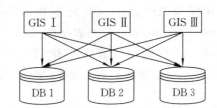

图 6.3　基于数据库接口的数据互操作模式

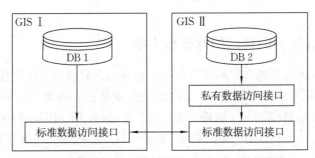

图 6.4　基于标准数据访问接口的数据互操作模式

　　直接访问方法的特点为:与数据转换方法相比,该方法的优点是不需要数据转换,减少了数据转换工具的开发。但该方法建立在充分了解空间数据格式的基础上,要求地理信息软件能够实现各种格式的访问接口,并要随之不断更新,软件开发工作量非常大,难以适应分布动态的网格环境。

6.3.2　基于公共接口访问模式的互操作方法

　　基于开放式空间数据访问接口的互操作方法的实现基础是 OGC 制定的 COM、CORBA、SQL 简单要素实现规范。该方法提供更高层次的空间数据互操作方式,优点是:可实现空间数据的互联互访,提高数据利用率;开放代码,允许用户采用新技术进行优化;面向对象的开发接口,降低应用层和提供者层的实现难度;支持跨平台应用,减少开发与维护工作量。

通过国际标准化组织技术委员会(如 ISO/TC 211)或技术联盟(如 OGC)制定空间数据互操作的接口规范,地理信息软件开发遵循这一接口规范的空间数据的读写函数,可以实现异构空间数据库的互操作。对于分布式环境下异构空间数据库的互操作,其规范可以分为两个层次:第一个层次是基于 COM、CORBA 标准实现的 API 函数、SQL 接口规范;第二个层次是基于 XML 的空间数据互操作实现规范。

但由于存在接口规范还不太成熟、不同规范(如 COM、CORBA 等)之间不兼容以及不能穿越防火墙等缺点,所以不能满足网格环境下分布异构的空间数据共享与互操作要求。

1. 基于 API 函数的空间数据互操作

通过制定统一的接口函数形式及参数,不同的地理信息软件之间可以直接读取对方的数据。它有两种实现途径:一种是地理信息软件的数据操纵接口直接采用标准化的接口函数;另一种是某个地理信息软件已经定义了自己的数据操纵函数接口,为了达到互操作的目的,在自己内部数据操纵函数的基础上,包装一个标准化的接口函数,也可达到异构数据库互操作的目的。基于 API 函数的接口是二进制的接口,效率高,但安全性差,并且实现困难。基于 API 函数的互操作效率较高,该方法一般用于部门级的局域网中。基于 API 函数的空间数据互操作的接口关系如图 6.5 所示。

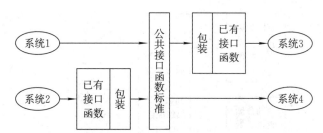

图 6.5　基于 API 函数的空间数据互操作的接口关系

2. 基于 CORBA 或 J2EE 体系结构的空间数据互操作方法

采用 CORBA 或 Java Bean 的中间件技术,基于公共 API 函数可以在因特网上实现互操作,而且容易实现三层体系结构或多层体系结构。该方法的实现方法与前面类似,但它增加了一个中间件,如图 6.6 所示。

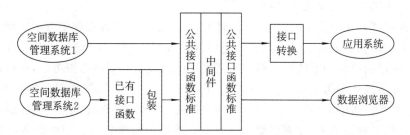

图 6.6　基于 CORBA 或 J2EE 体系结构的空间数据互操作的接口关系

3. 基于 Web 服务接口的互操作方法

1)基于 XML 的空间数据互操作

基于 XML 的空间数据互操作实现规范是关于数据流的规范,与函数接口的形式和软件

的组件接口无关。它遵循空间数据共享模型和空间对象的定义规范，即可用 XML 描述空间
对象的定义及具体表达形式，不同地理信息软件进行数据共享与操作时，将系统内部的空间数
据转换为公共接口描述规范的数据流（数据流的格式为 ASCII 码），另一系统读取这一数据流
进入主系统并显示。基于 XML 的互操作规范的实现方法有两种形式。一种形式是将一个数
据集全部转换为 XML 描述的数据格式，其他系统可以根据定义的规范读取这一数据集并导
入内部系统。这种方式类似于用空间数据转换标准进行数据集转换。另一种形式是实时读写
转换，由 XML 或采用简单对象访问协议（simple object access protocol，SOAP）引导和启动空
间数据读写与查询的组件，从空间数据库管理系统中实时读取空间对象，并将数据转换为用
XML 定义的公共接口描述规范的数据流，其他系统可以获取对象数据并进行实时查询，可以
达到实时在线数据共享与互操作的目的。基于 XML 互操作规范接口的数据流采用文本的
ASCII 码格式，容易理解和实现跨硬件和软件平台的互操作，可以用于空间信息分发服务和空
间信息移动服务等许多方面。目前基于 XML 的空间数据互操作是一个非常热门的研究方
向，涉及的概念很多，主要包括网络服务的相关技术。OGC 和 ISO/TC 211 共同推出了基于
网络服务的空间数据互操作实现规范，如网络地图服务（web map service，WMS）、网络要素服
务（web feature service，WFS）、网络覆盖服务（web coverage service，WCS）以及用于空间数据
传输与转换的地理标记语言（geography markup language，GML）。基于 XML 的空间数据互
操作实现方法如图 6.7 所示。

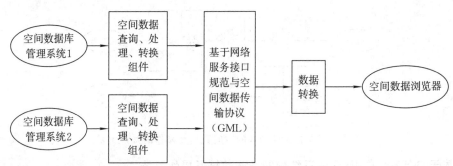

图 6.7　基于 XML 的空间数据互操作实现方法

　　基于 XML 的互操作适应性较为广泛，但效率较低，一般用于跨部门、跨行业、跨地区的互
联网中。

2）基于网络服务的空间数据互操作

　　网络服务是部署在网络上的对象（或组件）以一种松散的服务捆绑集成形式动态地创建网
络应用的服务。该服务的最大特点是能够统一封装数据、消息、行为等，且无须考虑应用所在
的环境（包括使用的设备和系统）。特别是，当某网络应用包装成网络服务后，就可以进行相应
的网络发布、发现或动态绑定等动作。网络服务涉及三个实体（即网络服务提供者、网络服务
使用者、网络服务注册中心）和三个操作（即网络服务的发布、发现、绑定）。网络服务提供者是
网络服务的制作者和拥有者，在网络服务注册中心通过发布操作将其网络服务提供给互联网
用户；网络服务使用者可向网络服务提供者发送 SOAP 消息以获得服务；网络服务注册中心
提供发布网络服务的场所，并为使用者提供网络服务的功能。

　　利用网络服务可以彻底解决资源建设中的"信息孤岛"问题，充分实现资源信息的共享与
互操作。网络服务系列技术是架构在 XML 技术的基础上，为在平台层解决应用层集成所不

可避免的问题而提出的开放式的技术构架。网络服务完全屏蔽了不同软件平台的差异,无论是 CORBA、DCOM,还是 EJB 都可以通过这种标准协议进行互操作,实现了在当前环境下最高的可集成性;它也支撑软件现存的底层结构,为实现 GIS 集成与共享提供了一种全新的机制。依靠网络服务,通过松散的应用集成,能够实时地访问不同部门、不同应用、不同平台和不同系统的信息。

　　基于网络服务的空间数据互操作方法解决了网络服务层对数据共享的需求(图 6.8),但数据访问接口需要按照统一的 OGC 等标准实现,因此,该方法很难满足底层应用的海量数据处理的需求。

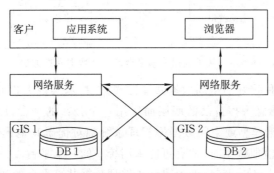

图 6.8　基于网络服务的空间数据互操作实现方法

6.4　基于数据共享平台的空间数据共享方法

6.4.1　数据共享平台及实现方法

　　随着地理信息技术的快速发展及应用,空间数据共享成为一种必然要求,只有真正实现跨行业、跨部门的空间数据共享,才能充分有效利用现有的空间数据资源。前文介绍的基于格式转换和基于互操作的空间数据共享方法,一般应用于单位内部、局部区域内或少量单位之间的数据共享,不适用于全球或大范围数据共享的需求,因此建立跨行业、跨部门的数据共享平台是实现大范围空间数据共享的有效途径。通过数据共享平台可以实现多源异构空间数据的共享与交换,进而有效解决信息孤岛问题。数据共享平台实际上是空间数据管理与共享的软件系统,是可实现国家、省、市、县多级纵向贯通和跨行业、跨部门横向连接的分布式系统。其与一般的地理信息服务平台(如天地图等)的区别在于,数据共享平台可集成各类地理空间数据,具备空间数据管理、共享与交换功能。

　　基于数据共享平台的空间数据共享方法(图 6.9)是所有相关的数据管理与应用部门都使用的一个空间数据库管理系统。一般数据共享平台采用客户与服务器模式的技术架构,即client/server(简称 C/S)或 browser/server(简称 B/S)。数据部署在服务器端,可以采用集中式或分布式存储,在逻辑上集中管理,通过服务器端的数据服务功能或数据访问接口对外实现数据共享与交换服务。不同的 GIS 或应用系统均可以通过空间数据共享平台的客户端软件、数据服务接口或前置数据库服务器访问空间数据共享平台中的数据,或向空间数据共享平台上传数据,实现软件系统之间的数据共享与交换。这种共享方法的优点是:①数据统一组织管理,保证了地理信息平台软件或应用系统间数据的一致性;②通过数据共享平台实现了系统之间的数据共享与交换,解决了系统的"信息孤岛"问题;③数据共享平台的数据管理与服务功能实现了数据应用与交换的透明化,减少了数据应用方对数据的维护工作;④数据共享平台可对用户访问权限进行设置,满足多样化的数据共享与交换需求。

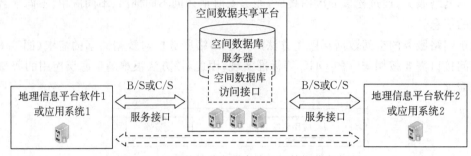

图 6.9　基于数据共享平台的空间数据共享方法

数据共享平台是一种较好的空间数据共享方式,在技术实现上也并不困难。但现在市场上许多 GIS 软件,都不愿意丢掉自己的底层而采用一个公共的平台,因此只有发展到当某个GIS 软件的底层空间数据模型或空间数据库管理系统绝对优于其他模型或系统,且这一服务器又管理着大量的基础地理数据时,才有可能采用统一的共享平台。另外,一些地理数据具有一定的位置敏感性等特点,在一定程度上限制了地理数据共享平台的建设和应用。

6.4.2　国内外数据共享平台建设

由于空间数据集成和共享对于数据的相关应用非常必要,因此许多国内外机构均构建了相应的空间数据基础设施服务系统。加拿大地理空间数据基础设施(Canadian geospatial data infrastructure,CGDI)是一组数据、服务和应用系统,通过数据、服务和应用得以共享、交换和使用分布式地理空间信息。它使人们很容易发现、分享和使用加拿大地理空间信息和服务。在对数据的集成管理中,CGDI 提供了集成数据源和网络服务的接口,用户可以通过该系统的发布向导集成管理数据或者发布服务。用户通过 CGDI 提供的接口发布数据或者服务时,系统将用户的数据拷贝到系统中,然后进行统一的管理和统一的服务发布。

美国联邦地理数据委员会(Federal Geographic Data Committee,FGDC)通过在线门户协调地理数据、地图和在线服务的共享。该共享平台提供了一套管理良好、高度可用且受信任的地理空间数据、服务和应用程序,供联邦机构及州、地方、部门和区域合作伙伴使用,以满足其任务需求和国家更广泛的需求。该共享平台侧重于网络应用程序,这些应用程序可促进参与式信息共享、互操作性、以用户为中心的设计和网络上的协作。该共享平台是连接国家空间数据基础设施(National Spatial Data Infrastructure,NSDI)战略计划和推进 NSDI 建设目标的关键组成部分。平台上提供的数据、应用程序和服务组合通过使用开放许可证和仔细审查进行管理,并托管在云基础架构上,从而最大限度地提高地理空间互操作性。该共享平台主要提供的服务包括:①数据服务,平台提供可信的、全国一致的、权威的及基于地理的社会、经济、环境和其他数据,以便进行信息理解和辅助决策;②应用程序和工具服务,平台提供一套应用程序和工具,用于集成、综合、分析、解决问题和可视化地理数据,以提升理解和决策;③共享服务,平台提供共享托管基础结构,允许机构以低成本在安全的云计算环境中发布其地理空间数据、应用程序和工具。

　　我国也开展了大量空间数据交换与共享平台建设的工作。2013 年浙江省建成了全国首个省级地理空间数据交换和共享平台,该平台被国家发展和改革委员会、原国家测绘地理信息局列为国家空间信息基础设施建设的试点工程。随后,各省市逐步围绕地理空间框架开展了地理空间数据交换与共享平台的建设工作。国家地球系统科学数据中心围绕地球系统科学与全球变化领域科技创新、国家重大需求与区域可持续发展,依托中国科学院地理科学与资源研究所共享共建 20 余年,率先开展国家科技计划项目数据汇交,形成国内规模最大的地球系统科学综合数据库群,已建成涵盖大气圈、水圈、冰冻圈、岩石圈、陆地表层、海洋以及外层空间的 18 个一级学科的地球系统科学数据库群,建立了面向全球变化及应对、生态修复与环境保护、重大自然灾害监测与防范、自然资源(水、土、气、生、矿产、能源等)开发利用、地球观测与导航等多学科领域主题数据库 115 个,数据资源总量超过 2.0 PB。这些数据共享与交换平台,在很大程度上提升了地理空间数据的使用效率,推动了地理空间数据的网络化共享和社会化服务。

6.5　空间数据共享与互操作的相关标准

　　国际标准化组织在标准化指南《标准化基本术语》中对标准化的定义是:主要是对科学、技术与经济领域内重复应用的问题给出解决办法的活动,其目的在于获取最佳秩序。由地理信息标准的定义、内涵和外延来看,地理信息标准就具有共享的意义,标准规定的适用范围就是地理信息共享的范围。这就是说,地理信息标准是实现地理信息共享的重要的支撑条件之一。因此,国内外的标准化组织对地理信息标准化都给予了高度的关注和重视,并在研究和制定地理信息标准方面取得了重要的进展和成就。

6.5.1　CSBTS/TC 230

　　我国对地理信息技术标准非常重视,为了加速我国地理信息标准化的进程,与国际地理信息标准接轨,1997 年 12 月成立了全国地理信息标准化技术委员会,其主要任务是:
　　(1)提出地理信息标准化的方针、政策、和技术措施。
　　(2)提出制定、修订地理信息国家标准和行业标准的规划与年度计划。
　　(3)负责解释和宣传贯彻地理信息国家标准。
　　(4)对已颁布标准的贯彻实施情况进行调查和分析,提出奖励项目建议。
　　(5)授权可对地理信息标准范围内产品和服务进行质量评估。
　　(6)开展地理信息标准的学术交流和培训。
　　(7)开展与 ISO/TC 211 业务联系和国际标准的采标工作。
　　(8)承担上级部门交办的与地理信息有关的其他事宜。
　　为推动地理信息标准的研究和立项工作,全国地理信息标准化技术委员会下设六个工作组:总体组,地理信息数据、产品与更新工作组,地理信息共享与管理工作组,地理信息服务工作组,电子政务地理信息工作组和 ISO/TC 211 标准专家咨询专家组。每个工作组由科研机构、大专院校和生产企业的专家组成。
　　多年来,我国在没有地理信息领域国际标准的情况下,依靠自身的力量,以测绘技术标准和信息技术标准为基础,深入研究并制定了许多数字地理信息技术标准,引导和促进了中国的地理信息技术和地理信息产业的发展。特别是,自 1996 年,ISO/TC 211 建立和开展活动以来,我国积极参与国际地理信息标准化活动,认真研制、推广和采用地理信息国际标准,取得了非常多的成果,有效推动了我国地理信息标准与国际接轨。在地理信息技术标准的制定、修订和发布方面,发布了包括地理基础、空间数据产品/分类代码及图式、空间数据获取与处理、空间数据管理、空间数据库系统、空间数据质量控制、空间数据分发与服务等相关的国家及行业标准 228 项,具体如表 6.1 所示。

表 6.1 我国数字地理信息标准

类别	国家标准数量	行业标准数量
基础标准	28	5
地球空间数据产品、分类代码及图式	34	21
地球空间数据获取与处理标准	55	67
地球空间数据管理标准	0	0
地球空间数据库系统标准	2	0
地球空间数据质量控制标准	3	7
地球空间数据分发与服务标准	5	1
总计	127	101

6.5.2 ISO/TC 211 的地理信息国际标准

ISO/TC 211 专门负责地理信息标准的研究和制定。ISO/TC 是全球 130 多个国家的标准团体联盟,通过下设的各个技术委员会进行标准研制。国际标准化组织根据地理信息产业化的实际需要,在 1994 年 3 月召开的技术局会议上,专门成立了地理信息技术委员会(即 ISO/TC211),先后与 22 个国际组织、11 个 ISO 的其他技术委员会、分委会或工作组建立了外部或内部合作关系。

自 ISO/TC 211 成立至今,共设立 9 个工作组,随着工作的进展,第 1、第 2、第 3、第 5 工作组已完成任务,从而被撤销,现在还有 5 个工作组(第 4、第 6、第 7、第 8、第 9 工作组)分别负责地理信息服务、图像、信息团体、基于位置的服务和信息管理等方面的地理信息标准的起草工作,另外还有 6 个特别工作组负责标准的研究策略和质量等方面的工作。为了瞄准地理信息标准化的方向,研究地理信息发展的趋势,确定 ISO 地理信息/地球信息技术委员会的战略及策略,设立了由各国家团体代表团团长及主要专家组成的战略方向顾问组,其主要职责是帮助该委员会秘书和主席制订地理信息标准工作计划,确定地理信息标准化的战略方向,不断提出新项目建议,如影像与栅格相关标准、从业人员资格认证、数据产品规范、基于位置服务等。此外,还设立了基于位置服务顾问组和注册登记顾问组,分别对相关的标准进行正式立项前的预研究,提出新项目建议,保证新项目能顺利制定。

ISO/TC 211 的工作范围是:促进数字地理信息领域的标准化,为直接或间接与地表位置相关的信息(地理信息)建立一组结构化的标准;规范地理信息数据管理的方法和工具;定义和描述获取、处理、分析、存取、表达的地理数据;按数字或电子形式在不同用户之间、不同系统之间和不同地点之间实现数据转换和提供数据共享服务;与信息技术领域现有数据标准相关联,从而为地理数据专门领域的应用发展提供一个框架。

ISO/TC 211 的具体任务是:支持地理信息的理解和使用;增加地理信息的有效性、存储、集成和共享;为全球生态和人文学提出的问题提供统一的方法;使得局部的、地区的和全球的地理空间基础设施的建立更加容易;为可持续发展做出贡献。这些标准分为存储技术标准、数据内容标准、组织标准和教育标准四大类。

6.5.3　OGC 及 OpenGIS 规范

1. OGC 组织介绍

OGC(Open Geospatial Consortium)成立于 1994 年,是一个非营利性国际组织。OGC 属于论坛性国际标准化组织,以美国为中心,目前有 293 个来自不同国家和地区的积极成员,是一个由包括主要的 GIS 厂家、计算机厂商、数据库出售者、数据集成商、电信公司、数据库开发商、美国联邦机构、标准组织以及学术界(大学和实验室)等部门的代表组成,为实现地理信息的互操作而成立的政府与私人组织的联合体。

OGC 的目标是通过信息基础设施,把分布式计算、对象技术、中间件技术等用于地理信息处理,使地理空间数据和地理处理资源集成到主流的计算技术中。鉴于 OGC 所涉及问题的挑战性,地理信息与地理信息处理领域中的著名专家参与了 OGC 的互操作计划(interoperability program,IP)。该项计划的目标是提供一套综合的开放接口规范,以使软件开发商可以根据这些规范来编写互操作组件,从而满足互操作需求。OGC 制定的技术规范已被许多国家采用,它与其他地理数据处理标准组织有密切的协作关系,ISO/TC 211 就是其管理委员会成员之一。

OGC 致力于创造一种基于新技术的商业方式实现能进行互操作的地理信息数据的处理方法,利用通用的接口模板提供分布式访问(共享)地理数据和地理信息处理资源的软件框架。OGC 的使命是实现地理数据处理技术与最新的以开放系统、分布处理组件结构为基础的信息技术同步,推动地球科学数据处理领域和相关领域的开放式系统标准及技术的开发和利用。

2. OGC 标准

OGIS 已逐渐成为广泛认可的主流标准。美国联邦地理数据委员会(Federal Geographic Data Committee,FGDC)在 1994 年就计划引用 OGC 的 OGIS 实现国家空间数据基础设施工程,并于 1997 年正式开展地理信息数据处理互操作技术合作,实现网上地理信息数据和传播功能。OGC 的作用是将大多数 GIS 规范转化为软件系统下的信息编码(数据格式)、要素的命名特征和要素之间关系(数据字典)、描述数据构成的概要说明。最近 OGC 又推出一个参考模型,来反映其标准体系、相互关系和引用关系。

OGC 的主要任务是研制 OGIS,使分布式 GIS 具有在网络环境中透明地共享地理数据及处理资源的能力。OGC 提出的开放式地理数据互操作规范把传统集中式 GIS 推向了开放式GIS,把基于空间数据转换的数据共享推向了基于网络互操作规范的地理空间数据资源、地理信息系统和地理信息服务的全方位共享。地理数据互操作是指通过规范接口自由处理所有类地理数据的能力和在 GIS 软件平台通过网络处理地理数据的能力。与数据转换相比,互操作不仅是多数据的集成,还有对处理过程的集成,实现在更高层次上的异构系统、环境之间的互相合作。借此将 GIS 带入开放式 GIS 时代,从而为空间数据集中式管理和分布式存储与共享提供操作的依据,以实现 GIS 数据通用于任何网络、应用软件和硬件平台。

目前,OGC 在因特网上公布的标准有 30 多项,分为抽象规范和执行规范。抽象规范是为开放式 GIS 建立概念模型,提供 OGIS 的基本构架或参考模型方面的规范,并证明该模型可以用来生成实现规范。抽象规范包括两个模型：一是基本模型，它是对现实世界状况的基本描述，主要用来建立 GIS 软件或系统设计与现实世界之间的概念连接；二是抽象模型，它是抽象规范的实质，是对软件工作的描述，用来定义执行中间件方式中的最终软件系统，并为互操作问题提供执行中间件技术的成套"语言"。由 OGC 研究和制定的抽象规范（接口和协议）可为互联网、无线通信、基于地点的服务和主流信息技术等提供地理数据互操作的解决方案，以满足所有应用的需要。但是这些抽象规范只有通过编程进行测试、修改和完善才能成为可执行的规范。为此，OGC 在制定抽象规范的基础上，又研制了一系列可执行规范，以确保抽象规范建立的开放 GIS 互操作环境在现实中得以实现。

经过 OGC 几年努力，OGIS 已逐渐成熟，它提出的地理数据互操作技术被普遍接受并开始付诸实践。通过它可在不同 GIS 软件平台和网络环境中自由透明地处理任何地理信息数据，以实现地理信息数据处理互操作，这将为地理信息数据完全共享做出重要贡献。

6.5.4　其他国家或组织的标准

美国国家标准化组织（American National Standards Institute，ANSI）和 FGDC 是制定地理信息标准的两个主要部门。FGDC 的任务之一是美国国家地理空间数据标准的研究制定。多年来，FGDC 根据行政管理和预算局（Office of Management and Budget，OMB）A-16 号通告和 12906 号行政命令，其各分委会和工作组在与州、地区、地方、私营企业、非营利组织、学术界以及国际团体的不断协商和合作基础上研究出了关于内容、精度和地理空间数据转换等方面的标准，为支持美国国家空间数据基础设施（NSDI）的建设制定了一批有实用价值的国家地理空间数据标准。FGDC 已签署批准的地理空间数据标准有 20 项，已完成公开复审的标准有 6 项，待提交公开复审的标准有 1 项，草案研究阶段中的标准有 5 项，提案研究阶段中的标准有 6 项。国际海道测量组织（International Hydrographic Organization，IHO）制定了 DX90（S-57）标准系列，详细规定了数字海道测量数据生成的一系列标准。

国际制图协会（International Cartography Association，ICA）下设的四个技术委员会（空间数据转换委员会、元数据委员会、空间数据质量委员会和空间数据质量评价方法委员会）也参与了地理信息标准化的研究，还参与了 ISO/TC 211 标准的制定，空间数据标准委员会利用其国际联系广泛的优势，积极收集和研究各国的测绘和地理信息标准。

北大西洋公约组织、地理信息和测绘标准化组织也制定了一系列地理信息标准。近几年来，为了满足全球空间数据基础设施（Global Spatial Data Infrastructure，GSDI）、区域空间数据基础设施（Regional Spatial Data Infrastructure，RSDI）或国家空间数据基础设施（National Spatial Data Infrastructure，NSDI）的实施和信息共享需求而设立的一些国际、洲际组织，他们在地理信息标准化领域也很活跃。

加拿大测绘和地理信息标准主要由加拿大标准协会和加拿大标准总署下属的地理信息委员会（Canadian General Standards Board-Committee on Geomatics，CGSB-COG）负责制定。加拿大标准总署地理信息委员会是加拿大编制地理信息标准的国家级标准委员会。在 2001 年前后，该委员会就已经着手根据 ISO/TC 211 的基础标准探讨加拿大国家标准的实施方法。加拿大还开发了国家地形数据库，有自己的空间数据交换标准。此外，加拿大还拥有自己的地理空间数据基础设施（Canadian Geospatial Data Infrastructure，CGDI）。加拿大针对本国的国家地形数据库制定了若干标准，其重要目的之一是使本国地理信息数据库中的数据可以与美国商用软件互相转换。

澳大利亚空间基础设施地理信息标准由澳新土地信息委员会（Australian and New Zealand Land Information Council，ANZLIC）制定，其标准类型一般为国家标准。澳大利亚官方采用美国空间数据交换标准，较多地改编 ISO 和 FGDC 现有标准。此外，澳大利亚有 7 个数据字典规范，其空间数据字典（Australian Spatial Data Directory，ASDD）目前已拥有 35 000 多个数据实体。

新西兰除采用澳新土地信息委员会制定的标准外，其地形数据标准大约有 11 项。

英国推出了一个数字化国家框架（Digital National Framework，DNF）规范，并为 DNF 做了 10 项规则。该系列规范有规定 GML 格式的数据格式，包括 DNF 要素的分类和属性、DNF 专题类、DNF 要素的生命周期、几何和拓扑关系、GML 格式的 DNF 数据、DNF 术语、英国国家测绘局 DNF 要素描述、英国国家测绘局 DNF 几何拓扑、英国国家测绘局 DNF 查询结果、英国国家测绘局 DNF 简单类型，其中后四种格式是基于 XML 规定的。

日本在 2000 年 4 月制定的"国家产业技术战略（总体战略）"中提出，要最大限度地普及和应用技术开发成果的观点，把标准化作为通向新技术与市场的工具，深刻认识以标准化为目的研究开发的重要性。日本还规定要将科研人员参加标准化活动的水平作为个人业绩进行具体考核。目前，日本产业技术研究所、产品评价技术基础机构等科研单位的专家分别参加了日本工业标准调查会标准分会的各个专业委员会的标准化活动。在 1995 年，日本测量调查技术协会下面成立了国内委员会，其主要作用是参与 ISO/TC 211 制定国际标准。

思考题

1. 空间数据共享的概念是什么？
2. 空间数据互操作的概念是什么？
3. 空间数据共享方法包括哪些？
4. 空间数据互操作方法包括哪些？

第7章 空间数据仓库与数据挖掘

传统空间数据库面向具体的地理相关应用,并由日常的工作流程驱动,提供业务需求的空间查询和分析功能。随着地理信息技术的飞速发展,现已积累了大量历史的、现实的空间数据。如何充分利用这些数据,来解决诸如全球变化、可持续发展等复杂的自然和社会问题,成为一个迫在眉睫的难题。新的需求已经从查询更新等面向事务的操作型数据服务转向更为复杂和实用的面向决策支持的分析型数据服务。空间数据仓库就是为满足这种新的需求提出的空间信息集成方案。与空间数据库相比,空间数据仓库更加擅长大量数据的集成计算分析和跨地域时域的综合决策分析。

空间数据仓库和空间数据挖掘是相互影响、相互促进的。空间数据仓库为空间数据挖掘提供了海量的数据和高效的数据访问机制,而空间数据挖掘所获取的知识又可以为空间数据仓库提供更好的决策支持。二者要充分发挥潜力,就必须结合起来。

7.1 空间数据仓库基本概念

空间数据仓库是空间数据库和数据仓库技术相结合的产物。它在传统数据仓库的基本框架下,引入空间维和空间度量,增强了对空间数据的联机分析处理能力。它依据主题从多源空间数据库中抽取、转换和装载不同时空规模和尺度的数据,为空间数据挖掘和管理决策提供了一个综合的、面向分析的服务平台。然而,空间数据仓库绝不仅仅是在数据仓库上加一层"空间"的外衣,也不是空间数据库的简单集成。对内,它实现了对异源、异构、异质的现有空间数据库的统一集成和管理,在集成的过程中还通过加工使数据获得一定的增值;对外,它呈现多维数据视图,可根据服务需求对不同时空尺度下的数据进行综合性分析,最终得到用于辅助决策的有价值信息。

7.1.1 空间数据仓库及其特点

空间数据仓库是在数据仓库技术基础上发展起来的。因此,先简要介绍一下数据仓库的基本概念。

数据仓库是一个面向主题的、集成的、相对稳定的、反映历史变化的数据集合,用于支持海量数据的管理和决策制定。数据仓库是数据库系统发展到一定阶段的一种必然要求。从某种意义上讲,数据仓库可以称为大的数据库,只是按照不同的主题和技术来组织数据。数据仓库通过对现有数据的有效提取和对现有信息的充分利用,获得了新的知识,提高了应用的智能化水平,因此 IBM、Oracle、Sybase、Microsoft 等有实力的公司都相继推出了自己的数据仓库解决方案。目前,大部分数据仓库还是用关系数据库管理系统来管理的。数据仓库的出现,并不是要取代数据库,但二者还是有许多不一样的特点。表 7.1 给出了数据库与数据仓库的主要区别,即操作型数据与分析型数据之间的区别。

表 7.1　数据库与数据仓库的主要区别

区别项	数据库	数据仓库
数据内容	以当前的事务数据为主,记录细节信息,冗余较少	以历史数据为主,记录综合信息,冗余较多
数据状态	动态变化,实时更新	静态稳定,定期批量更新
数据结构	满足业务需要的各种复杂数据组织结构	多维数据立方体结构
数据操作	以记录为单元,频繁的事务型操作	以集合为单元,不频繁的启发式操作
响应要求	提供实时的快速响应	提供交互的响应,过程可能长达数小时
使用者	面向业务人员,提供信息支持	面向高层管理人员,提供决策支持

7.1.2　空间数据仓库的特点

与传统空间数据库相比较,空间数据仓库具有如下五个特点:

(1)空间数据仓库是面向空间的。任何事物在自然界中都有自己的空间位置,彼此之间有相互的空间关系,因此任何信息都有相应的空间标志。空间数据仓库具有空间维和空间度量,能够做各种复杂的空间分析,能够反映自然界不同时空尺度下的变化趋势,这是空间数据仓库最基本的特征。

(2)空间数据仓库是面向主题的。主题是一个在较高层次将数据归类的标准,是对各种专题性数据的高度整合。专题反映的是某一现象的内部特征的全体。数据的组织以主题内容为主线,对数据进行分类、加工、变换,从更高层次进行综合分析利用,具有知识性和综合性。每一个主题基本对应一个宏观的分析领域,如土地管理部门的空间数据仓库所组织的主题可以反映土地覆盖的变化趋势、土地利用的变化趋势等。

(3)空间数据仓库是集成的。集成是将一些孤立的事物或元素通过某种方式集中在一起,产生联系,从而构成一个有机整体的过程。空间数据仓库在网络环境下,对原有异地、异质、异构的各种面向特定领域应用的空间数据库、专题数据库和其他数据文件进行抽取和清理,完成从面向应用到面向主题的综合和转化,并在此基础上经过加工、汇总和整合,消除不一致性,实现数据的增值和统一。

(4)空间数据仓库具有数据持久性。空间数据仓库中的数据主要供决策分析之用,所涉及的数据操作主要是数据查询。数据经过加工和集成进入空间数据仓库后较少进行修改或根本不修改,通常只需要定期加载、更新。这些数据不是单纯的联机事务处理的数据,而是不同时间的空间数据库快照的集合和基于这些快照进行统计、综合和重组导入的数据,反映了一段相当长的时间内的数据内容,可用来实现趋势分析等特定功能。

(5)空间数据仓库是时变的。自然界是随着时间而演变的,事实上任何信息都具有相应的时间标志。空间数据的时态性很强,空间维和时间维是空间数据仓库管理空间数据的基础。

7.1.3　空间数据仓库的数据模型

空间数据仓库的数据模型包括逻辑模型和物理模型。

1. 逻辑模型

空间数据仓库需要对来自多个数据源的数据进行集成,它的逻辑模型采用了一种多维结构的数据视图,称为多维数据模型。多维数据模型是专为面向分析的需求提出的一种逻辑模型,它将数据组织成由维度和度量定义的多维立方体结构,允许从多维角度对数据进行建模和观察。维度是按一定分类规则描述事实且具有一定相似性的成员集合。把一个实体的多项重要属性定义为多个维度,能使数据仓库方便地汇总数据集,简化数据的处理逻辑。度量是一组描述某一维成员特征的数值。

　　与传统数据仓库的多维数据模型相比,空间数据仓库的多维数据结构至少包含了一个空间维度和空间度量。空间维和时间维是空间数据仓库反映现实世界动态变化的基础,也是空间数据仓库分析工具进行综合分析的基础。多维数据模型的构建直接影响数据存储的设计和分析效率,恰当的设计可以提升数据仓库的系统性能和查询效率。

　　目前,较常使用的多维数据模型有星形模型、雪花模型和混合模型。其中单一主题的空间数据仓库常采用星形模型,较为复杂的包含多个关联主题的空间数据仓库则需要使用混合模型。相比较而言,雪花模型不如另两种模型流行。在空间数据仓库系统中,利用几何维度表和几何属性维度表来表达空间数据。

2. 物理模型

　　与传统数据仓库相同,根据需求,空间数据仓库的物理存储方式主要可以分为以下两种:

　　(1) 多维联机分析处理(multidimensional online analytical processing, MOLAP)。MOLAP 以多维数据库为核心,以多维方式进行多维数据的存储和显示。在 MOLAP 方式下,用户通过客户端工具提交多维分析请求给联机分析处理(online analytical processing,OLAP)服务器,后者直接检索多维数据库并将多维视图返回给用户,中间不需要经历多维处理过程。

　　(2) 关系联机分析处理(relational online analytical processing,ROLAP)。ROLAP 以关系数据库为核心,采用关系型结构进行多维数据的存储和显示。ROLAP 将多维数据结构划分为事实表和维表两类,二者通过关系数据库的外码相互联系。使用维表和事实表以及它们之间的关联关系,就可以创建数据立方体。在 ROLAP 方式下,用户通过客户端工具提交多维分析请求给 OLAP 服务器,后者动态将这些请求转换成 SQL 语句执行,分析的结果经多维处理转化为多维视图返回给用户。

　　经验表明,建立大型的、功能交错的企业级数据库,选择 ROLAP 为宜;而建立具有明确定义的、功能单一的小型数据库,选择 MOLAP 较为合适。由于空间数据存储量大,以及关系数据库的技术业已成熟,因此空间数据仓库的物理存储方式通常采用 ROLAP。

7.1.4　空间数据仓库的体系结构

　　空间数据仓库的数据来源包括联机事务处理数据库、历史数据和外部数据等。这些数据通过抽取、转换、装载等加工步骤,集成进入空间数据仓库。空间数据仓库提供了一个全局的、统一的数据环境,而决策人员通过多维分析和数据挖掘等分析工具从空间数据仓库中获取知识或进行综合性分析。

　　一般情况下,空间数据仓库的体系结构由元数据管理、源数据层、数据变换层、数据仓库层、客户端分析工具层五个部分组成,如图 7.1 所示。在具体设计空间数据仓库时,还需要考虑最终用户和数据使用部门的数量、数据的多样性和数量、更新周期以及存储访问的速度等。

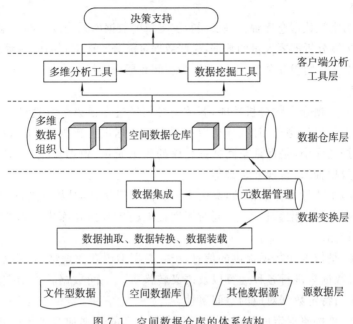

图 7.1　空间数据仓库的体系结构

1. 元数据管理

元数据是关于数据和信息资源的描述信息,记录了地理空间数据的来源、质量、内容、表达方式、空间参考等特征的描述信息,以及数据在从形成到使用的过程中空间、属性和时间特征变化的全部情况,帮助人们有效地了解、评价和使用地理相关数据,实现多源数据的共享与应用。从体系结构图中可以看到,元数据是构建、管理、维护和使用数据仓库系统的核心部件。它一方面可以帮助数据仓库设计人员明确而全面地理解潜在数据源的物理布局以及所有数据源的业务定义,另一方面帮助数据仓库用户有效地使用仓库中的信息。

空间数据仓库需要管理大地控制点、数字高程模型、数字正射影像图、数字矢量地图、数字栅格地图、数字矢量航空图和数字矢量海图等数字产品,且组织和管理的不是这些空间数据的简单集合,而是在空间元数据的基础上对空间数据的高度综合。根据国际标准化组织的 OpenGIS 的元数据标准规定,一个源数据(数据体)的元数据文件包括以下内容:

(1)元数据本身的描述信息,包括元数据的语言、字符集、语言的版本等。

(2)数据的属性信息,包括数据的名称、类型、格式、几何图形浏览视图、用途、有效性规则、数据摘要及关键字等。

(3)数据质量信息,包括数据的完整性、有效性、一致性、准确性、可用性、时效性等质量相关的信息。

(4)数据的维护信息,包括更新的频率以及更新的范围。

(5)数据的空间表达信息,指明是矢量、栅格,还是图像。

(6)数据的参考系统信息,包括数据的大地坐标系或投影坐标系。

(7)数据的范围信息,包括空间范围信息、最小外接矩形信息。

(8)数据的分布信息,包括数据的物理存放位置。

空间数据仓库的元数据还应包括数据仓库结构的描述、操作元数据、算法元数据、空间元数据、ETL 规则以及与性能有关的元数据等。

2. 源数据层

源数据是指为空间数据仓库提供最底层数据支持的数据库系统及外部数据。空间数据仓库为了支持高层次决策分析需要大量的数据,这些数据可能分布在不同的应用系统中,存储在不同的平台和数据库中。它们相互独立,但又共同为空间数据仓库提供异地、异质、异构的数据源。

3. 数据变换层

为了优化空间数据仓库的分析性能,源数据必须经过变换以最合适的方式进入空间数据仓库。数据变换工具负责将分布的、异构数据源中的数据进行预处理,消除数据的异质性,最后加载到空间数据仓库中,是保证空间数据仓库的数据质量、数据规范和标准化的关键环节。其操作主要包括数据抽取、转换和装载等。

(1)数据抽取,主要指重构数据项,删去不需要的运行信息,对数据进行重新组织和加工后装载到空间数据仓库的多维数据库中,同时周期性地刷新数据仓库中数据源的变化以及将数据仓库中的数据转储。

(2)数据转换,是依据元数据提供的信息,统一数据编码和数据结构,给历史数据加上时间标志,根据需要对数据集进行各种运算以及语义转换等。空间数据转换指空间坐标和比例尺的统一,以及赋予与特定数据对应的空间属性。

(3)数据装载,是按照指定的数据仓库模型将预处理的数据加载到数据仓库中,完成数据从数据源向目标数据仓库变换的过程。与此同时,将预处理的过程作为历史操作记录在历史数据中,将预处理中获取的数据信息作为元数据记录到元数据库中。

数据变换工具使源数据得到增值和统一,为联机分析处理、数据挖掘提供充足的数据,最大限度地满足了空间数据仓库高层次决策分析的需要。它在数据层和业务层之间搭建了一座桥梁,确保新的业务数据能源源不断进入数据仓库,同时用户的分析和应用也能反映最新的业务动态。

数据变换过程是空间数据仓库构建过程中工作量最繁重、问题最多的一个步骤。它的性能直接影响整个系统的运行效率和最终结果。相关报告指出,建立数据仓库的预算中至少有三分之一被用于数据变换,一个空间数据仓库项目中 80% 的时间被用于数据变换过程的建立和执行,而数据仓库运行代价中数据变换过程占 55%。

针对这些多源异构空间数据,主要有三种方法可以对这些空间数据进行集成。第一种是采用 SQL 方式实现,其特点是编写的 SQL 灵活高效,但难度大,可维护性较差。第二种是使用专业 ETL 工具,其具有流程可视化、可维护性强等优点,但效率和灵活性相对较差。第三种是 ETL 工具和 SQL 相结合,将前两种方式的优势互补,但管理相对麻烦。市场上出现的 ETL 工具有 IBM 的 Data Warehouse、Oracle 的 Oracle Warehouse Builder、Microsoft 的 Data Transformation Services,还有专业的 ETL 制造商开发的产品等。这些工具都实现了基本的 ETL 操作,从而成为空间数据仓库的集成产品。然而空间数据的变换不仅要处理常规的属性数据,同时,还需要处理结构复杂的空间数据。因此空间数据的变换还需要与其他 GIS 工具相结合,如地理编码工具、坐标转换工具、尺度转换工具、空间数据拼接与分割工具。到目前为止,还没有一个比较成熟的针对空间数据的 ETL 工具。

4. 数据仓库层

源数据经过变换进入空间数据仓库,空间数据仓库用多维方式来组织和管理数据。维是人们观察现实世界的角度,但多维数据库中的维并不是随意定义的,它是一种高层次的类型划分。为了获得较高的系统性能,屏蔽了许多原始数据,决策分析所需的综合数据已预先被统计出来放在其中。

空间数据仓库的多维数据模型包括空间维、时间维、主题维、非空间维。其中,空间维数据的具体表现形式为空间对象的名称和指向空间对象的指针。空间维和时间维是空间数据仓库反映现实世界动态变化的基础,它们的数据组织方式是整个空间数据仓库技术的关键。在实际分析过程中,可以按照需要把任意一维和其他维进行组合,以多维的方式显示数据,让人们从不同的角度来认识世界。

5. 客户端分析工具层

空间数据仓库系统的目标是提供决策支持,它不仅需要一般的地理信息查询和分析工具,更需要功能强大的分析和挖掘工具。

客户端的空间数据仓库工具包括查询工具、分析工具和挖掘工具。基本内容为:①查询工具不是对记录级数据的简单查询,而是利用钻取、切片、旋转等 OLAP 技术,对空间数据立方体进行多维查询;②分析工具(也称验证型工具)基于模型驱动进行分析,利用各种建模方法对数据进行模型检验和趋势预测等;③挖掘工具基于数据驱动进行分析,利用人工智能、机器学习等方法,从大量数据中自动发现内部隐含的相互关系,获取有价值的模式和规律性结果。客户端还要为用户提供强大的多维可视化工具,以多维视图的形式来表达数据分析的过程和结果,使用户能直观地理解、分析数据,进行决策支持。挖掘工具与分析工具的不同之处是,挖掘工具不是去验证某个假定的模式(模型)的正确性,而是在数据库中智能地寻找有价值的模式和规律;相比之下,分析工具需要用户主观上对数据进行深入理解,以提出合理准确的模型假设,并指导数据分析的全过程。此外,分析工具大多是基于空间数据仓库中的数据,它侧重于与用户交互、快速的响应速度以及提供数据的多维视图;而挖掘工具既可以分析现存的、比数据仓库提供的汇总数据粒度更细的数据,又可以分析事务的、文本的、空间的和多媒体数据,它注重自动发现隐藏在数据中的模式和有用信息。

查询工具、分析工具、挖掘工具三者的侧重点各不相同,在实际操作中,可以结合起来使用,以达到最好的分析效果。建立三者合一的空间数据仓库工具层是空间数据仓库系统真正发挥其数据宝库作用的重要环节。

7.2　空间联机分析处理

1993 年曾为关系数据库理论做出重要贡献的科德(E. F. Codd)提出,决策分析需要对多个数据库共同进行综合分析才能得到结果,联机事务处理(online transaction processing, OLTP)已经不能满足这种需求,并提出了多维数据库和多维分析的概念,即联机分析处理(online analytical processing, OLAP)。这里,数据库提供的数据处理功能分为联机事务处理和联机分析处理两种类型。OLTP 是建立在传统数据库技术基础上,面向事务处理的记录项级查询更新等操作。OLTP 对响应时间的要求比较高,强调密集数据更新处理的性能和系统的可靠性及效率。OLAP 是建立在空间数据仓库基础上,面向的是数据立方体的多维度查询和分析工具。OLAP 基于维度的概念对事务型数据逐级归纳形成不同层次的聚合,创建数据立方体来组织和管理这些聚合,并利用多维分析技术向用户提供多角度、多侧面、多层次的综合型数据处理及趋势预测等功能。OLAP 可以提高信息综合查询与分析的效率,因此成为空间数据仓库中大量数据资源得以有效利用的重要保障。

OLAP 最主要的特征是在线和多维分析。在线体现在能快速地响应用户的请求并完成交互式操作,多维分析则是 OLAP 的核心所在。多维分析是指对以多维形式组织起来的数据立方体采取钻取、切片、切块、旋转等各种分析操作,从不同的维度剖析数据,使最终用户能从多个角度观察数据库中的数据,从而深入地了解包含在数据中的信息。

空间联机分析处理(spatial online analytical processing,SOLAP)需要构建空间数据立方体,并在其上进行多维的空间分析操作。它不仅要提供统计图表形式的分析结果,还要提供直观易懂的地图表达。本节从空间数据立方体的构成开始,简要介绍空间联机分析处理技术及各种多维分析操作方法。

7.2.1　空间数据立方体

空间数据仓库使用多维数据模型来组织数据,如果将各维数据正交放置,就会形成类似于立方体的结构。数据立方体就是多维数据模型的实际表现形式,它是实现多维数据查询与分析的重要手段。

数据立方体中的每一个格对应空间数据仓库中心主题数据的不同级别或类别的汇总。不同的维度组合可以构成不同的数据子立方体,不同维度的层次组合、类组合及其对应的度量值则构成辅助相应查询和分析的数据基础。用户进行的 OLAP 操作,都发生在维的交点上,通过不同的角度,能够得到不同的分析结果。空间数据立方体与传统数据立方体类似,但是空间数据立方体包含空间维和空间度量计算。OLAP 通常要求快速和灵活,由于空间数据仓库中包含的数据量通常比较大,空间操作复杂,因此如何有效地构造和维护空间数据立方体是实现空间数据仓库的关键技术,大量有关空间数据仓库的研究也都集中于此。

有效的空间联机分析处理在于快速、灵活地实现在线决策支持,而空间度量计算的复杂性导致在线空间度量计算耗时过多。为了加速空间联机分析处理,通常需要预先对空间度量进行计算并将其结果存储起来。常用的空间度量计算方法有三种,即空间对象指针汇集、空间度量近似计算和空间聚集对象的选择性物化。所谓物化,可以理解为预先计算出可能的多维聚集,并且存储到对应的数据立方体中,从而加快联机分析时的响应速度。

OLAP 操作的一个显著特征就是对概化数据或聚集的查询处理。聚集是预先计算好的数据汇总,可用于提高查询响应速度。聚集函数是专门用于计算各种度量的具体方法。空间数据的聚集具有特定的算法,且其聚集结果具有特定意义,需要构造特定的空间聚集与检索算法。通常可以将聚集函数分成三类,即分布的、代数的和整体的。表 7.2 列出了针对不同度量类型的聚集函数。

表 7.2　不同度量类型的聚集函数

度量类型	聚集函数		
	分布的	代数的	整体的
数值度量	个数、最小值、最大值、和	均值、方差、标准差	中值、最大频数、秩
空间度量	凸包、几何并、几何交	中心、质心、重心	均分、最近邻居指数

聚集可以减少 CPU 响应时间,但相应地增加了磁盘存储空间,因此进行聚集设计时应权衡存储空间和响应时间两者之间的关系,过多的聚集会对多维数据集的管理造成负面影响,使更新多维数据集的处理时间变长。

7.2.2　空间联机分析处理的操作

OLAP 是基于空间数据仓库的多维查询分析工具,被视为空间数据仓库功能的自然扩展。空间联机分析处理是一个支持多维多层次空间数据快速有效查询和分析的可视化工具。它不但能以统计图表的形式显示分析结果,而且能提供直观易懂的地图表达。下面对其操作进行简单介绍。

1. 钻取

钻取可以改变维的层次,变换分析的粒度。它包括上卷和下钻,二者互为逆操作。上卷提高抽象层次,对一个或多个维进行泛化,并对相应的度量进行聚集。对于数值度量,上卷得出概括的数值;对于空间度量,则是得出概括的空间对象,如几何并集。下钻是降低抽象层次或增加细节,特化一个或少数几个维,表示低层次的聚集。对于数值度量,下钻得出更详尽的非空间数据;对于空间度量,则是得出上卷前的空间对象。

2. 切片和切块

在数据立方体上,固定一部分维的值,观察度量数据在剩余维上的分布,其结果可使原多维数据降维。如果剩余的维只有两个,则是切片;如果剩余的维多于两个,则是切块。切片和切块的目的是帮助决策者舍弃某些观察角度,从而集中在所关注的某两个或几个维上分析数据。

3. 旋转

旋转可以重新定向数据的多维视图。通过重新安排维的放置,得到不同视图的数据,包括交换行和列,把行维移到列维,或把列维移到行维等。旋转并不改变度量的值,只是变化人们观察分析的角度。

通常,OLAP 应用是先将数据移入多维视图进行组织,然后对数据进行聚集和合并,最后利用以上操作实现复杂的、特定的分析功能。

目前,关系型数据的 OLAP 技术发展已相对成熟,为空间数据仓库中海量数据资源的有效利用提供了重要保障。主流的数据库厂商(如 Oracle、IBM、Microsoft、SAS)都有各自的 OLAP 产品,这些产品支持所有主流关系数据库,如 DB2、Oracle、SQL Server、Sybase 等,可以生成多维数据立方体,提供多维数据的联机分析处理。然而,空间 OLAP 技术的研究尚处于探索阶段。空间 OLAP 的发展应用将大大提高海量空间数据的查询和在线处理效率,提升人类从大量空间数据中发现知识、应用知识的能力,为空间决策提供强有力的支持。

7.3　空间数据挖掘

当数据积累到一定数量时,某些潜在联系、分类、推导结果和待发现价值便隐藏其中,可以使用数据挖掘工具帮助发现这些有价值的信息。数据挖掘作为数据库、人工智能、数据处理和可视化等技术的集成,实现了从海量数据中自动提取隐含在其中的、事先不为人知但又潜在有用的知识的过程。数据挖掘把人们对数据的应用从简单的检索查询,提升到基于数据驱动的知识发现。与此同时,它也不要求用户具备深奥的统计学基础和预先对数据的深入理解,而是要求挖掘工具高度自动化地完成分析任务。从知识发现的角度,数据挖掘是在没有明确假设的前提下去发现新知识,其结果是隐含、精练、高水平的,具有更大的价值。因此,自从 20 世纪

90 年代开始,数据挖掘就一直受到广泛的关注,相关的研究也非常多。

空间数据挖掘是从大量的空间和非空间数据中提取用户感兴趣的空间模式与特征、空间与非空间数据的普遍关系,以及其他一些隐含在数据库中的数据特征,从而揭示蕴含在数据背后的客观世界的本质规律、内在联系和发展趋势,以实现知识的自动获取。在学术界,空间数据挖掘这一术语常常与知识发现同时出现,表达相同的含义,并统称为空间数据挖掘和知识发现(spatial data mining and knowledge discovery,SDMKD)。空间数据挖掘的对象主要是空间数据库和空间数据仓库,也可以是半结构化数据,如文本、图形和图像数据,甚至是分布在网络上的异构型数据。针对空间数据的挖掘任务和挖掘方法与一般的数据挖掘也是不同的。

7.3.1 空间数据挖掘的任务

空间数据挖掘的任务是从大量的、不完全的、有噪声的、模糊的、随机的实际应用数据中,提取隐含在其中的、事先不为人知但又潜在有用的知识。那么数据挖掘究竟能发现哪些知识呢?

从广义上理解,数据、信息也是知识的表现形式,但是人们更倾向于把数据作为产生知识的源泉,而把具备普遍意义的概念、规则、模式、规律和约束等看作知识。这一过程好比是从矿石中采矿或淘金一样,数据挖掘也因此而得名。

根据所挖掘知识的类型,可将数据挖掘的任务分为两类,即描述性的和预测性的。其中描述性数据挖掘可以挖掘出描述数据库中数据的一般特性的知识,主要的模式类型包括规则知识、关联知识、聚类知识等。例如,可以通过对房地产价格的数据挖掘,形成"靠近地铁的区域房价高"这样的关联知识。预测性数据挖掘是在当前数据上进行推断,以进行预测,主要的模式类型包括分类、回归、演变分析、时间序列等。可用于空间数据挖掘的知识表达方法有很多种,常用的有关系表、谓词逻辑、产生式规则、可视化表达方法等。应根据不同的应用选用不同的表达方法,各种表达方法之间也可以相互转换。

具体讲,从空间数据仓库发现的主要知识类型有以下几种。

1. 普遍的几何知识

普遍的几何知识是指某类空间目标的数量、大小、形态特征等普遍的几何特征。其中,形态特征是将直观的可视化的空间特征用计算机容易处理的定量化的特征值来表征。例如,现状目标的形态特征包括曲折度(复杂度)、方向等,面状目标的形态特征包括密集度、边界曲折度、主轴方向等,单独的点状目标没有形态特征,对于聚集在一起的点群(聚类),可以用类似面状集合目标的方法计算形态特征。空间数据库中一般仅存储空间目标的长度、面积、周长、几何中心点等几何特征,而形态特征通常需要用专门的算法。通过计算和统计空间目标几何特征量的最小值、最大值、均值、方差、众数等,可统计出特征量的直方图。在样本量足够大的情况下,直方图数据可转换为空间目标形态特征的先验概率使用。在此先验概率基础上,再结合背景知识归纳出空间目标的普遍几何知识。

2. 空间分布规律

空间分布规律是指目标在地理空间的分布规律,分成垂直向分布规律、水平向分布规律以及垂直向和水平向的联合分布规律。垂直向分布规律即地物沿高程带的分布规律,如植被沿高程带分布规律、植被沿坡度坡向分布规律等;水平向分布规律指地物在平面区域的分布规律,如不同区域农作物的差异、公用设施的城乡差异等;垂直向和水平向的联合分布规律即不同区域中地物沿高程的分布规律。

3. 空间关联规则

空间关联规则是指空间目标间相邻、相连、共生、包含等空间关联规则。例如,村落与道路相连,道路与河流的交叉处是桥梁等。

4. 空间分类和空间聚类规则

空间分类规则是通过对已知类别的训练集进行判别分析,获取的空间实体的类别划分规则。此规则可用于对新的未分类数据集进行分类和预测。与一般的分类规则不同,在空间分类中需要考虑邻近对象的属性值。

空间聚类规则也是针对未分类数据集的类别划分规则。然而,与空间分类规则不同,空间聚类规则的划分没有训练集可参考,事先也并不知道数据将要划分成几类和什么样的类。聚类的过程完全基于数据集内部的相似度原则,把特征相近的空间实体归为一类,确保类内部的差异尽可能小,类之间的差异尽可能大。空间聚类规则适用于空间实体信息的概括和综合。例如,将某地区疾病的发病个体按密度进行空间聚类,然后在 GIS 中展示疾病的显著高发区域。

5. 空间特征规则

空间特征规则是指某类或几类空间目标的几何和属性的普遍特征,即对共性的描述。普遍的几何知识属于空间特征规则的一类,由于它在遥感影像解译中的作用十分重要,所以分离出来单独作为一类知识。

6. 空间演化规则

若空间数据包含时间属性,则可用来发现空间演化规则。空间演化规则是指空间目标依时间的变化规则,即哪些地区易变,哪些地区不易变,哪些目标易变及怎么变,哪些目标固定不变。

上述空间知识具有广泛的实际用途,并且在解决实际问题时,空间知识之间不是相互孤立的,经常要同时使用多种规则。

7.3.2　空间数据挖掘的方法

把关系数据挖掘的方法直接应用到空间数据挖掘显然会产生许多问题,习惯于处理数值型数据的传统统计分析方法并不能有效地分析处理大量空间上关联的数据。必须将传统数据挖掘理论和技术扩展至空间数据挖掘,考虑空间对象之间的相互关联性这一重要前提,以便更好地分析复杂的空间现象和空间实体。

空间数据挖掘的方法通常综合了机器学习、数据库、专家系统、模式识别、统计学、地理信息系统、可视化等领域的技术和方法,因而较为复杂,并且种类繁多。根据其所挖掘的知识类型,可简单将其进行分类。

1. 空间分类和预测方法

简单地讲,分类就是找到一个函数 $f:D \rightarrow L$。其中,f 的域 D 是属性数据的空间,L 是类标号的集合。分类问题的目标是根据给定的带有类标号的属性域 D 的训练数据集来确定适合的函数 f。分类的成功与否由函数 f 应用到未给定类标号的测试数据集的准确度来判定,测试数据集与训练数据集不相交。分类问题是预测性建模,这是因为只有当来自集合 D 的数据给定时,f 才可用于预测标号 L。

很多技术可用于解决分类问题。例如,在基于极大似然估计的分类中,目标是要完全指定联合概率分布 $P(D,L)$,通常应用贝叶斯定理来完成,遥感分类就选用这种方法。在商务领域,决策树分类器由于易于使用而被广为采用。决策树分类器将属性空间 D 划分为区域,然后为每个区域分配一个标号。神经网络通过计算具有非线性边界的区域来概化决策树分类器。另外一种常用方法是使用回归方程来构建 D 和 L 之间相互作用的模型。需要强调的是,这些分类方法在用于空间数据分类时,必须要考虑空间自相关性。例如,在回归方程中融入一个 $n \times n$ 的邻接矩阵 $\boldsymbol{W}_{nn}$,求解一个带空间自相关系数向量的回归方程 $\boldsymbol{Y}_n = \boldsymbol{\rho}_n \boldsymbol{W}_{nn} \boldsymbol{Y}_n + \boldsymbol{\beta}_n \boldsymbol{X}_{nk} + \boldsymbol{\varepsilon}_n$,以建立分类边界的模型。其中,$\boldsymbol{Y}_n$ 是因变量的 n 维样本向量,$\boldsymbol{X}_{nk}$ 是 $n \times k$ 维的解释变量矩阵,$\boldsymbol{\rho}_n$ 是解释变量的 n 维空间自相关系数向量,$\boldsymbol{\beta}_n$ 是解释变量的 n 维相关系数向量,$\boldsymbol{\varepsilon}_n$ 是 n 维随机误差向量。

2. 空间关联模式挖掘方法

　　空间关联模式挖掘方法大体分成两类,即基于空间统计分析的方法和基于数据挖掘的方法。国内学者马荣华也将空间关联模式挖掘分为空间关联位置模式发现和空间关联结构模式发现,本质上和以上两类是一一对应的。详细分类如图 7.2 所示。

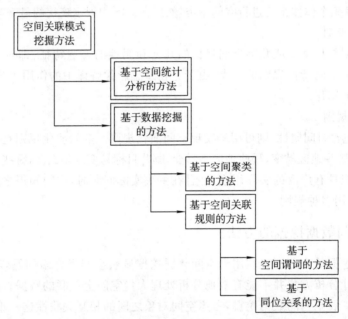

图 7.2　空间关联模式挖掘方法的分类

　　基于空间统计分析的空间关联模式挖掘方法用空间特征类之间的自相关性来刻画它们的相互关系。常用的空间自相关统计方法有莫兰(Moran)I 指数、格蒂斯(Getis)G 指数、吉尔里(Geary)C 指数等。另外,各种空间回归模型(如克里格法、地理加权回归、二阶空间自相关回归、二阶空间移动平均回归、二阶空间条件自回归等)也被用作各类空间数据的统计分析。由于空间数据集中任一空间对象都可能与多个其他对象存在空间相关性,因此需要进行空间自相关性计算的候选数据集很庞大,而且对于以上提到的各类统计分析函数和回归模型的求解都是计算密集型工作。

　　基于数据挖掘的空间关联模式挖掘方法可进一步划分为,基于空间聚类的方法和基于空间关联规则的方法。基于空间聚类的方法将每类空间属性作为一个图层,对每一个图层上的数据点进行聚类,然后针对各层聚类产生的空间簇(或区域)进行叠加分析,以叠加的程度度量各类空间属性间的关联关系。按照对关联规则中事务概念的不同理解,将基于空间关联规则的方法细分为基于空间谓词的空间关联模式和基于同位关系的空间关联模式两种。

(1)基于空间谓词的空间关联模式,利用空间谓词而不是属性项来定义规则,形式为 $P_1 \bigcap P_2 \bigcap \cdots \bigcap P_n \rightarrow Q_1 \bigcap \cdots \bigcap Q_m$。这里 P_i 和 Q_j 代表空间对象的关系,其中至少有一个是空间谓词。可被用于挖掘的空间谓词有很多,包括距离谓词、拓扑关系谓词、空间方位谓词等。该方法是目前研究最多的一类空间关联模式挖掘方法。其基本思路是首先选择目标对象,然后以目标对象为参考点创建事务数据库。通常是采用某种空间谓词,在空间数据库中寻找由给定的目标对象和其他对象组成的特定空间关系集合,构成按照目标对象组织的事务数据库,最后用 Apriori 算法对事务数据库进行挖掘,提取基于特定空间关系的关联规则。事务绑定法有两种基本的实现模型,即以参考变量为中心的模型和数据分割模型。针对空间对象之间多重空间关系的计算是相当昂贵的,且由于多数空间对象的分布随机性较大,因此使用支持度、置信度框架在整个数据集空间上对空间对象进行多重空间关系计算很难找出强关联规则,而且无法针对各类不同空间特征进行有效挖掘。

(2)基于同位关系的空间关联模式并不直接产生事务数据,其关键是对邻域窗口的处理。该方法以空间邻近关系为核心,通过用户指定的邻域,遍历所有的可能邻域窗口,进而用邻域窗口替代事务,利用空间参与度计算是否存在频繁邻近的空间对象,进行规则的挖掘。基于同位关系的空间关联模式将关联规则泛化为空间索引的点集合数据集,把事务概念泛化,以包括邻域集合,从地理空间中发现那些频繁地紧密相邻出现的空间特征的集合。根据空间自相关性,感兴趣的特征很可能在紧邻的区域同时存在,因此空间同位才是真正想要考察的。其应用包括生物学领域的共生物种、栖息地发现,移动通信领域的基于位置服务等。

基于空间谓词的空间关联模式挖掘方法采用传统〈支持度,置信度〉框架计算频繁项集,并且频繁度的计算是面向整个数据集空间的。基于同位关系的空间关联模式采用空间参与度来评估空间要素间的频繁邻近关系,以各个空间特征类的样本空间计算频繁度。其优点在于消除了总样本空间大小对频繁度计算的影响,而且更准确地反映了对象间邻近关系的频繁程度。实验证明,基于同位关系的空间关联模式能够发现更准确、更完整的空间邻近知识。

3. 空间聚类方法

聚类是一个在大型数据库中发现"群"或"簇"的过程。簇是基于一种用于确定数据库中每对元组之间关系的"相似性"标准而形成的。相似的元组通常分在一个组中,然后再标记这个组。与分类不同,聚类并不涉及群数或群标号的先验知识,在聚类中没有训练或测试数据的概念。因此,分类属于有监督的机器学习,而聚类属于无监督的机器学习。

在许多领域中,聚类分析是最常用的数据分析技术之一,因此出现了大量聚类算法。统计学中的聚类是人们熟知的一种技术,数据挖掘的作用是提升聚类算法的功能,使之能够处理目前常见的海量数据集。数据库的大小是表中记录的数量和每条记录的属性数量(维数)的函数。除了容量外,数据类型(如数值、二值、分类、序数)也是确定要采用算法的决定性因素。

根据定义聚类时所采用的技术,可将聚类算法分为四类,即层次方法、划分方法、基于密度的方法和基于网格的方法。

(1)层次方法从以所有模式为单一聚类开始,不断执行分割和合并,直到满足某个终止标准为止,最后产生一棵聚类树,该树成为树状图。可以在不同层次上切割树状图来产生所期望的聚类。代表性算法有采用层次方法的平衡迭代规约和聚类算法(BIRCH)、采用代表点的聚类算法(CURE)以及采用链的健壮聚类算法(ROCK)。

（2）划分方法从以每个模式为单一聚类开始，迭代地重新分配数据点到每个聚类，直到满足某个终止标准为止。此类方法适用于发现球形的聚类。K-means 和 K-medoids 是常用的分区算法。平方误差是分区聚类中最常用的标准函数。代表性算法有围绕中心点的划分算法（PAM）、大型应用聚类算法（CLARA）、基于随机搜索的大型应用聚类算法（CLARANS）以及期望最大化算法（EM）。

（3）基于密度的方法是基于某一区域中数据点的密度尝试发现聚类。此类方法将聚类看作数据空间中对象的密集区域。代表性算法有带噪声的基于密度的空间聚类算法（DBSCAN）和基于密度的聚类算法（DENCLUE）。

（4）基于网格的方法首先将聚类空间离散化为有限数量的单元格，然后在离散的空间内执行所要求的操作。包含多于特定数量的点的单元格被认为是密集的，将密集的单元格连接起来形成聚类。此类方法适用于分析大型的空间数据集。代表性算法有统计信息基于网格的方法（STING）、STING＋和小波聚类（WaveCluster）等。

4. 空间离群点检测方法

统计学家霍金斯（Douglas Hawkins）对离群点的定义为：离群点是一个观测值，它与其他观测值的差别较大，很可能是由不同的机制产生的。在空间数据挖掘领域，空间离群点是与其邻域内其他空间参照对象显著不同的空间参照对象，经常需要在进行挖掘之前对数据进行清理，排除会对算法结果有影响的噪声数据（离群点）；而在另外一些领域（如欺诈检测、入侵检测、生态系统失调、公共卫生等）中，离群点检测可以指导人们发现不同寻常的情况，从知识发现的角度看这是十分有意义的。

大体上可以将这些方法分成四类，即统计学方法、基于邻近度的方法、基于密度的方法和基于聚类的方法。

（1）在统计学方法中，离群点是那些与数据集的数据分布模型不能完美拟合的对象。数据集的数据分布模型可以通过估计概率分布的参数来创建，如果一个对象不能很好地与该模型拟合，即不服从该分布，则它是一个离群点。在相关的空间统计学文献中，提供了两种离群点检测方法，即图形测试和定量测试。图形测试是用可视化方法查找空间离群点，如莫兰（Moran）散点图；定量测试提供了更精确的离群点检测方法，如散点图。

离群点检测的统计学方法是建立在标准的统计学技术（如分布参数的估计）基础上的。当存在充分的数据和检验类型知识时，这些检验可能非常有效。然而很多情况下，很难建立模型，如数据的统计分布未知或没有训练数据可用。在这些情况下，无法使用统计学方法。此外，各种离群点检测的统计学方法都只针对数据集的单个属性进行操作；对于多元数据，可用的选择少一些，并且对于高维数据，这些方法的性能可能很差。

（2）在基于邻近度的方法中，离群点是那些远离大部分其他对象的对象。许多离群点检测方法都是基于邻近度的，而且这一领域的许多技术都是基于距离的，称作基于距离的离群点检测技术。Knorr 和 Ng 于 1998 年最早提出基于距离的离群点检测方法。Ramaswamy 于 2000 年扩展了基于 K-最邻近距离的离群点检测算法，离群点被定义为前 k 个最远的点。随后，Angiulli 和 Pizzuti 于 2002 年改进基于 K-最邻近距离的离群点检测算法，提出以点的 K-最邻近对象的距离之和度量其离群度。

这种方法比统计学方法更容易使用，这是因为确定数据集的有意义的邻近性度量比确定它的统计分布更容易。然而，通常此类方法的复杂度是 $O(m^2)$，这对于大型数据集可能代价太昂贵。该方法对参数的选择也是敏感的。此外,它不能处理具有不同密度区域的数据集,这是因为它使用全局阈值,无法反映这种密度变化。

(3)在基于密度的方法中,离群点是低密度区域中的对象。对象的密度估计可以进行相对直接的计算,特别是当对象之间存在邻近性度量时。更复杂的方法会考虑数据集可能有不同密度区域这一事实,仅当一个点的局部密度显著低于它的大部分近邻时才将其归类为离群点。一种常用的定义密度的方法是,定义密度为到 k 个最邻近的平均距离的倒数。如果该距离小,则密度高;反之则密度低。另一种定义密度的方法是使用密度聚类算法使用的密度定义(基于中心的定义),即数据集中特定点的密度是通过对该点邻域半径之内的点计数(包括点本身)来度量的。

使用任何密度定义检测离群点都具有与基于邻近度的方法类似的特点和局限性,需要谨慎选择参数;当数据包含不同密度区域时,它们不能正确地识别离群点。

(4)在基于聚类的方法中,离群点是不强属于任何簇的对象。先聚类所有对象,然后评估对象属于簇的程度。如果删除一个对象导致该目标显著改进,则可以将该对象归类为离群点。有些聚类技术(如 K 均值)的时间和空间复杂度是线性或接近线性的,因此基于这种算法的离群点检测技术可能是高效的。此外,簇的定义通常是离群点的补,因此可能同时发现簇和离群点。然而,聚类算法产生的簇的质量对该算法产生的离群点的质量影响非常大。

需要指出的是,以上空间数据挖掘方法没有所谓的最好或最差,不同的工具可以完成不同的挖掘任务,在使用时需要根据解决的问题来选择最适合的方法。此外,还可利用多种方法合成,达到同一目标。

7.3.3　空间数据挖掘的过程

空间数据挖掘系统结构可大致分为三层,如图 7.3 所示。典型的空间数据挖掘系统由数据存储、数据提取工具、领域知识库、数据挖掘引擎、知识评估以及图形用户界面组成。其中数据存储包括空间数据库、空间数据仓库和其他数据源。数据提取工具包括空间数据库管理系统和空间数据仓库管理系统,它们根据数据挖掘的需求,从数据源提取相关数据。领域知识库用来指导数据挖掘引擎工作、评估挖掘的结果模式,以及存储领域知识。数据挖掘引擎由一组功能模块组成,用于完成用户指定的数据挖掘任务。知识评估对挖掘的知识进行评价。图形用户界面主要提供用户与系统的交互,指定数据挖掘任务、评估挖掘的模式等。

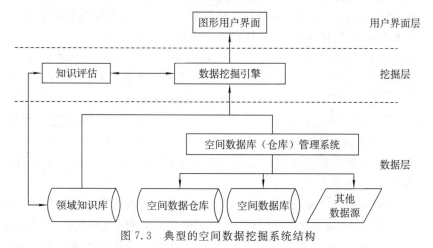

图 7.3　典型的空间数据挖掘系统结构

由图 7.3 可以看到,数据挖掘引擎是空间数据挖掘系统结构的核心,模块包含了各种空间数据挖掘的方法。

空间数据挖掘的实施是一个复杂的过程,一个完整的数据挖掘通常包括以下五个步骤:

(1)数据选择。根据数据挖掘的任务需要从空间数据库中提取相关的数据。在此过程中,利用一些数据库操作对数据进行处理。

(2)数据预处理。对前一阶段产生的数据进行再加工,检查数据的完整性及一致性,对其中的噪声数据进行处理,对丢失的数据利用统计方法进行填补。此外,根据挖掘任务的不同,还需要对数据进行适应性转换。

(3)确定目标和数据挖掘算法。根据所确定的数据挖掘任务(发现何种类型的知识)和对数据挖掘结果的要求(如准确性、计算时间等),选择合适的数据挖掘算法,并设定算法所需的各参数。一个好的数据挖掘算法通常对参数设置不敏感,采用缺省值即可,剩余的工作都由算法自动完成。

(4)知识解释和结果评价。数据挖掘算法运行结束后,依据背景知识和知识库的内容,对挖掘出的新知识进行解释和评价,并将结果以用户容易理解的方式呈现。为了取得更有价值的知识,可能返回到前面的步骤进行反复挖掘。

(5)知识的同化。将分析得到的有价值知识集成到知识库中,以备决策支持使用。

以上各步骤是顺次执行的,但一般来说,整个过程会存在步骤间的反馈和反复。

7.3.4　空间数据挖掘的应用介绍

目前,国际上有代表性的空间数据挖掘系统有 GeoMiner 和 Descartes。Esri 公司也于 2013 年底推出了一个可用于空间数据挖掘的工具包 GIS Tools for Hadoop。

GeoMiner 是著名的数据挖掘软件 DBMiner 的空间扩展模块,其包含三大模块,即空间数据立方体构建模块、空间联机分析处理模块和空间数据挖掘模块。GeoMiner 支持 MapInfo、ArcSDE、Oracle Spatial 和 Informix-Illustra 等多种空间数据服务器的访问,能够进行交互式、可视化的挖掘。空间数据挖掘模块能挖掘三种类型的知识,包括特征规则、关联规则、分类和聚类规则等。

Descartes 支持可视化的空间数据分析,与数据挖掘工具 Kepler 结合使用。Kepler 完成数据挖掘任务,并与 Descartes 动态链接,把传统数据挖掘与自动制图可视化表达结合起来,实现了分类和聚类规则、特征规则、关联规则等知识的挖掘。

Esri 公司的 GIS Tools for Hadoop 工具包提供了一套用 Java 开发的几何访问接口。通过这些接口可以对存储在 Hadoop 大数据平台的海量空间数据进行高效的分析和挖掘。GIS Tools for Hadoop 在 ArcGIS 强大的空间分析功能与 Hadoop 可靠的数据存储和高性能并行数据处理服务之间建立了连接。使用时,用户在 ArcGIS 端定制空间数据挖掘任务,而真正的数据处理和挖掘计算过程由 GIS Tools for Hadoop 交给 Hadoop 完成。在一个包含了 3 300 万个定位点的出租车数据热点区域分析实验中,原本需要几个小时才能得到的分析结果,完成时间缩短到 1 分钟。

实际上,空间数据挖掘和知识发现的理论架构还不够成熟,但它在应用方面已展现出强大的生命力。随着信息量的增加及软硬件技术的发展,空间数据挖掘和知识发现将有更广阔的应用前景,会使各种利用空间数据的系统具有强大的知识发现功能,更有效地发挥其已有或潜在的价值。

思考题

1. 什么是空间数据仓库？与传统空间数据库相比，其特点有哪些？

2. 空间数据仓库的逻辑模型是什么？与传统数据仓库相比，其区别是什么？

3. 空间数据仓库的体系结构由哪几部分组成？

4. 空间数据仓库的元数据应包含哪些内容？

5. 空间数据仓库为什么需要数据变换工具？其操作内容主要有哪些？

6. 空间数据仓库的多维数据模型应包含哪些维度？

7. 空间数据仓库的客户端分析工具有哪几种？其作用各是什么？

8. 什么是空间联机分析处理？

9. 简述空间数据立方体聚集函数的定义和分类。

10. 什么是空间联机分析处理？其操作有哪几种？

11. 什么是空间数据挖掘？

12. 空间数据挖掘的任务有哪些？

13. 从空间数据仓库发现的主要知识类型有哪几种？

14. 空间分类和聚类规则各是什么？它们有什么区别？

15. 空间数据挖掘的方法有哪几种？

16. 一个典型的空间数据挖掘系统由哪几部分组成？

17. 简述空间数据挖掘的实施过程。

18. 简述空间数据仓库和空间数据挖掘之间的联系。

第8章 空间数据库设计

空间数据库设计的任务是根据不同的应用目的和用户要求,在一个给定的应用环境中,将地理现象转换为能被计算机接受和处理的空间数据模型,并最终生成存储于计算机内、能为空间数据综合分析和应用系统提供支持的数据库。人们理解地理现象的方式与计算机处理数据的方式相去甚远,直接将地理现象描述成计算机数据模型不太容易。因此,在数据库设计过程中,通常经过现实世界到概念模型、逻辑模型,最后到物理模型的多次转换,最终建立计算机能够处理的数据模型。本章首先介绍数据库设计的基本要求和空间数据库的设计原则,然后描述空间数据库的设计过程和建库流程,最后简介空间数据库的维护与更新技术。

8.1 空间数据库设计原则

空间数据库的设计在地理信息系统建设中十分重要,其数据组织与设计模式直接影响地理信息系统的效率与用户使用。空间数据库的设计既要遵循常规数据库设计的要求,又要充分考虑空间数据的特殊性。

8.1.1 数据库设计基本要求

在数据库设计阶段应遵循以下基本要求:

(1)满足用户需求。数据库设计应以用户需求和约束条件为基础,尽可能准确地定义系统的需求,要将数据库的结构设计和系统实现结合,设计出符合系统应用的数据库。

(2)共享度高,冗余度低。应该使用非冗余结构对大量的数据进行定义,并根据需要使其能同时被不同的用户共享使用(如联机事务处理、交互处理)。但是,对于多表之间的关联操作(尤其是大数据表),其性能会随冗余度的降低而降低,同时客户端程序的编写难度也会增加,因此,设计冗余度时还需根据数据的关联情况与数据项的访问频度等折中考虑。

(3)保持数据独立性,包括数据的物理独立和逻辑独立。物理独立指的是数据的存储结构和存取方法与应用程序无关。当数据物理结构改变时,不需要重新编写或修改已有的程序。逻辑独立指的是数据的逻辑结构与数据的使用互不影响。当数据逻辑结构改变时,用户程序访问数据的方式保持不变。数据独立性越高,就越能减少应用程序的维护负担。

(4)保持数据完整性。数据完整性是指数据的正确性和相容性。在关系数据库中,有实体完整性、参照完整性和用户自定义完整性。数据库软件通过对表或字段列定义特定的规则,如主键值唯一、字段非空、外键约束等,来实现以上完整性约束。空间数据的完整性主要包括空间语义完整性和拓扑语义完整性。在空间数据库中,提供了一系列函数对空间数据进行完整性检查。空间语义完整性用于约束地理实体的空间布局、空间属性及实体间的空间关系。例如,一条道路横跨一条河流,必然经过一座桥,而如果不经过,就必然违背了空间数据的正确性,即"不完整"。拓扑语义完整性用于约束两个几何形状之间应满足的某种空间拓扑关系,以确保空间数据符合拓扑语义。例如,加油站不能建立在农林耕地附近,不能建在居民区 1 km

范围内。

　　（5）保持系统可靠性和数据安全性。数据库系统的可靠性表现在数据库的软硬件发生故障率低、运行平稳，出现故障后能快速自我修复到可运行状态。数据的安全性是指对数据的保护能力，包括防止病毒入侵、非法访问、数据泄露、非法更改和破坏等。应充分运用在网络、操作系统、数据库、应用等层面的安全保护。

　　如果不能设计一个合理的数据库模型，不仅会增加客户端和服务器端程序编写和维护的难度，还将会影响系统实际运行的性能。一般来讲，在数据库的分析、设计、测试和试运行阶段，因为数据量小，设计人员和测试人员往往只注意功能的实现，而很难注意性能的薄弱之处，等到系统实际运行一段时间后，随着数据的日益膨胀，才发现系统的性能在降低，这时再来考虑提高系统性能则要花费更多的人力物力。

8.1.2　空间数据库的设计原则

　　空间数据具有多比例尺、来源广、类型多等特点。空间数据库的设计需要在分析所涉及的空间数据类型和特点的基础上，确定空间数据库总体结构，按不同比例尺、纵向分层（专题层、要素层等）、横向分幅（标准分幅、区域分幅等）的方式组织数据，进一步明确数据的存储模型，并依照关系数据库设计的规范从总体上对空间数据库建设流程进行设计。

1. 统一的数据采集原则

　　空间数据库中的数据不仅规模大、种类多，并且数据还需要不断更新，数据采集时把握的原则是：尽量保证采集的数据具有权威性、科学性和现势性。

2. 统一的地理基础

　　地理基础是地理信息数据表达格式与规范的重要组成部分，主要包括统一的地图投影系统、统一的地理坐标系统及统一的地理编码系统。使用投影坐标、地理坐标、网格坐标进行数据定位，可使各种来源的地理信息和数据在共同的地理基础上反映出它们的地理位置和地理关系特征，同时也是地理信息进行空间定位、相互拼接和配准的必要条件。

3. 统一分层原则

　　数据分层的主要内容是按照数据存储要求和数据使用要求，把具有一定逻辑联系的一组地理特征及其属性分成一组，构成一个图形要素层，简称图层。图层是地理信息系统中地图数据管理的基本单元，是图形要素的特征和这些图形所附带的属性数据的综合体。当地理目标数据分为若干图层后，各个图层存储不同的空间信息，多个图层构成一个图幅，多个图幅构成一个区域。同时，一个区域不同图层的组合往往可以形成不同的应用专题。由此，对所有地理目标的管理就简化为对各图层的管理。一个图层的数据结构往往较单一，数据量也相对较小，管理起来也相对简单。制定数据分层原则的依据如下：

　　（1）按要素类型分层，将性质相同或相近的要素放在同一层。

　　（2）依据数据与数据之间的关系，相互关系密切的数据尽可能放在同一层。例如，哪些数据有公共边、哪些数据之间有隶属关系等，都将影响层的设置。

　　（3）考虑数据与功能的关系，如哪些数据经常在一起使用、哪些功能是起主导作用的功能等。还要考虑更新的问题，因为更新一般以层为单位进行处理，所以应考虑将变更频繁的数据分离出来。用户使用频率高的数据放在主要层，否则，放在次要层。某些为了显示绘图或控制地名注记位置的辅助点、线或面放在辅助层。

(4)不同部门的数据通常应该放入不同的层,这样便于维护。需要不同级别安全处理的数据也应该单独进行存储。

(5)根据不同的需求设计不同的分层方案,尽量减少数据冗余。数据分层应简洁、合理、科学。点、线、面要素根据系统需要,合理定义,在满足系统功能需求的基础上尽量以最少的数据分层进行数据组织。

(6)考虑比例尺的一致性,如某一空间要素在不同年份的考查中尺度范围不同,在这种情况下通常会以多层来存储。

数据分层的标准有多种,可按专题、时间和几何类型等进行分层。按专题分层就是每个图层对应一个专题的数据,如地貌层、水系层、道路层等。按时间分层就是把不同时间或不同时期的数据分别构成数据层。按几何类型分层就是根据地理目标的几何类别(点、线、面)分成点层、线层和面层。在实际的分层实施过程中,需要综合考虑上述三个标准。无论采用哪种分层标准,分层越少,数据采集与编辑的工作量越少,但过少的数据分层不利于数据的应用;而分层越多,虽然对数据使用有利,但增加了采集与编辑的工作量,也容易引起数据质量问题。因此,分层设计时还要考虑计算机的存储量、处理速度、软件等因素,在满足系统功能需求的同时尽量以最少的数据分层进行数据组织。

4. 统一分类编码原则

数据被划分成若干数据层后,需要利用统一的分类和编码实现对数据的有效组织和存储。编码是给每一种地理要素分配的唯一的标识符,用来标定某比例尺范围内地理实体的数字信息,实现空间数据与属性数据的连接,从而适应各种比例尺数字地形图的产生和空间信息系统中地理要素的采集、存储、检索、分析等。统一的分类编码是实现地图信息标准化存储及信息资源交换、集成和共享的关键问题之一,对于整个基础库建设具有非常重要的作用。在制定系统编码时,应遵循下列原则:

(1)科学性。数据库中所有要素的编码应统一规划、统筹安排,并能准确地表达数据信息的分类和层次信息。编码需以较少的代码提供丰富的参考信息,并能根据代码结构进行数据间关系的逻辑推理和判别。编码还需适合计算机直接存储和数据库管理的技术要求,并能方便快捷地进行数据更新和检索。

(2)系统性。编码内部形成体系,其类别和属性互不重叠和交叉。通过类别的合并和分解,系统之间保持最大限度的数据共享,共同组成分层次的信息分类体系。

(3)一致性。代码尽量采用数字码,且内容和长度必须一致,码位的分配及格式也必须一致。代码含义必须明确,不能出现多义性等。

(4)标准化。图层及图元的分类与编码首先应参照国家标准、行业标准和地方标准,其次引用通用符号,最后采取自编代码方案。

(5)扩展性。系统编码的码位应有充足的余地,当代码增加、减少或删除时,不会破坏原有代码。

(6)适用性。代码不宜过长(一般为 4～7 位),尽量以较少的码位提供丰富的参考信息,便于记录和查找,既可以减少出错可能性和操作量,又可以减少存储量及计算机处理时间。图层、图元的划分除了依据标准、规范外,还应考虑实用性的原则,如居民地图的图元一般划分到乡镇一级就比较合适,既满足了需要,又兼顾了经济和美观。

5. 统一命名原则

空间数据库包含大量的数据文件,为保证对数据文件进行有效管理,便于查询检索,不发生混淆现象,将文件按照一定的规则命名,能清晰地反映数据库代码、层名、层号、图幅号及数据加工处理的阶段。

8.2 空间数据库设计流程

规范化的数据库设计过程通常需要经过需求分析、概念设计、逻辑设计和物理设计四个步骤。首先明确系统的信息需求,其次利用概念模型完成现实世界到信息世界的抽象,再次利用逻辑模型完成信息世界到计算机世界的过渡,最后利用物理模型完成数据库的建立,如图 8.1 所示。由于空间数据的特殊性和空间关联的复杂性,空间数据库的设计比一般数据库的设计更加复杂,本节介绍逐步设计空间数据库的过程,并以一个简化的旅游景点数据库为例,说明设计过程中需要完成的工作及需要注意的要点。

8.2.1 需求分析

需求分析是数据库设计过程的第一步,目标是通过对用户的信息需求及处理需求的调查分析,得到数据库设计所必需的需求信息,形成后面各设计阶段的基础。根据这个目标,这一阶段的任务主要有三项。

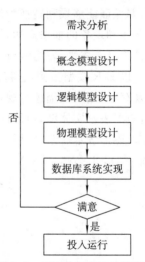

图 8.1 空间数据库设计流程

1. 确定数据库设计范围

需求分析的第一项工作就是确定数据库设计范围,即确定数据库应支持的应用功能和涉及的数据源。该范围应尽可能地考虑较为广泛的应用部门和应用领域,从而有效地利用计算机设备及数据库系统的潜在能力以充分满足用户的要求。其基本实现步骤为:①确定一个合理的需求目标,根据这个目标进行数据库设计的需求分析,即涉及用户哪些功能域和数据域;②分析功能间的数据关联,进一步明确数据库设计的范围。

2. 分析和收集需求数据

需求分析要获得数据库设计所必需的数据信息。这些信息包括用户的信息需求、处理需求、完整性需求、安全性需求等。信息需求指设计范围内涉及的所有信息的内容、特征及相关数据。处理需求是用户对信息加工处理的要求,包括处理流程、发生频度、响应时间、安全保密要求、涉及数据等。以空间数据的需求为例,需要根据业务功能及数据库建设需要,明确空间数据的分类组成、获取方式、加工要求、数据精度、数据范围等。

3. 建立需求说明文档

这项任务是对收集的数据进行筛选整理,并按一定的格式和顺序记载保存,经过审核成为正式的需求说明文档。这项任务主要贯穿在数据收集过程中进行。

用于需求分析的软件工程方法和技术有多种,其中结构化分析方法就是一种广泛应用的需求分析方法。它是以数据流图为主要工具,逐步求精地建立系统模型的一种系统分析方法。

同时还与数据字典、判定表、判定树等一些辅助工具配合使用。通过以上步骤,可获取一个具体的现实世界问题域的完整信息,并明确数据需求,为接下来设计完整、实用、灵活的空间数据库打下基础。

8.2.2　概念模型设计

空间数据库概念模型设计的任务是从用户需求出发,通过认识和分析数据的分类、聚集、概括和联系等特征,对现实世界问题域的基本元素以及这些元素之间的关系进行归纳和抽象,最终形成一个不依赖空间数据库管理系统和计算机软硬件的信息结构,即概念模型,从而真实充分地描述现实世界问题域。概念模型设计既是现实世界问题域的抽象,又为数据进入计算机世界做铺垫,是整个数据库设计的关键。

概念模型是从用户的角度对现实世界的一种信息描述,需要用一种抽象的形式表示,并且其概念结构要独立于数据库的逻辑结构和支持数据库的数据库管理系统。因此,所建立的模型应避开数据库在计算机上实现的具体细节,同时能够表达用户的各种需求且易于理解和更改,并保证能够顺利转换为逻辑模型。从计算机的角度看,概念模型是抽象的最高层,是对地理实体和现象的抽象表达,描述了现实世界的数据内容与结构,具有稳定性。目前概念模型的设计工具有多种,较为流行的是 E-R 模型和 UML 模型。

以 E-R 模型为例,它将现实世界的客观存在理解为实体(考虑问题的对象),用属性描述客观存在,用联系描述客观存在之间的关联,并使用 E-R 模型直观地描述模型。在 E-R 模型中,矩形表示实体型,矩形框内写实体名;椭圆形表示属性,并用无向边将其与相应的实体连接起来;菱形表示联系,并用无向边将其与有关实体联系起来,同时在无向边旁标注联系的类型(如 $1:1$, $1:N$, $M:N$)。一个简化的旅游景点空间数据库的 E-R 模型如图 8.2 所示。

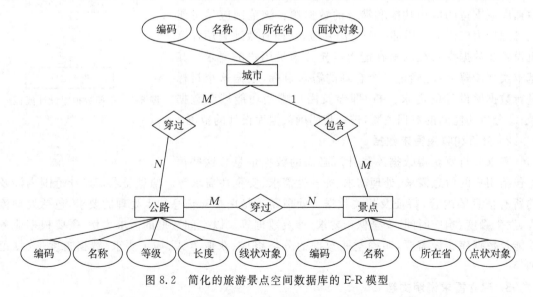

图 8.2　简化的旅游景点空间数据库的 E-R 模型

E-R 模型简单且易于理解,是用户和数据库设计人员之间进行交流的有效手段。设计概念结构的 E-R 模型主要有以下四种策略:

(1)自顶向下。首先定义全局概念结构 E-R 模型的框架,然后逐步细化。

(2)自底向上。首先定义局部应用的概念结构 E-R 模型,然后将它们集成,得到全局概念结构 E-R 模型。

（3）由里向外。首先定义最重要的核心概念结构 E-R 模型，然后向外扩充，产生其他概念结构 E-R 模型。

（4）混合策略，即自顶向下和自底向上相结合的方法。先用自顶向下的策略设计一个全局结构概念框架，再以它为骨架集成自底向上策略中设计的各局部概念结构 E-R 模型。

利用混合策略建立 E-R 模型可兼顾整体和局部，实践证明其对于空间数据库的概念结构设计是非常有效的。其设计步骤如图 8.3 所示。

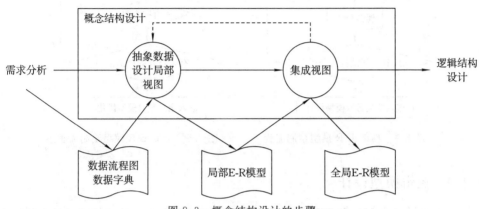

图 8.3　概念结构设计的步骤

1. 明确空间实体及其相互关系

根据需求分析结果，明确空间数据库所包含的各类空间实体、实体的属性及实体间的关系。地理信息的分类是对地理空间实体的一种抽象和概括。应尽量建立统一的地理要素分类体系，确保地理信息多用户、多领域共享。通常，空间实体可包括的属性信息有几何类型信息（包括点、线、面、复杂物体、三维物体等）、分类分组信息（用特征码或地理标识符表示物体的类型归属）、图形信息（描述物体的位置和形状信息）、数量特征信息（描述物体的大小或其他可以度量的性能指标）、质量描述信息（说明物体的质量构成）、名称信息等。空间实体间的关系主要有定性（分层或分类）关系、定位关系、拓扑关系三种。其他关系可在这三类基本关系上导出。

2. 确定局部结构范围

数据库系统是为多个不同的应用服务的，根据不同的应用要求对应用服务进行分类，划分问题域的局部结构范围，绘制对应的局部 E-R 模型。

3. 绘制全局 E-R 模型

各局部应用服务所面向的问题不同，且通常由不同的设计人员完成设计，这导致局部 E-R 模型之间存在许多不一致的地方。这一步骤确定各局部 E-R 模型的公共实体集，将局部 E-R 模型合并为一个能反映所有局部应用服务的全局 E-R 模型，并消除合并带来的冲突。局部与全局 E-R 模型设计流程如图 8.4、图 8.5 所示。

E-R 模型虽然广泛应用于概念设计建模，但它主要适用于简单的数据类型和结构，不能很好地表达空间建模中的特定语义，也不能对场数据模型进行自然的映射。因此，存在一定的局限性。通过引入象形图，用象形符号来表示各种空间数据的类型和结构关系，可以扩展 E-R 模型以便对空间数据建模。

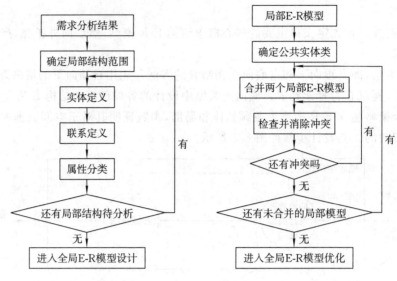

图 8.4　局部 E-R 模型绘制流程　　图 8.5　全局 E-R 模型绘制流程

8.2.3　逻辑模型设计

逻辑模型设计的主要任务是利用数据库管理系统所提供的工具把信息世界中的概念模型映射为计算机世界中的逻辑模型,并用数据描述语言表达出来。在这一阶段,概念模型被匹配到特定的数据库管理系统,称为逻辑模型,它决定数据库要素的逻辑结构。逻辑模型是与所采用的数据库软件相关的,但它本身独立于物理实现细节。本节主要介绍基于对象—关系模型的数据库逻辑设计,即把概念设计阶段得到的 E-R 模型转换成与选用的对象—关系数据库管理系统所支持的数据模型相符合的逻辑结构。

逻辑设计的主要工作是确定各数据表及其逻辑关系。基本内容是,确定实体及实体的表达方式、属性字段、属性值的有效性规则等,并定义实体间关系的逻辑表达方式,最后得到数据逻辑模型。具体的匹配过程可通过支持工业标准的计算机辅助软件工程(computer aided software engineering,CASE)工具(如 Erwin、Oracle Designer 2000、Rational Rose 等)来实现。通过 CASE 工具,可以用完全可视化的方法,定义或扩展新的空间数据对象。ArcCatalog 提供了根据 CASE 工具将空间数据对象自动生成 GDB 数据框架的工具,方便、准确、快捷。数据库框架可在主流的商业化数据库管理系统平台上实现,如 Oracle、DB2、Informix、SQL Server 等。

结合空间数据的类型和特点,其数据库逻辑结构设计可分成四个步骤。

1. 定义空间参考

数据库的空间参考是结合研究区的地理位置特点及不同空间数据类型的特点进行设置的。空间数据库既要实现空间数据的无缝组织管理,又要保证数据质量。按照统一的地理坐标对地理实体要素进行分类分层是数据组织的基本思路。

(1)矢量数据采用地理坐标。地理坐标是一种特殊的地图投影,地理坐标数据是连续的,解决了跨带问题,从而可以保证数据库地理对象的完整性,为数据库的查询检索、分析应用提供极大的方便;同时保持与国家基础地理信息数据库的统一,为数据库的集成管理、数据更新维护、数据共享提供支持。采用地理坐标的缺点是应用数据时需要进行投影转换,但矢量数据投影转换速度快,没有任何精度损失。当需要制作地形图或以高斯坐标分发数据时,可以将地理坐标转换成高斯坐标输出。坐标系变换不改变拓扑关系和属性的关联关系,所以坐标转换和投影变换后不需要再进行数据处理,即可重新建立以高斯坐标为参照系的工程,或直接进行制图输出。

(2)栅格数据采用高斯坐标。目前,栅格数据产品的生产和应用大多采用高斯坐标。如果数据库建库采用大地坐标,则在建库和输出时需要大量的数据转换工作。如果采用高斯坐标,对于一个投影带范围内的工程项目可以直接使用数据,能够减少大量的数据转换工作。对于跨带的工程用途,可再进行换带计算和转换。由于对栅格数据进行投影变换时需要做重采样处理,影像质量和数据精度都会受到影响,所以要尽量避免对栅格数据进行投影变换。

在空间数据库中,用空间参照系来描述几何体的空间信息。空间参照系至少要定义的内容为:①基础坐标系的测量单位(度、米等);②最大坐标值和最小坐标值(也称为边界);③缺省线性测量单位;④说明数据是平面数据还是椭球体数据;⑤用于将数据转换为其他空间参照系的投影信息。每个空间参照系均有一个标识符,称为空间参照标识符(SRID)。当数据库执行空间操作时,将利用 SRID 查找空间参照系的定义,以确保正确执行对空间参照系的计算。

2. 总体逻辑设计

典型的空间数据库的逻辑层次结构可划为五级,即总库、分库、子库、逻辑层和物理层,如图 8.6 所示,并按分层编码的原则进行组织管理。总库按照数据来源的比例尺等级划分分库,将每级比例尺数据作为一个分库。每个分库按空间数据类型划分子库(数据集),每种数据类型对应一个子库,分为数字矢量地图数据库、数字高程模型数据库、数字正射影像图数据库、数字栅格地图数据库等数据集。此外,数据库运行还需要一些辅助数据库,包括地名数据库、控制点数据库、空间元数据库、属性数据库等。针对每种数据库,需要进行相应的逻辑设计。

(1)数字矢量地图数据库有基于图幅和基于要素两种不同的数据组织方法。基于图幅的数据组织方法遵循数据分类分层的原则,把具有相同实体意义和空间特征的同类图形要素存放在同一个图层,对于跨图幅要素在物理上不进行任何处理。该方法前期数据入库的工作量较小,管理维护比较方便,但向 GIS 应用系统提交数据时需要进行数据接边等处理,后期工作量比较大。而基于要素的数据组织方法按照地理要素的分类进行逻辑分层,整个地理范围内的空间数据保持连续的无缝拼接,即在地理空间数据入库时将跨图幅要素合并为一个要素。该方法保持了地物的完整性、连续性和一致性,对于 GIS 应用系统具有较大的优势,但前期数据入库的工作量大,管理维护比较麻烦,即入库前需要先将同一个比例尺同一分带中的数字矢量地图分幅数据进行拼接处理。

(2)数字正射影像图、数字高程模型、数字矢量地图数据可直接按照数据库管理系统提供的栅格数据集模型进行组织和存储。对于数字正射影像图、数字高程模型数据,按格网间距将其分为不同的栅格数据集;而对于数字矢量地图数据,则按比例尺划分为不同的数据集。对于跨带的情况,将每个投影带中的一个标准分幅作为一个栅格数据集。一个栅格数据集的覆盖范围和数据量可以很大,但是坐标和投影必须是一致的、连续无缝镶嵌的,同时根据需要确定分辨率的唯一值。

(3)地名数据库是基础空间数据库的重要组成部分,用来存储和管理地形图上的全部地名信息,包括行政区、居民地、河流、湖泊、岛礁、山脉、自然保护区等要素的名称和属性。地名数

据库中的地名,除了具有地理名称以外,还具有准确的空间位置和属性信息。地名数据库中的
地名需要进行分类编码设计,以便于信息的存储、管理。

(4)控制点数据库的设计模式与地名数据库一致。

(5)空间元数据是对空间数据进行描述的信息,包括基本信息、数据信息、空间数据表示信
息、参照系统信息、数据质量信息、要素分发信息、发行信息和元数据参考信息等。空间元数据
通过对地理空间数据的内容、质量、条件和其他特征进行描述与说明,帮助人们有效地定位、评
价、比较、获取和使用地理相关数据。建立空间元数据是实现空间数据管理的有效方法,是使
空间数据发挥作用的重要条件之一,也是实现空间数据共享的一个基本前提。空间元数据库
的设计标准和规范参照空间元数据标准。

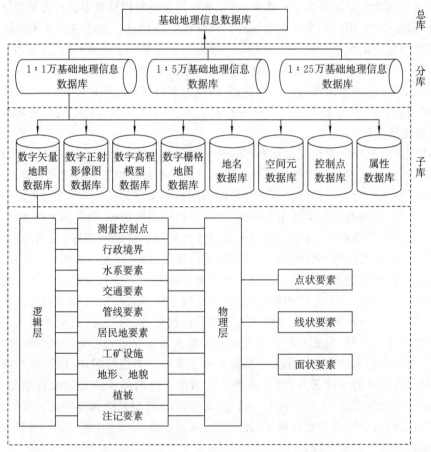

图 8.6　基础地理信息数据库的逻辑层次结构

3. 属性数据库设计

空间数据库的矢量数据和属性数据包含大量属性字段,这些字段的数据结构需要根据实
际需求来创建。属性数据库的设计就是将概念设计阶段的 E-R 模型转换成关系模型,即一组
关系模式的集合。E-R 模型向关系模型转换需遵循以下原则:

(1)一个实体类型转换为一个关系模式。实体的属性就是关系的属性,实体的码就是关系
的码。

(2)一个 $M:N$ 联系转换为一个关系模式。与该联系相连的各实体的码以及联系本身的

属性均转换为关系的属性,而关系的码为各实体的码的组合。

(3)一个 1∶N 联系可以转换为一个独立的关系模式,也可以与 N 端对应的关系模式合并。如果转换为一个独立的关系模式,则与该联系相连的各实体的码以及联系本身的属性均转换为关系的属性,而关系的码为 N 端实体的码。

(4)一个 1∶1 联系可以转换为一个独立的关系模式,也可以与任意一端对应的关系模式合并。如果转换为一个独立的关系模式,则与该联系相连的各实体的码以及联系本身的属性均转换为关系的属性,每个实体的码均是该关系的候选码。如果与某一端对应的关系模式合并,则需要在该关系模式的属性中加入另一个关系模式的码和联系本身的属性。

(5)3 个或 3 个以上实体间的一个多元联系转换为一个关系模式。与该多元联系相连的各实体的码以及联系本身的属性均转换为关系的属性,而关系的码为实体的码的组合。

(6)同一实体集的各实体间的联系,即自联系,也可按上述 1∶1、1∶N 和 M∶N 这三种情况处理。

(7)具有相同码的关系模式可以合并。

同时,对于关系模型的数据库表结构的设计也是数据库设计的重要组成部分。对数据库表结构进行合理的设计,能够节省物理存储空间,提高查询检索的响应速度,也便于数据库后续的维护。

4. 逻辑结构与数据库管理系统的映射

数据库的逻辑结构设计完成后,需要将其与指定的空间数据库管理系统的空间数据模型匹配,也就是明确数据在空间数据库中的表示,对每个空间实体分配与之对应的表达方式。例如,用点、线、面来表示矢量数据,用栅格结构来表示栅格数据,用不规则三角网来表示地表,用表来表示属性数据。以 Esri 公司的 Geodatabase 数据模型为例,逻辑设计中的空间实体与 Geodatabase 对象的对应关系如表 8.1 所示。

表 8.1　空间实体与 Geodatabase 对象的对应关系

逻辑设计	Geodatabase 对象
专题	要素数据集、栅格数据库目录、对象类
点实体	点要素类
线实体	线要素类
区域实体	多边形要素类
非空间表	对象类
实体关联	关系类
实体关系	拓扑
属性值的有效性规则	有效性规则
子类	子类型
栅格	栅格数据集

8.2.4　物理模型设计

第四阶段的任务是设计数据的存储结构和存储路径,将数据库的逻辑模型在实际的物理存储设备上加以实现,从而建立一个具有较好性能的物理数据库。该过程依赖于给定的计算机系统和具体的数据库管理系统。数据库物理设计主要解决三个方面的问题。

1. 分配存储空间

存储空间的分配应遵循两个原则：①存取频度较高的数据存储在快速、随机设备上，存取频度低的数据存储在慢速设备上；②相互依赖性强的数据应尽量存储在相邻的空间上。

2. 确定数据的物理表示

数据的物理表示可以分为两类，即数值数据和字符数据。数值数据可以用十进制形式或二进制形式表示。通常，二进制形式占用较少的存储空间。字符数据可以用字符串形式表示，有时，也可以用代码值的存储代替字符串的存储。为了节约存储空间常常采用数据压缩技术，这在设计空间数据库时非常重要。

3. 确定存储结构

由于空间数据的特殊性，早期数据建模中逻辑结构到物理结构这一阶段一直采用手工方式完成。这种方式不但效率低下，生成的空间数据库模式难以复用，而且空间数据的建模结果也很难直接被软件开发人员使用。现在，Esri 推出的 Geodatabase 数据模型已经支持基于工业标准的统一建模语言和 CASE 工具的建模方式。利用 CASE 工具可将上一阶段的逻辑设计结果转换成数据库支持的 UML 模型，然后将模型导出到 XML 文件，最后利用 ArcCatalog 中的 Schema 生成向导生成空间数据库方案。Schema 会通过向导来创建要素类、对象类和关系类，并产生一些相应的表。这些生成的表在此时仅为空表，需要在其基础上进行数据加载，直至空间数据库的最终建立。利用 CASE 工具完成逻辑设计到物理设计的过程如图 8.7 所示。

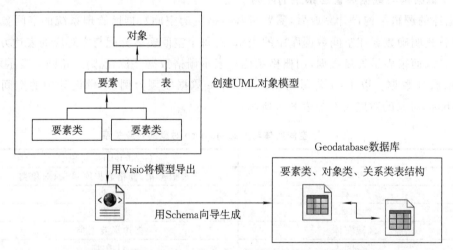

图 8.7　利用 CASE 工具完成逻辑设计到物理设计的过程

8.2.5 案　例

本小节将按照上述需求分析、概念设计、逻辑设计和物理设计的原理方法，以 PostgreSQL 数据库软件和 PostGIS 空间数据库插件为例，分四个步骤设计一个简单的案例型空间数据库。

1. 需求分析

需求分析的主要任务是确定数据库应支持的所有应用需求和涉及的数据源，并分析和收集需求数据。本案例数据库的需求方是旅游管理相关部门，数据库设计的目标是实现中国(不含港澳台三地)5A 级旅游景点的存储管理和查询检索功能，并向游客提供简单的空间信息应用服务。

通过对数据库应用场景的调研和分析,表8.2列出了本案例数据库基本的应用需求及其对应的数据库功能需求。

表 8.2　旅游景点数据库的基本应用需求和功能需求

数据库应用需求	数据库功能需求
中国现有哪些景区	景点基本信息的增、删、改和查询
景区的空间位置在哪里	景点空间信息的增、删、改和查询
某景区的出行线路怎么走	道路网最短路径查询

根据以上应用和功能需求,本案例数据库所需的数据分类如图8.8所示。

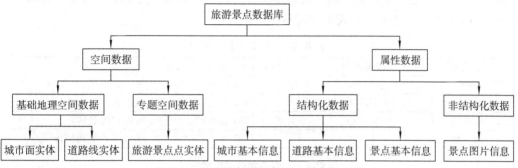

图 8.8　旅游景点数据库所需的数据分类

空间数据包括基础地理空间数据和专题空间数据两类。

(1)基础地理空间数据主要由基础地形图、地名、居民地、交通、行政境界等组成,用于提供专题数据的地理参考等背景信息。本案例的数据源为国家基础地理信息中心提供的全国范围Shapefile格式的1∶400万矢量数据集,该数据集包括了案例数据库所需的城市面实体和道路线实体空间数据。地级市行政区划面状数据来自全球行政区划数据库(database of global administrative areas,GADM)。

(2)专题空间数据由特定应用领域所关注的空间数据组成,用于支持系统的功能实现。本案例数据库的数据源为国家旅游局门户网站的5A级景区列表,共247个景点,景点位置数据来源于谷歌地球。

以上两类空间数据除了包含几何图形数据外,通常还包含描述这些空间实体的分类、命名、数量、质量等属性数据。

非空间的属性数据也包括两类,分别是结构化数据和非结构化数据。

(1)结构化数据是指有一定结构、可以划分出固定的基本组成要素、以表格形式表达的数据,可用关系数据库的表、视图表示。城市基本信息包括城市名称、城市人口、城市面积等。道路基本信息包括道路名称、道路等级、道路长度等。

(2)非结构化数据是指没有明显结构、无法划分出固定的基本组成元素的数据,主要是文档、多媒体数据等。本案例数据库中所需的非结构化数据主要是景点图片信息。

2. 概念模型设计

概念模型设计的主要任务是明确本案例数据库涉及的各种实体以及实体之间的关系,绘制E-R模型。依据需求分析结果所绘制的E-R模型如图8.2所示。

3. 逻辑模型设计

逻辑模型设计的内容较多,主要包括矢量数据的空间参考设定、若干空间实体的表结构设计和数据库对象映射,以及属性数据的表结构设计和数据库对象映射等。

(1)利用 QGIS 或 ArcGIS 等软件为国家基础地理信息中心的全国范围 1:400 万矢量数据集设定 WGS-84 地图投影坐标系。

(2)利用 QGIS 或 ArcGIS 等软件对所有景点的经纬度信息进行空间化处理,得到景点的点状图层文件。

(3)根据图 8.2 的 E-R 模型,本案例数据库中包含三个空间实体和三个空间关系。三个空间实体各自映射一张关系表。空间关系在数据库中通常不进行显式描述,但本案例数据库中城市包含景点的关系直接通过在景点实体中加入一个所在地属性来实现,其关系类型是 1:N,可在一张景点表中描述。最终的表结构设计以及属性数据与 PostGIS 空间数据库管理系统的映射如表 8.3、表 8.4 和表 8.5 所示。

表 8.3 实体城市的表结构

字段名	数据类型	PostGIS 数据类型/对象	说明
编码	整型	Integer	城市的编码,表主码
名称	字符串	Varchar(n)	城市名称
所在省	字符串	Varchar(n)	所在省的名称
面实体	几何体	Polygon	城市多边形几何体

表 8.4 实体公路的表结构

字段名	数据类型	PostGIS 数据类型/对象	说明
编码	整型	Integer	公路的编码,表主码
名称	字符串	Varchar(n)	公路名称
等级	整型	Integer	公路等级
长度	双精度浮点数字	Double	公路长度
线实体	几何体	MultiPolyline	公路线状几何体

表 8.5 实体景点的表结构

字段名	数据类型	PostGIS 数据类型/对象	说明
编码	整型	Integer	景点的编码,表主码
名称	字符串	Varchar(n)	景点名称
所在省	字符串	Varchar(n)	所在省的名称
点实体	几何体	Point	景点点状几何体

4. 物理模型设计

物理模型设计的任务是设计数据的存储结构、存储路径,为空间数据定义空间索引等。其中前两项通常已经封装在数据库管理系统内,对外透明。而空间索引则依赖所采用的空间数据库引擎,PostGIS 是在通用搜索树(generalized search trees, GiST)的基础上,实现了 R 树对空间数据的索引。索引创建的语句可参考 PostGIS 的相关资料。

8.3 空间数据库建库

从建库前的成果数据整理到数据库的建立,还要经过一系列的环境配置和数据处理。建库的主要步骤如下:

(1)数据库系统环境配置。根据数据库需求分析阶段的用户信息需求和处理需求,选择合适的软硬件配置和数据库体系结构,搭建空间数据库系统环境。

(2)数据预处理。空间数据成果的差异是客观存在的,具体体现在数据格式、坐标系统、分层分类编码等方面。这些数据成果的差异可以通过数据预处理来解决。这个过程是对多元空间数据入库前的一次再加工和质量检查,是数据入库过程中一个非常重要的环节。质量检查主要包括数据完整性检查和数据正确性检查。对于检查合格的数据进行数据整理,如按命名规则建立数据文件、整理空间属性、整理文字属性等。

(3)数据组织结构设计。主要包括概念模型设计、逻辑模型设计和物理模型设计三部分。

(4)数据入库。按照数据库的结构设计建立相应的要素数据集、要素类和栅格数据集,然后使用导入向导工具,将空间数据和非空间数据分别导入空间数据库中。

8.3.1　系统环境配置

以基于 PostgreSQL 和 PostGIS 的旅游景点数据库建立为例,系统的环境配置分为以下三步:

(1)安装 PostgreSQL 数据库和 PostGIS 空间扩展模块,安装 ArcGIS 或 QGIS 数据操作软件。

(2)在 PostgreSQL 数据库服务器端创建一个以 template_postgis 模板为基础的空间数据库。

(3)根据逻辑模型设计阶段的表结构创建含空间对象的空间表和非空间的属性表。若数据入库步骤采用外部数据文件导入的形式,则其中的空间表和属性表的创建可直接通过导入完成,不需要手动创建。

通过以上三步,一个空间数据库的软件体系已经配置完毕。接下来就能用 PostgreSQL 数据库的可视化操作工具 pgAdmin 4(图 8.9)或 ArcGIS、QGIS 等桌面端软件对数据库进行各种操作,如创建数据库子库、导入数据等。

图 8.9　PostgreSQL 数据库的可视化操作工具 pgAdmin 4

8.3.2 数据预处理

空间数据库是一个海量、多源、多比例尺、多类型、多时相、多分辨率的数据库,涉及大量的矢量数据、栅格数据、属性数据、图像数据和文档数据,针对不同类型数据的预处理过程也各不相同。因此,数据处理和入库的工作量巨大而且繁杂,需要制定一个合理的数据预处理入库方案,提高工作效率。

数据预处理是结合数据质量检查、数据转换和分类入库进行的。空间数据库典型的数据预处理和入库的流程如图 8.10 所示。

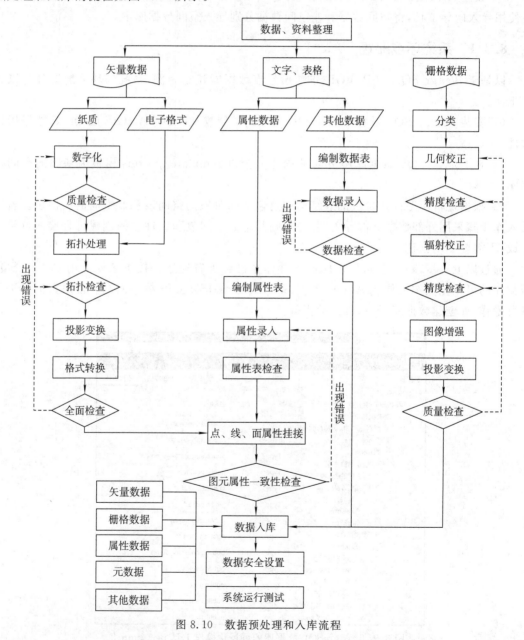

图 8.10　数据预处理和入库流程

1. 矢量数据预处理

在收集的矢量数据中,电子格式数据进行质量检查后,按照空间数据库的建库标准进行数据格式、坐标和投影的转换,然后入库;还有部分数据是纸质成果,完成扫描、数字化、图幅拼接、拓扑处理,以及坐标、投影转换等处理后才能入库。

(1)扫描。通过扫描仪将纸质地图扫描成电子栅格数据,为地图数字化做准备。

(2)数字化。数字化过程包括图像配准、图像二值化、矢量化、编辑和修改等工作。

(3)图幅拼接。分幅矢量化的图形经过接边处理才能入库。数据接边是指将被相邻图幅分割开的同一图像对象的不同部分拼接成一个逻辑上完整的对象。空间数据库的图像接边要在规定的误差范围内进行,接边误差在误差范围内的可以直接按照影像进行接边,误差比较大的应实地核实后再按实际情况进行。在图形拼接的同时需拼接属性数据,在 ArcGIS 软件中实际进行拼接时,会弹出 Merge 对话框让用户选择保留哪个图像对象的属性。

(4)拓扑处理。空间数据之间具有重要的空间关系,对数据进行拓扑处理能够消除空间数据间的拓扑错误,如悬挂弧段、不闭合的多边形等。在 ArcGIS 软件中,可根据数据需求,在 ArcCatalog 或 ArcMap 中选择相应的拓扑规则,创建拓扑并进行空间数据的拓扑修正。

(5)坐标、投影转换。地图经过扫描和数字化后,如果矢量数据是平面坐标,则根据空间数据库的建库要求,将平面坐标的矢量数据转换为地理坐标。

2. 栅格数据预处理

空间数据库的栅格数据主要包括数字高程模型、遥感影像、卫星影像和航空影像等。对于已经处理过且坐标符合要求的栅格数据,可以直接入库;而对于原始的栅格数据,需要进行几何校正、辐射校正、图像增强,以及坐标、投影转换等处理后才入库。栅格数据的处理主要在遥感影像处理软件 ERDAS 中进行。

3. 属性数据录入

属性数据是空间实体不可分割的组成部分,是空间实体的特征数据。属性数据可分为两种,一种是直接记录在空间数据中的属性数据,另一种是单独存储的属性数据。记录在空间数据中的属性数据通常在拓扑处理后录入,而单独存储的属性数据则录入制作好的属性表。

属性数据的录入方法有多种,最常用的是键盘输入法。属性录入时,尽量保证每个要素的各种属性数据没有错漏。属性录入后,再进行一次属性检查,以确保属性的准确性和完备性。

8.3.3　数据入库

空间数据库的数据是海量、多源、多类型的数据,在数据入库的过程中,要根据不同的数据类型,选择相应的数据导入方式和数据质量控制方法。

需要入库的数据通常包括矢量数据、栅格数据、属性数据、元数据、其他数据等。可选的数据入库方式主要有以下两种:

(1)利用软件提供的工具,在图形操作界面进行空间数据和非空间数据的批量导入。ArcGIS 提供了多种不同的数据导入方法,如 ArcToolbox 提供的 Conversion Tools 工具、Data Interoperability Tools 工具、复制粘贴、ArcCatalog 中的 Import 和 Load。复制粘贴导入数据的方法只能在 Geodatabase 之间进行,而 Conversion Tools 工具、Data Interoperability Tools 工具、Import 和 Load 这几种方法不仅能将数据导入 Geodatabase,还能将数据导入基于 ArcSDE 的 RDBMS。

（2）利用空间数据库管理软件提供的数据操纵功能导入各类数据。例如，PostGIS 提供了 shp2pgsql 程序命令，以及 Shapefile 导入导出管理插件，可进行矢量数据的导入。插件的使用界面如图 8.11 所示。

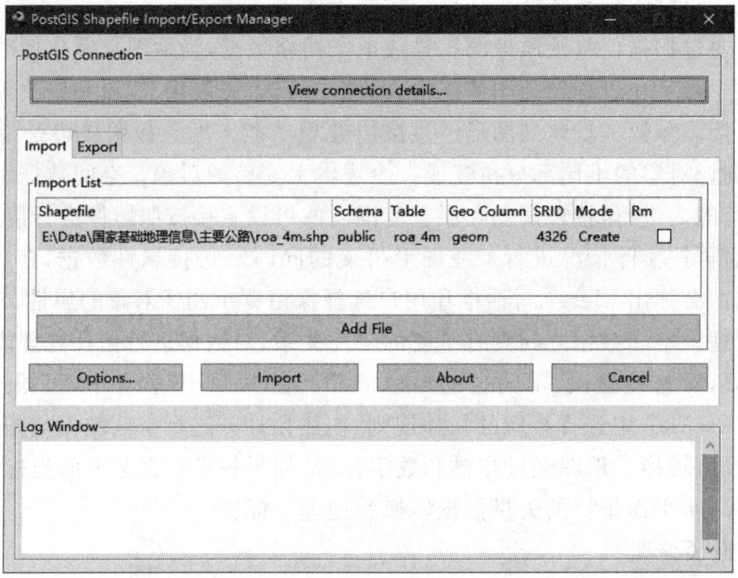

图 8.11　PostGIS 的 Shapefile 导入导出管理插件

不同的空间数据类型需要分别入库。在入库之前，还应根据该类数据的质量标准进行质量检查，质量合格的数据方可入库。

（1）矢量数据入库。如图 8.11 所示，在 PostGIS 的 Shapefile 导入导出管理插件中添加多个 Shapefile 文件，选择矢量数据需要导入的数据库模式，定义数据库表名、数据库表中的几何字段名、几何对象的空间参考等，即可实现矢量数据的批量入库。

（2）栅格数据入库。栅格数据主要包括 DEM、遥感影像、卫星影像等。在 ArcGIS 中可采用 ArcCatalog 提供的 Load 工具导入，在 Raster to Geodatabase（multiple）图形操作界面加载需要入库的栅格数据，可实现栅格数据的批量入库。在 PostGIS 中，需要借助 PostgreSQL 安装目录下 bin 文件夹中的可执行文件 raster2pgsql，通过调用该应用程序可快速生成将栅格数据导入空间数据库所需的 SQL 脚本。

（3）属性数据入库。属性数据是以表格形式存储的，属性数据入库即二维表格入库。无论是 GIS 软件还是空间数据库管理系统，都提供了方便的数据表导入功能。

（4）其他资料入库。其他资料主要包括专题图片、照片和文档数据。对于专题图片、照片等属于栅格结构的数据，采用与栅格数据入库一样的方法入库。将文档数据整理成表格，采用属性数据的入库方法入库。

（5）元数据入库。不同的比例尺、图幅、数据类型分别对应不同的元数据。在 ArcCatalog 中生成的元数据以 XML 格式存在，直接存储在 Geodatabase 中，它是 Geodatabase 的一部分，随着地理数据的复制、移动、删除自动被复制、移动、删除。因此，在数据入库时，元数据也随着数据入库了。XML 格式的元数据入库方法与属性数据的入库方法类似，使用 ArcCatalog 提供的 Import 工具导入。

8.4　空间数据库维护与更新

8.4.1　空间数据库维护

空间数据库维护包括对数据的备份与恢复策略。数据备份不仅是对数据的保护,其最终目的是在系统出现故障或错误后,能够通过备份内容对系统进行有效的恢复。

在数据库的使用过程中,计算机硬件故障、系统软件和应用程序故障、人为操作失误、人为恶意破坏或病毒等可能会造成数据的损坏或丢失,因此数据的备份与恢复就显得格外重要。另外,空间数据在应用过程中不断地被更新变动,经常需要备份不同时期、不同版本的空间数据。有时出于调整的必要,需要在不同服务器,甚至不同数据库管理系统之间进行空间数据的移植和转换。这些都需要对数据库进行及时的备份。

空间数据库的备份与恢复可完全采用大型关系数据库管理软件提供的备份与恢复机制。备份方式有定期总备份、短期增长式备份、覆盖备份、异地灾难备份,而恢复方式与备份方式相对应,具体选择何种备份与恢复的方法还需根据系统实际情况而定。

8.4.2　空间数据库更新

整合到数据库中的数据如何有效地进行更新以保持数据良好的现势性,是数据更新机制要完成的工作。数据是维持系统运行的血液,只有保持基础地理信息数据的高度现势性,系统运行结果才具有可靠性。与传统数据库(非空间数据库)相比,空间数据库的更新策略有以下三个特点。

(1)数据更新周期不同。空间数据的更新往往涉及跨部门、跨行业的多种数据格式和多种数据类型,各数据库数据内容、性质互不相同,更新周期也有差异。数据的更新机制要由数据的分布情况、服务对象、职能部门、技术力量、基础设施等多种因素确定,一般分为两个层次,即不定期的局部数据更新和周期性的全局数据更新。更新时以不定期局部数据更新为主,对于处于应用核心地位且时态性表现明显的数据,要求保持现势性;如果更新手段先进且资金投入可以保证,则要做到随时更新;而对于变化缓慢、覆盖面较大的数据,则要做到定期更新。但是数据的局部更新可能会导致系统数据的有序性变差,使冗余度增加,同时还会增加大量的文件碎块,因此,隔一段时间应对系统数据进行全面更新。

(2)数据更新的角色不同。空间数据库更新一般由专人负责。空间数据更新需要专门的技术,必须采用特定的方法和流程才能保证空间数据的准确性、一致性和完整性。数据平台是由基础空间数据和多种专业平台数据组成的,包含异源异构的数据。为了保证数据更新的一致性,应当实现相关数据库更新时的联动。建立数据库联动检索和空间数据引擎多级空间索引机制,使各类实时关联的数据库能够进行同步更新,实现内容相关和位置相关的联动与快速检索,加快数据实时更新的速度,并提高准确性。在数据库的数据管理中可以采用数据复制技术实现数据同步。

(3)数据更新的策略不同。传统数据库一般面向查询和增、删、改的事务处理,而空间数据库一般允许访问时间相对滞后的历史数据。一方面是空间对象的变化较缓慢,另一方面是人为因素导致未能及时更新,再者 GIS 一般是作为决策支持系统出现的,而决策支持系统需要使用历史数据。因此,数据库要具备管理不同时间数据的功能,要能够反映现状、追溯历史,并避免数据存储的冗余,还要能够重现某一区域在历史上某一时刻的数据状况。以前常用的办法是将不同时段的数据以快照方式存储和管理,这种方法的突出弱点是数据冗余大。尤其对于基础空间数据而言,这种方法会导致空间实体关系被隔断,而且在用关系数据库存储属性数据时,会使关系表越来越多,维护起来不方便。因此,在实际建设中,更多使用增量存储。除现势数据外,其他的所有历史数据都存储在同一个数据平台体系中。当数据更新时,只对实体做更新标识,并不删除旧的数据。针对基础空间数据,还要通过建立空间实体之间的变化关系,解决空间实体历史数据的保存问题,同时采用时间标记的方法来管理现状和历史数据。

思考题

1. 空间数据库设计的任务是什么?
2. 空间数据库设计的基本要求有哪些?
3. 空间数据库的设计原则有哪些?
4. 制定空间数据分层的依据有哪些?
5. 空间数据分层的标准有哪三种?
6. 简要描述空间数据库的设计流程。
7. 空间数据库设计阶段需求分析的目标和任务是什么?
8. 空间数据库概念模型设计的任务是什么?
9. 请用实体—关系模型(E-R模型)设计一个简单的自然灾害空间数据库系统概念模型。
10. 简述用 E-R 模型设计空间数据库概念模型的四种策略。
11. 简述利用混合策略建立 E-R 模型的设计步骤。
12. 空间数据库概念模型设计中空间实体的属性和关系主要有哪些内容?
13. 空间数据库逻辑模型设计的主要任务是什么?
14. 空间数据库逻辑模型设计的主要内容有哪些?
15. 简述空间数据库逻辑模型设计的步骤?
16. 空间数据库物理模型设计的主要任务和要解决的主要问题有哪些?
17. 空间数据库建库的主要步骤有哪几步?
18. 矢量数据入库前预处理的内容有哪些?
19. 栅格数据入库前预处理的内容有哪些?
20. 空间数据库维护的内容有哪些?
21. 空间数据库更新策略有哪些特点?

第9章　三维空间数据模型

很多地理空间现象及其分布规律可以投影到二维地表平面上进行有效的建模和表达,这些模型及表达在实际工作中得到了广泛应用。例如,查询"长江流经哪些省(省级行政单位)及在相应省的长度""与湖南省相邻的省是哪些",以及基于道路网分析某城市的交通运输能力等。这些地理空间现象尽管存在于真实三维空间,但由于其涉及的空间特征主要与地表平面特性有关,因此利用二维空间数据管理方式可以很好地为这些应用提供有效的空间数据组织与管理功能。然而,地理空间现象本身具有三维空间特征,其展现出的立体(第三维)空间形态和分布特征不能有效地在二维平面上表达出来,只有在三维空间中才能完备地呈现出来。例如,查询空间某点的温度或气压、某建筑物的光照范围及时长等。这些地理空间现象都与三维空间密切相关,处理、查询和分析这些三维地理空间实体,需要三维空间数据库,核心是三维空间数据模型及其结构。

当空间数据从二维延伸到三维时,其数据表现出的三维空间特性要比二维空间特性复杂得多。从空间几何原理及性质看,二维空间中的形态和关系不能简单地推理到三维空间。例如,在二维平面空间中,节点、弧段及多边形的拓扑关系或多边形自动组织的相关计算,已有非常有效的算法,然而在三维空间中,节点、弧段、表面及体间的拓扑关系计算至今还没有通用有效的算法。在二维平面空间中,曲线的局部空间特征可以按折线段模拟;然而在三维空间中,曲面的局部空间特征并不能简单地用平面进行有效模拟,其特征模拟要考虑所表现的性质及实际应用。因此,面向通用目的的三维空间数据库的管理非常复杂,实践中三维空间数据库管理一般都是面向具体应用的,如地形三维空间数据库、城市地下管线数据库、地质三维数据库等。

9.1　三维空间数据

9.1.1　三维空间数据及其特征

1. 三维空间数据

三维空间数据一般指描述地理实体的三维空间特征及分布的数据,包括实体在三维空间中的位置、形状以及空间关系等。其中,位置一般指三维空间坐标(x,y,z);形状一般指实体所呈现出的三维几何特性,是空间形态的总体体现;空间关系一般指实体间在三维空间上所展现的反映空间特征的相关关系,如方向、距离、拓扑等。

从纯三维空间特性看,表示三维空间坐标(x,y,z)的三个坐标轴具有相同的性质,并无差别。但地理空间的三个维度具有不同特性,一般将二维平面xy与第三维z作为认识地理空间规律的基本空间参考。例如,常说某类现象具有什么样的平面xy分布或者垂直方向z的规律性,很少说在平面xz或yz的分布规律,也很少说在x或y方向的规律性。在实际构建三维空间数据模型及其数据结构时,三维空间数据模型可以按照z值的多寡分为单值模型(如地表模型)、多值模型(如分层三维地质模型)、连续模型(如气温、气压、温度、盐度模型等),如

图 9.1 所示。

（a）单值地表三维模型　　　　　　　　（b）多值地质岩层模型

（c）连续海水盐度模型

图 9.1　三维空间数据模型

2．三维空间数据特征

在二维空间上增加一维所形成的三维空间的数据不是简单地在二维数据基础上增加数据项来表达第三维，而是需要在同一空间框架下进行建模与表达。三维空间数据相对于二维空间数据具有如下特征：

（1）空间位置唯一。三维实体的空间位置是唯一的，即任何三维坐标上的一点所代表或者所属的实体是唯一的。二维空间数据中的空间位置没有第三维坐标，因此，不能确定其在真实地理空间中的位置，需要额外的空间参考。

（2）数据量大。在同样信息粒度或者数据密度的情况下，相比二维空间的数据量，三维空间的数据量按指数级增加，高效数据存储和调度机制成为三维空间数据库的关键技术。

（3）数据组织复杂。地理空间现象表现在三维空间中的特征更加复杂和多样，表达这些复杂多样关系的数据组织也更加复杂，这对三维空间数据库的管理功能提出了挑战。

（4）数据表现形式多样。数据有三维地形图、立体像对、三维激光点云、全息影像等。

9.1.2　三维空间数据采集方式

在地理空间中，最直观和最具空间特征的三维空间对象是地表起伏形态以及地表上的人工建筑，有效地获取三维地形或建筑物三维模型成为三维数据采集的主要工作。根据目前的技术手段和方法，获取三维数据的主要方式有如下两种。

1．测量方式

1）实地直接测量

（1）三维地形测量。利用全站仪采集地形点的三维空间数据（包括平面坐标及高程），是一种传统空间数据采集方法,能获得非常精确的三维空间数据。受通视条件、劳动强度等因素的影响,只能对所谓的地形特征点直接进行三维数据采集。地形特征点一般是指山谷点、山脊点、洼地、山脚点、山顶等。在野外直接测量的过程通常称为外业采集。但由于只获得了部分地形地表的三维数据,故有些地区的地表高低起伏就很难精确表示,还不足以满足整个区域地形三维建模的数据需要;为此,还需要利用这些外业采集的数据,通过内插处理,增加反映整个区域的三维数据点的密度,使得区域中的数据点分布均匀合理。这一处理过程不需要在野外进行,通常在室内进行,因此,这一步骤常称为内业加密。

(2)三维建筑物测量。一般通过建筑工程测量的方式可以获得建筑物三维模型的数据;也可以采用近景摄影测量的方式,获取建筑物内外的三维数据。

实地直接测量的特点为:三维数据精度高,适合精确的三维数据应用;但成本较高,劳动强度大。

2)航空摄影测量

(1)立体像对影像获取。航空摄影测量通常指获取正射影像,利用同一地方两幅影像及其视差,构建出此地的三维地形模型,从而获取三维地形数据。其原理如图 9.2 所示。

(2)倾斜摄影。倾斜摄影技术是国际测绘领域近些年发展起来的一项新技术,它颠覆了以往正射影像只能从垂直角度拍摄的局限,通过在同一飞行平台上搭载多台传感器,同时从一个垂直、四个倾斜五个不同的角度采集影像,将用户引入符合人眼视觉的真实直观世界,如图 9.3 所示。

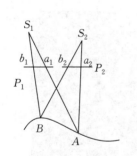

图 9.2　航空摄影测量获取三维
地形数据的原理

图 9.3　倾斜摄影获取三维地形数据原理

航空倾斜影像的功能特点有:通过低空云下摄影,从一个垂直和四个倾斜的方向获取高清晰度的地物影像,可供多角度观察;在高精度定位测姿系统(position and orientation system,POS)的辅助下,影像上每个点都具有三维坐标,基于影像可进行任意点、线、面的量测,获得厘米级到分米级的测量精度。相比正射影像,倾斜影像还可以获得更精确的高程精度,对建筑物等地物的高度可以直接进行量算;倾斜影像中包含真实的环境信息,信息量丰富,可进行影像信息的数据挖掘;倾斜影像通过专门软件处理,能较高效率地完成三维城市建模,相比传统方法,其建设周期更短,成本更低。

3）遥感影像

合成孔径雷达（synthetic aperture radar，SAR）是将由雷达复影像数据推导出的雷达信号的相位信息作为信息源，并利用这些相位信息提取三维信息的一项新技术。SAR 通过两副天线同时观测（单轨模式）或两次平行观测（重复轨道模式），获取地面同一景观的复影像。由于目标和天线位置的几何关系，在复影像上产生相位差，形成干涉条纹图。利用传感器高度、雷达波长、波束视向及天线基线距之间的几何关系，可以精确地测量出影像中每个点的三维坐标信息。

资源三号卫星影像利用光学成像原理获取地表信息。与其他遥感影像不同的是，资源三号卫星可以获得立体像对，因此，利用遥感影像立体像对可以获得地形三维数据，其原理与航空摄影测量原理相同。

遥感影像的应用特点为：用于大范围地形数据采集及三维城市建模，不能用于精细三维模型。

4）三维激光扫描系统

三维激光扫描测距技术是 20 世纪 90 年代中期开始出现的一种快速直接获取地物表面的高新技术，是以发射激光束探测目标的位置、速度等特征量的雷达系统。它通过高速激光扫描测量的方法，大面积、高分辨率快速获取被测对象表面点的三维坐标数据、强度数据等，具有快速、实时、主动、不接触被测目标、穿透能力强、高密度、高精度、数字化、自动化等特性，推动了测量技术的发展和进步。

三维激光扫描系统把三维激光扫描仪和 POS 相连接，并固定安装在平台上（如飞机、车辆或船），使三维激光扫描仪能在移动的情况下测量数据，最终获得反映目标物体表面采样结果的三维激光扫描数据（也称点云）。利用三维激光扫描系统可以快速准确地获取被扫描物体的三维轮廓特征（图 9.4），因此常用于三维对象建模。

图 9.4　街景三维激光扫描数据

三维激光扫描系统的应用特点为：适合大面积区域的三维数据采集，精度高、信息量大、速度快，适合显示和量测；但需要进行后期处理，需要人工交互才能完成三维对象建模。

2.间接推算方式

1)数学模型计算

由于三维数据采集工作量大,可以通过先采集三维样本数据,然后根据三维现象本身所具有的原理或规律性,计算出需要的三维数据。例如,在三维地形测量的第二阶段,基于直接采集的三维地形特征点集,按照相关数学插值公式,计算出反映整个区域的三维地形数据。另外,对于气温和大气压等地理三维现象,也可以通过一些观测点,根据相关数学模型,计算出三维空间区域的气温或大气压三维数据。

2)基于平面的扩展三维

地形图数据是以前地形三维数据直接测量或加工处理的结果,包含地形三维数据,因此,可以直接利用地形图(如等高线)数据来获得三维数据。

建筑物平面图是三维建筑物的基本空间数据,包含建筑物所在的地理位置信息和建筑物高度以及层高信息,因此,可以通过对建筑物平面图"拔高"的方式,获得建筑物三维数据,如图 9.5 所示。

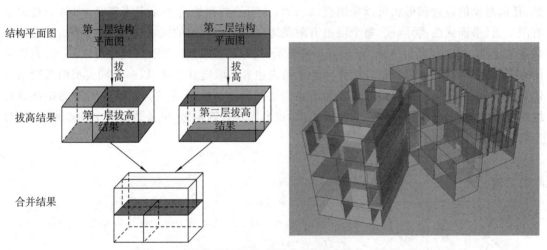

图 9.5　建筑物平面图通过"拔高"产生建筑物三维模型

9.2　基本三维数据模型

根据表达的空间三维现象,已发展出许多面向具体应用的三维数据模型。各模型实际上都是对三维空间的一种划分方式,这种划分使得划分的空间单元不重复,空间中任意一点只被唯一的一个划分单元所表示。国内外学者提出了 20 余种三维数据模型,并分别从模型的数据结构、空间建模原理、模型是否着重于拓扑关系的描述以及建模采用的方法等方面进行了不同的分类总结。例如,从数据结构的几何特征,分为面表示模型、体表示模型、混合数据模型;从数据结构的描述格式,分为矢量结构、栅格结构和矢量栅格混合结构;从三维空间建模原理,分为基于面的准三维建模、基于体的建模和基于面体混合建模;从模型侧重几何描述或空间关系的表达上,分为几何数据模型和拓扑数据模型;以及采用面向对象建模方式的三维空间模型。

总体上,依据表达空间对象的几何特征可将三维数据模型分为面元模型、平面组合模型、体元模型和混合模型。

9.2.1　面元模型

二维空间中,二维面或多边形通过其一维边界弧表示;在三维空间中,三维体或多面体通过其二维边界面元表示。三维空间对象实际上是通过低维空间元素的组织来表达空间三维的,其数据模型主要描述零维点、一维边(弧段)、二维面(面元)和三维体这几类基本空间元素及其关系。面元模型侧重于三维空间实体的表面表示,它借助微小的面单元或面元素描述三维空间实体的几何特性。其优点是便于显示和进行数据更新,缺点是难以进行三维空间查询与分析。主要的面元模型有规则格网模型、形状模型、面片模型、边界表示模型、多层 DEMs模型、不规则三角网模型、线框模型、系列断面模型、三维形式化数据结构模型、简化的空间模型、三维城市模型和面向对象三维数据模型。

1. 边界表示模型

边界表示(boundary representation,B-Rep)模型是一种分级结构数据模型。其基本思想是:任何对象的位置和形状可以采用点、线、面、体四种类型的基本元素来定义,即每个对象由有限个面(平面或曲面)组成,每个面由有限条边(或弧)所围成的区域来定义,每条边又由两个端点来定义。其中,点用坐标(x,y,z)来表示;边以起点、终点来限定其边界,以一组同类型的点来限定其形状;面以一条外边界和若干条内边界来限定其边界,以一组同类型的弧段来限定其形状;体以一组面来限定其边界和形状。这种表示与前面讲述的二维空间中的拓扑数据组织形式类似,如一个长方体由六个面组成,每个面含有四条边,每条边由两个顶点来定义(有方向),如图 9.6 所示。

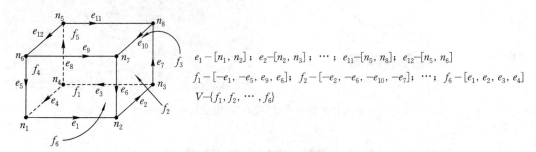

$e_1-[n_1,n_2]$; $e_2-[n_2,n_3]$; $\cdots$; $e_{11}-[n_5,n_8]$; $e_{12}-[n_5,n_6]$
$f_1-[-e_1,-e_5,e_9,e_6]$; $f_2-[-e_2,-e_6,-e_{10},-e_7]$; $\cdots$; $f_6-[e_1,e_2,e_3,e_4]$
$V-\{f_1,f_2,\cdots,f_6\}$

图 9.6　一个立方体的数据组织

2. 三维形式化数据结构模型

三维形式化数据结构(3D formal data structure,3D FDS)模型是基于单值映射的三维模型,以建模空间完全剖分和不重合为基础,通过一个概念模型框架及其十二条约定(自然对象的剖分准则)来表达空间三维对象。3D FDS 主要由几何形态(点状、线状、面状和三维体)、对象(点、线、面和体)以及几何元素(节点、弧段、边线和面片)组成。这十二条约定(或限定条件)如下:

(1)要素类必须唯一,每个要素类具有一个类标识。

(2)每个要素类包含的要素必须只有一个类型。

(3)点对象的几何数据用节点描述。

(4)弧段用直线段来逼近。

(5)弧段是由两个节点构成,一个节点可以关联多个弧段。

(6)不允许有环,环必须拆分为多个弧段。

(7)不允许弧段自相交,要分割成更多的弧段。

(8)面片是平的。

(9)两个面若相交,则在交线处分割为四个面。

(10)体是由面分割定界的。

(11)面片不能被多个面所共享。

(12)弧段和面片相交时要进行最大化分割。

3D FDS 模型(图 9.7)具有典型的拓扑结构,一方面具有节点、弧段、边线、面元之间的几何拓扑关系,另一方面还具有特殊的拓扑关系,如弧段与面元不能相交、允许弧段和节点存在于面或体内。构成边线的弧段数没有限制,但是弧段必须是直线,并且面是直平的面片。面可以有一个外边界,也可以有多个嵌套的边界,即可以有洞或岛。体有一个外表面和多个嵌套的体和洞。

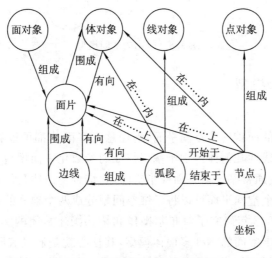

图 9.7 三维形式化数据结构模型

3D FDS 具有很强的表达位置、形状和拓扑关系的能力,便于进行几何要素之间的拓扑查询,但要真正建立起三维对象的 3D FDS 模型则比较麻烦。该模型对其基本几何元素附加的条件限制了对复杂空间实体的描述。

3. 简化的空间模型

如果将几何拓扑关系的应用重点体现在几何对象的层次上而非几何元素上,则几何元素中的节点、弧段是几何对象的构成元素。据此,可以将 3D FDS 简化,即面直接由节点组成,这就形成简化的空间模型(simplified spatial model,SSM)。该模型中仅有两个基本几何元素,即节点和面元,面元直接由节点按照一定的顺序进行组织。SSM 表达三维空间对象的模型如图 9.8 所示。

SSM 中面片必须为凸多边形的平面片(简称凸面),任意的面对象必须分解为一系列凸面。同 3D FDS 模型相比,SSM 显式存储体与面之间的拓扑关系,去除了 3D FDS 模型中的弧段几何元素,然而两个连续的节点隐含着弧段元素,面中的节点和体中的面及面的方向均显式存储,用节点顺序描述面。因此 SSM 在结构上比 3D FDS 模型要简单得多。此外,该模型在应用时的主要意图是提高三维可视化的速度,它保存了几何元素和属性元素(纹理、颜色)之间的连接关系,适合城市中诸如建筑物对象的三维重建。但是该模型在空间对象方面做了一定的限制,因此在一定程度上影响了复杂几何对象的三维构造,同时在对象的一致性检验方面需要进一步加强。

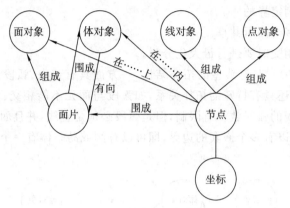

图 9.8　简化的空间模型

9.2.2　平面组合模型

1. 基本概念

如果将有限面元中的面扩展为空间平面,则任意凸多面体都可以看成是由这些平面围成的线性几何体。这里的线性几何体区别于基于特征的参数化表面模型和格网表面模型。在数学中,平面三维体的构造通常基于半平面或半空间,它结合了凸体几何和组合拓扑原理来完成空间三维体的表达。一个空间平面可以将三维空间划分成两个独立的半(三维)空间。基于半空间划分原理,Nef 在 1978 年研究了对布尔操作和拓扑操作封闭的实体构造理论,提出了后来以他名字命名的基于半空间的 Nef 多面体模型,其核心就是通过有限次数的半空间布尔组合形成 Nef 多面体。它以二维平面为基本的构造手段,并以顶点为基础维护拓扑结构。这个模型经 Nef 和 Bieri 以及计算几何算法库(Computational Geometry Algorithms Library,CGAL)组织的努力,比较有效地解决了复杂空间多面体的布尔运算问题。

表示三维空间平面的方程为

$$f(x,y,z) = ax + by + cz + d = 0$$

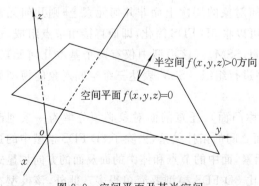

图 9.9　空间平面及其半空间

根据 $f(x,y,z)$ 的符号可以将三维欧氏空间分为两个半空间,一正一负。当 $f(x,y,z) > 0$ 时,为正向半空间;当 $f(x,y,z) < 0$ 时,为负向半空间。

一般将正向半空间作为 $f(x,y,z)$ 所代表的空间,据此可确定面的法向量方向或半空间方向。图 9.9 展现了平面 $f(x,y,z) > 0$ 所代表的半空间。通过这种半空间,可以将任意封闭(凸)多面体表达成多个定向平面的组合,或者多个半空间的布尔运算。

2. 组合表达

为了使图形表达直观且便于理解,先用二维 Nef 多边形说明半空间的组合表达(二维空间中的半空间是用直线将整个平面划分出的两个半平面)。如图 9.10 所示,有顶点 $v_1,\cdots,v_6$,边 $e_1,\cdots,e_6$,设顶点 v_1 位于坐标原点,由五个半平面 h_1、h_2、h_3、h_4 和 h_5 定义的空间(此面不是封闭的)为

$$h_1:y \geqslant 0, h_2:x-y \geqslant 0, h_3:x+y \leqslant 3, h_4:x-y \geqslant 1, h_5:x+y \leqslant 2$$

由方程 $h_1:y \geqslant 0$,可得边 e_3 对应 h_1 的边界;同理,边 e_1 对应 h_2 的边界,边 e_2 对应 h_3 的边界,边 e_5 和 e_4 分别对应 h_4 和 h_5 的边界。注意到 h_4 和 h_5 并不包含其边界 e_5 和 e_4,边 e_3 被割裂成分离的两个部分。面 f_1 和 f_2 就是这些半平面对二维空间划分的结果。形如 f_2 的平面空间就由这些低维的对象组合而成,这个组合规则就是布尔运算的顺序与边界的选择。

f_2 对应的多边形空间的布尔组合为

$$f_2 = (h_1 \bigcap h_2 \bigcap h_3) - (h_4 \bigcap h_5)$$

三维空间平面将三维欧氏空间划分为两个半空间,不等式所代表的半空间为不等式取值的那半个空间。如图 9.11 所示,立方体 V 可由六个不等式(表示三维空间平面方程)的交来确定完成。对应的六个半空间是

$$h_1:x \geqslant 0, h_2:x \leqslant 1, h_3:y \geqslant 0,$$
$$h_4:y \leqslant 1, h_5:z \geqslant 0, h_6:z \leqslant 1$$

V 对应的立方体的布尔运算定义为

$$V = h_1 \bigcap h_2 \bigcap h_3 \bigcap h_4 \bigcap h_5 \bigcap h_6$$

这种模型的最大优势在于其空间操作的封闭性,以此构筑出坚实的原理基础,基于此开发的空间操作算法具有通用性和健壮性。但是,由于三维对象是用布尔表达式表达,不是直接用面元表达,因此,其三维空间形态不便于人们理解和标示,三维图形的渲染或显示算法也比较复杂。

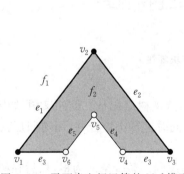

图 9.10　平面半空间运算的 Nef 模型

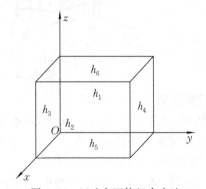

图 9.11　Nef 多面体组合表达

9.2.3　体元模型

体元模型是用体元信息代替面元信息来描述对象内部的模型,是基于三维空间的体元分割和真三维实体表达,侧重于三维空间实体内部及边界的整体表示。体元的属性可以进行独立描述和存储,因而可以进行三维空间操作和分析。根据体元面数不同,体元模型可以分为四面体、六面体、棱柱体和多面体四种类型。另外,也可以根据体元的规整性将体元模型划分为规则体元和非规则体元两个大类。规则体元包括结构实体几何(constructive solid geometry,

CSG)、体素(voxel)、八叉树(octree)、针体(needle)和规则块体(regular block)等模型；非规则体元包括不规则四面体格网(tetrahedral irregular network，TEN)、金字塔(pyramid)、地质细胞(geocellular)、不规则块体(irregular block)、三维实体(solid)和三维沃罗诺伊(3D-Voronoi)等模型。下面对几种比较典型的体元模型进行介绍。

1. 体素模型

体素模型又称三维栅格模型，是三维空间的网格划分，是二维栅格模型在三维空间的扩展，是一个紧密排列的充满三维空间的立方块阵列(图9.12)，立方块沿各轴正向排列，相互之间没有重合。立方块的元素值是0或1，1表示对象占有，0表示空。该结构在表达时采用隐式的定位技术，结构简单、标准、通用，某些操作和空间分析算法易于实现，对内部空间不均质的情况也能很好地进行表达。但是这个结构存储数据时没有任何压缩，要提高表达精度，必须减小体元的边长，此时数据量将按指数级增长，要求的存储空间很大，同时提取空间实体的边界较为复杂，计算速度也较慢，一般只作为中间表示使用，用来进行数据交换。此外，基于体元的三维矩阵表达的缺点是空间定位的几何精度低，不宜描述实体间的空间关系，这就使其处理数据的性能大为降低。

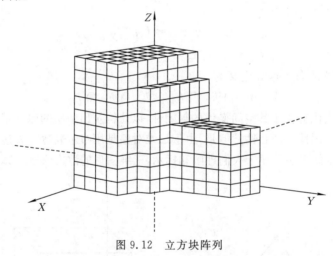

图 9.12 立方块阵列

2. 八叉树模型

八叉树的概念最早由 Hunter 在1978年提出，八叉树结构是二维四叉树结构在空间上的扩展，对三维网格阵列的体元在 X、Y、Z 三个方向同时进行压缩合并，用递归层次式的三维空间子区域实现均质划分，如图9.13所示。

八叉树把空间递归划分为八个象限，采用树形编码。整个空间为根，然后在树的每个节点上存储八个数据元素，如果该象限内体元的性质不单一，则继续划分，每次分割得到八个小立方体，并指向下一层节点，递归进行，直到每个小立方体的属性值单一为止。分割过程中每个小立方体可能有三种情况：在空间实体的内部，是叶节点，属性值为1；在空间实体的外部，是叶节点，属性值为0；跨越空间实体的边界，没有属性，是非叶节点，需要继续进行划分，直到所有节点均成为前两种属性值单一的节点。这样就构成一棵八叉树，树的根节点为空间实体的外接立方体空间，叶节点为属性值单一的立方体空间。

八叉树三维数据结构在实际应用中适用于比较复杂的三维体，三维空间的布尔运算效率较高，也方便进行可视化调度；但它仅是一种近似表达，不适合高精度三维模型表达，数据量比较大,也没有几何元素的构成关系,对象间拓扑查询比较复杂。

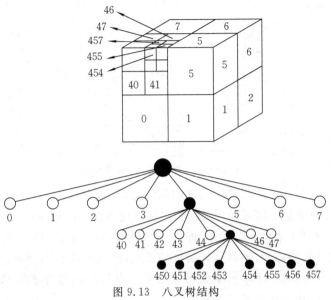

图 9.13　八叉树结构

3. 结构实体几何模型

结构实体几何模型(CSG)是一种采用简单几何体元构造复杂三维实体的建模方法,它用一系列预先定义的具有一定形状的基本体元的组合来表示对象。CSG 的基本体元是规则形状的几何体,如球、立方体、圆柱体、圆锥体或者长方体等,并且可以通过几何变换和正则布尔操作进行组合。几何变换一般有平移、旋转和缩放,布尔操作一般指并、交和补(差)。通常一个复杂目标可以通过 CSG 树来表达(图 9.14),树的根是复杂目标,树的叶节点为 CSG 的基本体元,根节点和中间节点中都有一个几何变换或者布尔操作来描述子节点的操作。

但是对同一个实体的表达可以采用不同的树结构,选用不同的体元和运算实现,因此在三维建模时 CSG 树不唯一。由于边界和面在 CSG 中没有明确定义,因而从 CSG 产生表面图形比较困难,对其表面可视化也不容易。因此,它通常与边界方法结合起来使用。CSG 所需要的存储空间随着几何基本体元数目的增加而增加。研究表明,CSG 模型一般适用于描述规则形状的对象,不适用于不规则对象建模。此外,CSG 模型在表达拓扑关系和目标属性上有相当大的缺陷。

CSG 模型的层次表达在城市建筑物或地下管线建模中有着很好的应用,如可采用预定的长方形、三角形、长方体、圆柱体等基本体素的组合。

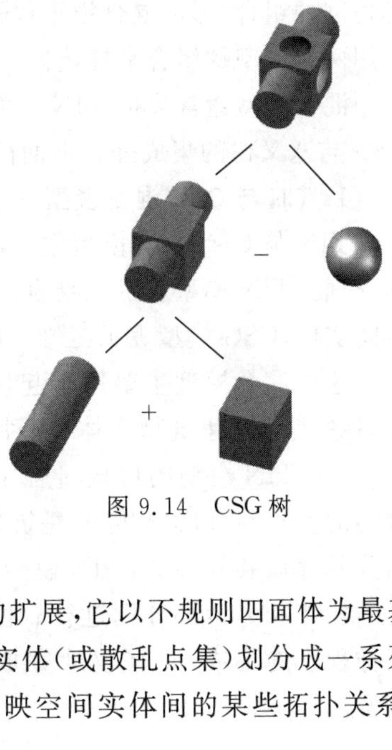

图 9.14　CSG 树

4. 不规则四面体格网模型

不规则四面体格网(TEN)模型是不规则三角网在三维的扩展,它以不规则四面体为最基本的体元描述空间对象。在该模型中,把任意一个三维空间实体(或散乱点集)划分成一系列邻接但不重叠的不规则四面体,通过四面体间的邻接关系反映空间实体间的某些拓扑关系。

TEN 模型基于三维空间对象完全分割,包含四面体、三角形、弧段、节点四类基本元素。图 9.15 给出了 TEN 的示例。

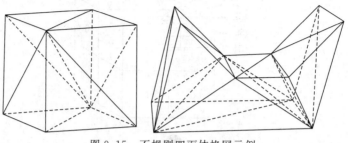

图 9.15　不规则四面体格网示例

　　TEN 模型的特点是其由最简单的三维空间实体(三维单纯形——四面体)的线性组合而成。TEN 模型的几何变换可以将任何(复杂)多面体变换成三维单纯形的组合,因此便于复杂的空间数据分析。模型构成也比较简单,即由点、线和面形成体;这种三维单纯形的基本四面体可以看成是一种特殊的体元,即具有体结构的优点,能表示实体内部属性,不需要一般体结构那么多的存储空间;同时,TEN 模型又可以看成一种特殊的边界表示模型,具有一些边界表示结构的优点,如拓扑关系的快速处理。

9.2.4　混合模型

　　三维空间数据结构较复杂且适应性较差,某一数据模型在某些应用中,不能完全满足该应用的需求,因此,往往需要根据表达三维空间实体本身的要求,将多个数据结构结合起来,实现对地理空间现象的建模和管理。一般通过两种方式来解决:一种是将不同的模型集成在同一个系统中,通过数据转换实现两者的结合,根据不同的分析、处理过程或者依据不同的现象来确定描述的数据模型;另一种是综合不同的模型,取长补短,发展各自的优势,如通过格网和三角网的组合,形成混合模型以适应不同需求的分析和处理。混合模型通常指第二种方式,即利用两种模型的组合来描述同一对象。

　　混合模型通常包括 TIN 与 CSG 的混合、八叉树与 TEN 的混合、Grid 与 TIN 的混合以及 CSG 与八叉树的集成等。下面简单介绍 TIN 与 CSG、八叉树与 TEN 两种混合模型。

1. TIN 与 CSG 混合模型

　　TIN 与 CSG 混合模型主要用于由两种不同的三维实体组合表达地理空间现象的三维数据管理。TIN 模型表示三维表面,其三维坐标 (x,y,z) 中的 z 值为单值,实际上是 2.5 维的空间实体;CSG 模型表示三维空间实体的外轮廓。

　　这种混合模型主要用于起伏不平地表上的三维建筑物。采用 TIN 模型表达地形表面,CSG 模型表达建筑物实体,两种模型的数据分开存储。为了实现 TIN 模型与 CSG 模型的集成,在 TIN 模型的形成过程中将建筑物的地面轮廓作为约束条件,同时把 CSG 模型中建筑物的底边与 TIN 模型中建筑物的地面轮廓进行多边形匹配。事实上,由于两种三维数据是分开存储和管理的,TIN 模型与 CSG 模型的集成只是一种表面上的集成,对两种三维数据的操作和显示都分别进行。但利用地表的公共边界作为关联,可以将两种三维数据进行某种程度的集成,并有效地完成某些操作。图 9.16 为用于城市建模的 TIN 与 CSG 混合模型。

2．八叉树与 TEN 混合模型

八叉树模型是一个近似模型，具有结构简单、操作方便等优点，但模型中很难保留原始采样数据。与八叉树模型相比，TEN 模型具有保存原始观测数据、精确表示目标以及表达复杂空间拓扑关系的能力，但其数据量较大。在许多领域，单一的八叉树或 TEN 很难满足需要。针对这两个模型互补的特点，八叉树与 TEN 混合模型受到实际开发者的重视。该模型先使用八叉树模型对空间对象进行整体描

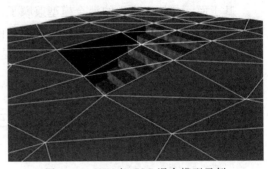

图 9.16　TIN 与 CSG 混合模型示例

述，然后使用 TEN 模型进行局部描述，两者之间通过八叉树的节点的属性值标识建立联系。该模型具备八叉树结构的编码简单、操作方便等优点，同时具备 TEN 结构表达拓扑关系的优点。但该模型的缺点是：随着数据量的增大和分辨率的提高，数据存储量会越来越大；难以维护数据结构且难以编程实现。

9.2.5　模型对比

通过对上述各种模型进行比较可以看出，不同的模型所表达的重点不一样，有的偏重于拓扑关系，有的偏重于不同的领域，有的偏重于三维可视化，有的偏重于空间分析、三维重建、模型编辑等方面，因此各模型有各自的适用性。

面元模型主要侧重于建模对象的表面建模，其优点在于易于精确表达三维对象的表面形态特征。它明确地表达出点、线、面和体四类基本元素的关系，便于表达和实现三维拓扑关系以及相应的空间拓扑查询和分析，也便于对面向三维外轮廓空间形态的应用开发和数据结构设计。其缺点在于不能描述对象的体积及其他内部属性，无法对真三维的实体进行准确的表达，难以进行空间查询和分析。

Nef 多面体模型可以看成是一种面、边界表达的三维数据模型，但其几何三维对象的具体边界表面是通过多个半空间在空间中"交"运算实现的，在其概念模型中，没有点和线元素，只有二维元素——平面，但平面必须是有向的。在实施层次上，其数据组织与一般面元及边界表达模型有所不同，需要通过专门的数据结构来实现三维对象的表达和计算。与其他面元模型相比，它最大的优点在于模型的严谨性和运算的封闭性，它在空间几何计算实施上具有其他模型不可达到的算法稳健性。但是，其数据结构比较复杂，需要通过数据结构转换才能呈现符合直观三维空间特征认知的三维数据。

体元模型主要侧重于三维空间实体的边界与内部的整体表达，它以体元为基本单元表达三维空间目标，通过体元积累"填充"所描述的三维空间实体。其优点是能够表达目标的内部属性，便于表示异质特征空间目标的整个三维分布状况，能够实现空间操作和分析。例如，CSG 模型通过对简单体元的组合操作表达复杂的三维空间实体，但该模型中的基本几何体元数量有限，表达三维空间几何形态有限，其组合操作形成的三维空间实体可能超出原数据模型的外延，这给三维空间操作的实施带来不确定性。体元模型（包括八叉树模型等）非常适合表达结构简单且单一的三维空间，但是在描述复杂不规则的三维空间实体时效率较低。更为重要的是，该类体元模型不直接表达拓扑关系，从而获取目标间的空间

关系比较复杂,影响地理空间现象的建模、管理和空间分析效率。

　　基于面元与体元表示的混合模型兼顾了面元模型与体元模型各自的优势,提高了表达的精度,节省了存储空间,实现对空间对象的表面和内部特征的描述,或对不同空间对象的各自描述,并通过一定的机制进行关联。其缺点是增加了模型的复杂度,同时也降低了其组成模型(面元模型与体元模型)各自的优越性。

9.3　CityGML 三维数据模型简介

9.3.1　CityGML 基础

　　城市地理标记语言(city geography markup language,CityGML)是开放式地理空间信息联盟(OGC)提出的开放标准,它是在地理标记语言(GML)3.1 版本(GML 3.1)的基础上实现对三维城市景观的建模及表达。不同于 GML 表现二维地理空间的要素,CityGML 主要表现三维城市对象的通用信息。以往的三维城市模型只包含纯粹的图形和几何信息,忽略了这些模型以及模型之间的语义和拓扑信息,而且这些模型主要用于可视化的目的,不能进行专题查询、分析以及空间数据挖掘。CityGML 定义了城市中大部分地理对象的类型及其之间的关系(如层次、聚合),而且充分考虑了区域模型的几何、拓扑、语义、外观属性等。这些专题信息不仅是一种图形交换格式,而且允许将虚拟三维城市模型部署到各种不同应用中,如仿真、城市数据挖掘、设施管理、主题查询等复杂任务。

　　CityGML 最早由三维空间数据基础设施特别工作组(Special Interest Group 3D,SIG 3D)成员在 2002 年开始研发。2006 年 2 月 1 日,OGC 正式推出了 CityGML 1.0 版本规范,提出了 CityGML 的 UML 结构图。CityGML 1.0 版本在 GML 3.1 版本基础上实现,使不同系统之间进行三维城市模型的交互成为可能。2008 年,CityGML 1.0 版本通过不断的修改和扩展,正式成为 OGC 的标准。2012 年 4 月 4 日,CityGML 2.0 成为 OGC 的新标准。与 CityGML 1.0 相比,新版本的主要特性为:①新增专题模块表达桥梁和隧道;②新增建筑物模块的专题边界面表达;③新增建筑物细节层次(level of detail,LOD)表达;④新增属性表达一个城市中对象的位置(根据周围的地形和水平面)。

　　开发 CityGML 的主要目的是得到一个能够在不同应用之间共享的通用模型,用于定义基本实体、属性及其之间的关系。其应用领域包括城市规划、建筑设计、观光旅游、环境仿真、电信、灾难管理、国家安全、车辆及步行导航、训练模拟等。

　　CityGML 的主要作用概括如下:

　　(1)利用通用信息模型确立模型语义(和语法)的互操作性,使三维城市模型实现重复使用,建立完整的三维地理基础信息。

　　(2)如实再现三维地形与地貌,其中涉及对面积、体积的三维形状的准确再现,以及大范围应用中最相关特征类型的识别等问题。

　　(3)空间数据结构既要满足交换模式的映射,又要将 CityGML 的特征属性尽可能与更多的具有特殊功能的模型和外观数据资源相关联。

　　(4)应用时简化使用方式,尤其关注模型语义属性的表达。

9.3.2 CityGML 体系结构

CityGML 是面向三维城市模型表达的具有多粒度的层次结构,它表达了一个区域范围内建筑物以及毗邻的相关地理专题要素的三维模型。考虑并非所有领域的应用者都需要所有类型的数据模型,为了保证使用的灵活性和操作的简便性,CityGML 采用了模块化的构建思想。每个 CityGML 模块由 XML 模式定义文件,并以唯一的 XML 目标命名空间进行定义。根据模块之间的依存关系,每个模块可以输入命名空间并与相关的 CityGML 模块进行关联。但是,单个命名空间不能直接包含于两个模块,因此同属一个模块的所有元素只能与其模块命名空间相关联(图 9.17)。此方法确保将模块中的元素进行合理分离,以便在不同的 CityGML 实例文件中进行识别。

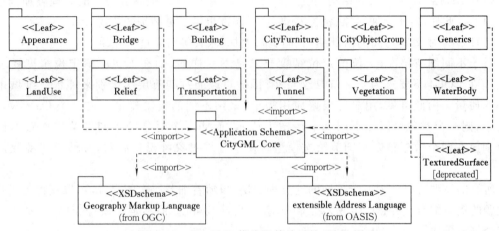

图 9.17 CityGML 模块及其关系的 UML 图

CityGML 2.0 的核心模块包括建筑模块、土地利用模块、水体模块等 13 个扩展模块。CityGML 核心模块及其扩展模块的情况如表 9.1 所示。

表 9.1 CityGML 核心模块和扩展模块说明

模块名称	XML 模式文件	命名空间前缀
CityGML 核心模块(CityGML Core)	cityGMLBase. xsd	core
外观模块(Appearance)	appearance. xsd	app
桥模块(Bridge)	bridge. xsd	brid
建筑物模块(Building)	building. xsd	bldg
城市设施模块(CityFurniture)	cityFurniture. xsd	frn
城市对象组模块(CityObjectGroup)	cityObjectGroup. xsd	grp
一般模块(Generics)	generics. xsd	gen
土地利用模块(LandUse)	landUse. xsd	luse
地形模块(Relief)	relief. xsd	dem
交通设施模块(Transportation)	transportation. xsd	tran
隧道模块(Tunnel)	tunnel. xsd	tun
植被模块(Vegetation)	vegetation. xsd	veg
水体模块(WaterBody)	waterBody. xsd	wtr
表面纹理模块(TexturedSurface)	texturedSurface. xsd	tex

9.3.3 CityGML 数据模型

CityGML 是用来表达三维城市模型的通用数据模型。它定义了城市和区域中最常见的地表目标的类型及相互关系,并顾及了目标在几何、拓扑、语义、外观等方面的属性,包括专题类型之间的层次、聚合、目标间的关系以及空间属性等。

1. 五层细节层次表达

CityGML 将描述三维城市对象的精细程度分为五个细节层次。

(1)LOD0 实质上就是 2.5 维的数字地形模型,可以在其上叠加航空影像或者二维地图。

(2)LOD1 用块状表示建筑物,不包含任何屋顶结构。

(3)LOD2 描述屋顶、纹理、植被等对象。

(4)LOD3 描述建筑物的结构,包括墙、屋顶、阳台等,可以把高分辨率的纹理叠加到这些结构面上。此外,对于交通对象、植被对象,这一层次也做了更精细的描述。

(5)LOD4 主要对房间的内部结构、门、窗、楼梯、家具等对象进行建模。

对于不同细节层次,点位的定位精度要求是不一样的,如在 LOD1 下定位精度要求为 5 m,而在 LOD4 下要求为 0.2 m 甚至更小,因此可以通过细节层次级别来评价三维城市数据集的质量。由此可见,用户可根据应用需求,采用不同的层次建模。在一个 CityGML 数据集中,同一个对象可以在不同细节层次上表示,而同一个对象的不同细节层次数据也可以分别放在两个数据集中。细节层次模型既便于三维对象可视化展示,又便于多源数据的集成。

所有的模型可以分为五个不同的连贯细节层次,随着细节层次的提升,可以获得关于几何及主题的更多细节,如图 9.18 所示。CityGML 文件也可以(但不是必须)同时包含每个对象的多个细节层次。

LOD0　　　　　LOD1　　　　　LOD2

LOD3　　　　　LOD4

图 9.18　CityGML 中定义的五个细节层次模型示例

2. 数据模型构成

1)几何模型

CityGML 使用的是 GML 3 系列的几何模型的一个子集,该子集是 ISO 19107 标准的一种实现。根据 ISO 19107 和 GML 3,地理要素的几何信息由具有标识和子结构的对象表达。

几何体是根据边界表示模型建模的,每一个体都是由封闭的面围成的。与场景图或者结构实体不同,所有的坐标都支持世界坐标系,不支持局部坐标系。这种绝对坐标的优点是每一个几何体在空间中都有一个固定的位置,方便在地理数据库或者地理信息系统中创建和维护空间索引。

2)语义模型

CityGML 中的语义模型采用 ISO 19100 标准框架为地理要素建模。根据 ISO 19100 标准,地理要素是现实世界物体的抽象。地理要素可能具有任意数量的空间或非空间属性。CityGML 为虚拟三维城市模型中最重要的地理要素(包括建筑物、水体、植被和城市设施)的语义提供类定义、规范和解释。

图 9.19 描述了 CityGML 的顶级类层次结构,所有专题类的基类都是 CityObject,它从 GML 父类 Feature 继承了属性(如名称、描述和 ID),并且还额外具有创建日期和终止日期两种属性,以模拟不同时期的不同物体状态。

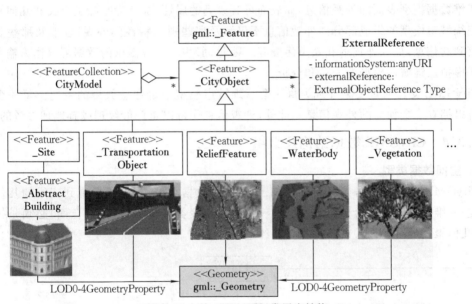

图 9.19　CityGML 顶级类层次结构

3)拓扑模型

对于许多应用来说,几何体的拓扑正确性十分重要。例如,包围建筑物的面必须是闭合的,以便计算建筑物的体积;在室内导航领域,房间与房间应该是拓扑连接的,那么就可以通过连通图构造三维几何网络进行路径设计和规划。

ISO 19107 和 GML 3 的拓扑模型也遵循将高维拓扑元素用低维拓扑元素表达的方式,但是在 CityGML 中,如果也采用这种方式,那就意味着在表达建筑物时除了描述几何信息,对于从 LOD1 层实体一直到 LOD4 层实体,其相关拓扑信息还要增加到这些层的实体中,这样就会增加整个数据模型的复杂度。CityGML 采用 XLink 的方式,通过将共享的某几何元素作为引用表达实体间的关系。这个方式目前只能表达具有共享几何元素的简单拓扑关系,其在数据组织上可以消除重复的几何数据(图 9.20)。

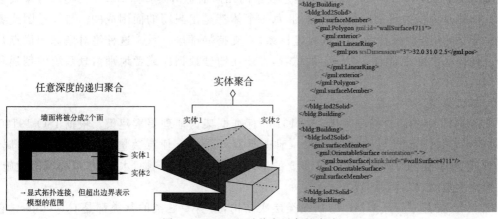

图 9.20　XLink 对共享对象的表达

4）外观模型

三维数据模型表面的外观信息，如表面可观察到的属性，被认为是除了语义和几何特性外虚拟三维城市模型的组成部分。外观信息不仅涉及那些视觉特性的外观，也涉及那些人类不能观察到的信息，如红外辐射和噪声污染等。因此，那些由外观提供的数据可以作为输入数据应用于虚拟三维城市模型的表达和分析。

CityGML 支持通过要素外观为每一个三维城市模型指定任意数量的主题。每一个细节层次可以拥有一个独立的外观信息。此外，外观信息还可以是一般纹理或有地理参考的纹理。

9.3.4　CityGML 数据结构及组织

1. 空间数据类型

CityGML 的空间数据类型采用 GML 3 的空间数据类型，提供了零维到三维的几何基本体元类、一维到三维的复合体以及零维到三维的几何聚类。复合体（如复合面）必须是拓扑连接的，几何聚类（如面聚类）就不存在拓扑约束（图 9.21）。

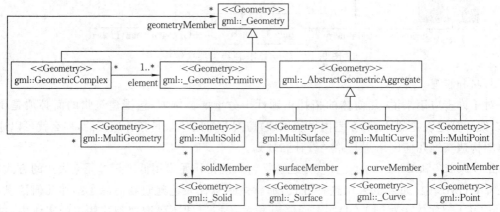

图 9.21　CityGML 几何模型的 UML

2. 属性数据类型

属性主要用来区分不同的对象，属性值经常被限制为一系列离散值。以屋顶的类型为例，其属性值通常包括鞍背式屋顶、半月式屋顶、单斜面屋顶、平顶式屋顶、帐篷式屋顶等。CityGML 中这些对属性的分类称为外部编码列表。这种在外部文件中对属性的所有可能值进行枚举的结构,可以确保同样的名称用于同样的概念,也为把属性值翻译成其他语言提供了便利。

用户可以参照已有的模型对简单字典和外部编码列表进行扩展和重新定义。例如,房地产开放标准协会(Open Standards Consortium for Real Estate,OSCRE)定义的房间编码可以被CityGML 预定义的值引用。同样,由美国国家建筑信息模型标准(national building information model standard,NBIMS)所介绍的建筑物和建筑物部件的分类也可以交替使用(表 9.2、表 9.3)。

表 9.2　抽象建筑物属性类代码表

代码	属性	代码	属性
1000	habitation 住所	1100	schools, education, research 学校,教育,科研
1010	sanitation 环境卫生	1110	maintenance and waste management 维护和废物管理
1020	administration 行政	1120	healthcare 医疗
1030	business, trade 商业,贸易	1130	communicating 通信
1040	catering 餐饮	1140	security 安保
1050	recreation 娱乐	1150	storage 存储
1060	sport 运动	1160	industry 工业
1070	culture 文化	1170	traffic 交通
1080	church institution 教会机构	1180	function 功能
1090	agriculture, forestry 农业,林业		

表 9.3　抽象建筑物属性功能与用途代码表

代码	功能	代码	功能
1000	residential building 住宅建筑	1100	holiday house 度假别墅
1010	tenement 物业	1110	summer house 避暑别墅
1020	hotel 旅社	1120	office building 办公楼
1030	residential and administration building 住宅和行政大楼	1130	credit institution 信贷机构
1040	residential and office building 住宅和办公楼	1140	insurance 保险
1050	residential and business building 住宅和商业楼	1150	business building 商务楼
1060	residential and plant building 住宅和工厂建筑	1160	department store 百货公司
1070	agrarian and forestry building 农业和林业建筑	1170	shopping centre 购物中心
1080	residential and commercial building 住宅和商业建筑		
1090	forester's lodge 森林小屋		

3. 三维数据结构

GML 3 的几何模型由基本体元组成,这些基本体元可以构成复形、组合体或者聚类(图 9.22)。对于每一维度来说,都有一个几何基本体元对应,如 Point 表示零维物体,Curve 表示一维物体,Surface 表示二维物体,Solid 表示三维物体。体由面围成,面由线围成。在 CityGML 中,Curve 严格限定于直线,因此 CityGML 只使用了 GML 3 中的 LineString 类。CityGML 中的表面由多边形表达,因此边界和所有的内点都必须在同一平面上。

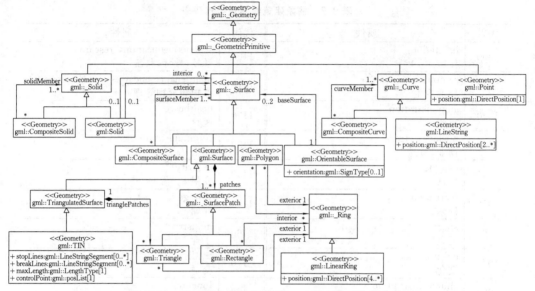

图 9.22　CityGML 的几何模型——基本体元和复合体

CityGML 提供了对几何体之间公共部分的拓扑关系建模。一个体显式地表达该公共部分的空间特性,其他共有这部分体的几何体或者要素通过引用的方式表达它们之间的关联。这样在避免数据冗余的同时还能够维护体与体之间的拓扑关系。为了实现拓扑,CityGML 采用了由 GML 提供的 XLink。每一个由不同几何聚类或者不同专题要素共有的几何体都被赋予一个独特的标识符(ID),那么其他要素就能通过设置 href 属性来引用该几何体。CityGML 没有采用 GML 3 中拓扑模型,GML 3 在几何模型之外额外配置了一套拓扑模型,这种拓扑模型对 CityGML 来说过于复杂。XLink 方式的拓扑比较简单和灵便,但是它的一个缺点是在拓扑连接的物体之间进行导航是单向的(从聚类到它的组成部分),并不是双向的。

4. 建筑物数据组织

建筑物模型是 CityGML 的核心,用于表达建筑物及组成部分、附属部分的空间和专题特征(图 9.23)。AbstractBuilding 类是该模型的枢纽,是 CityObject 类的子类。AbstractBuilding 的派生类有 BuildingPart 类和 Building 类,即在建模时把建筑物的某一部分当作抽象的建筑物对象。另外,一个 Building 对象可以是一个复杂建筑物对象的一部分。

建筑物和地形的集成是三维城市建模的一个重要课题,特别是当考虑不同细节层次的地形数据和建筑物模型数据叠加时。为此引入建筑物和地表面的"交叉曲线"概念,该曲线描述了建筑物和地表面接合的确切位置,为环绕该建筑物的一个闭环。如果某个建筑物包含院子,则该曲线由两个闭环组成。在集成时,把建筑物和地表面进行拖拽,直至其与交叉曲线缝合,确保纹理的正确定位。因不同细节层次的数据精度不同,所以一个建筑物可能在不同细节层次有相应的交叉曲线。

在 LOD2 层次下,已可以清晰分辨建筑物的各个面,如屋顶、墙、地板等。为消除数据冗余,表达它们空间属性的几何面,同时又可以为表达整个建筑物的几何体所引用。建筑物的空缺部分(如窗口)用闭合面表达。一个 LOD2 建筑物的几何形状,可由多个立体聚合体和面聚合体组成。此外,一个 LOD2 建筑物还可能包括烟囱、阳台、天线等,用 BuildingInstallation 表示。CityGML 对这类设施的几何形状类型没有设限,用 ObjectGeometry 类来描述。该类是

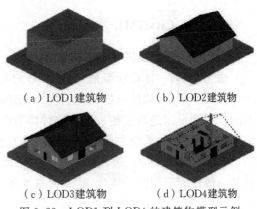

（a）LOD1建筑物　　　　（b）LOD2建筑物

（c）LOD3建筑物　　　　（d）LOD4建筑物

图 9.23　LOD1 到 LOD4 的建筑物模型示例

SolidGeometries(立体聚合体)、CurveGeometries(弧聚合体)、SurfaceGeometries(面聚合体)等聚合类的父类。

在 LOD3 层次下,建筑物的空缺部分用 Opening 类对象来表达,其派生类包括门和窗户等。Opening 类是 CityObject 类的派生类,意味着可以从外部数据集直接引用它的对象实例。

LOD4 对 LOD3 进一步做了补充,添加了对建筑物内部结构的描述,如房间被天花板、内墙、地板等面"包"住。多个房间聚合成房间组合体,房间内放置家具、附属设施等。CityGML 区分二者的准则是前者是房间内可移动的部分,而后者永久性地和房间固定在一起,如楼梯、柱子。在 LOD4 层次下,门在拓扑意义上连接了两个邻接的房间,即表示门的面体在几何意义上是两个房间几何体边界的一部分(图 9.24)。

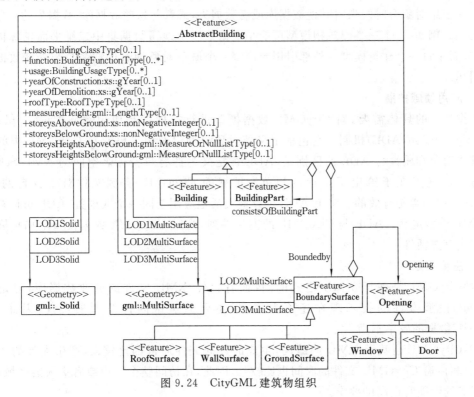

图 9.24　CityGML 建筑物组织

9.3.5　CityGML 基本特点

1．语义、几何及拓扑一体化模型

语义、几何一体化模型是 CityGML 的重要设计之一。在语义方面，真实世界的实体通过一些特征来表示，如建筑物、墙壁、窗户、房间等要素。但是，在空间层次上，物体通过其所在的空间位置和范围进行描述。因此这种模型由两部分组成，即物体的语义和几何。CityGML 的语义、几何一体化模型主要包含了语义和几何两个层次，它们通过关系相互联系。

CityGML 要求点、边、面、体基本体元及聚合体必须满足一些完整性约束，确保几何与拓扑的一致性和模型的一体化，其几何基本体元内部元素必须是相离的，如果两个元素有公共边界，则该边界必须是低维的几何基本体元。这些约束条件消除数据冗余，并确保拓扑关系的清晰性。

2．通用数据模型

三维城市模型有不同的文件格式，主要包括模型文件和纹理文件两种，其数据量普遍都较大。CityGML 是一种开放数据模型，是 GML 3 的一种应用模式，基于 XML 实现虚拟三维城市模型的数据存储与交换。

3．多尺度建模

CityGML 支持对三维城市模型进行不同细节层次的表现。根据不同的应用要求制定独立的数据收集过程时，细节层次是必需的。细节层次的分类使得数据集具有可比性，供应者和用户都可以从不同的细节层次中得到自己想要的粒度、复杂度和准确性。

4．外部引用

一些三维对象有时候来自其他数据库或者数据集，或者与这些数据库、数据集的对象有一定的关系。例如，一个三维建筑物模型可能是根据某一个地籍数据集中二维平面轮廓构建得到的，或者来自一个建筑模型。外部引用允许每一个城市对象拥有任意多个与外部数据集相关的引用。

5．应用领域扩展

依据用户的具体需要，对 CityGML 数据模型进行扩展就是应用领域扩展（application domain extension，ADE）机制。它包括定义新对象模型以及引入已存在 CityGML 类的新属性。基本对象和属性与 ADE 的区别是，ADE 被定义为拥有自身命名空间的 XML Schema。这种方式的优点在于给出了扩展的规范。扩展的 CityGML 实例文件对于各自的 ADE Schema 和引用都是有效的。多个 ADE 可以被灵活地应用于同一个数据集，ADE 可以被多个 CityGML 模型定义。ADE 与 CityGML 的模块并列，为对 CityGML 数据模型增加扩展信息提供了高度灵活性。

6．主要不足

（1）CityGML 是基于 XML 格式的，目前有存储 XML 文件的商业数据库，但是存储 CityGML 模型文件的技术现在还不太成熟，主要通过中间件技术来实现，因此，存取 CityGML 数据的效率不高。

（2）CityGML 是基于 XML 的编码，生成的数据文件通常都比较大，产生大量的数据冗余，生成和传输 CityGML 文件的时间也比较长，因此，在访问整个城市或者更大的区域时，对系统服务的性能有很高的要求。

（3）作为新兴的三维城市对象的通用转换标准，CityGML 目前只是一个面向静态三维空间对象建模的解决方案，不具备表达动态三维空间对象或更新频率比较高的三维建模应用。

思考题

1. 什么是三维空间数据？有什么特征？

2. 采集三维空间数据的方式一般有哪些？各有什么特点？

3. 三维数据模型主要分成哪几类？

4. 分析二维矢量数据模型与三维边界表示模型的特点。

5. 分析面元三维模型与体元三维模型的特点以及各自适应的情况。

6. 从数据管理与查询的角度出发，分析对三维数据库管理的要求。

7. 什么是 CityGML？它的主要用途是什么？

8. CityGML 表示三维空间细节层次有什么特点？

9. CityGML 数据模型有哪几层？各层主要表达三维空间对象的什么特征？

10. 应用 CityGML 时，其主要优势和不足有哪些？

第10章 空间数据管理技术发展趋势

自然界是随时间变化的,地理空间数据库中的数据需要随环境的变化而不断更新。因此,空间数据库需要扩展时间维度,以组织、存储和查询地理实体随时间变化的空间位置或范围。与时间有关的空间数据库包括时空数据库和移动数据库,前者描述的对象通常是形状变化而位置不变,后者描述的对象通常是位置变化而形状不变。

10.1 时空数据库

地理信息系统所描述的现实世界是随时间连续变化的。传统地理信息系统一般不保存历史变化或只保留若干典型时间点的全局状态快照序列,具有较弱的时空语义建模能力,无法提供时态分析功能,常被称为静态地理信息系统(static GIS,SGIS)。当前地理信息系统研究的一个热点是要实现动态空间数据的跟踪和分析,并在此基础上进行预测预报、辅助决策,即在静态地理信息系统的基础上考虑时间变化,将时间作为一个与空间同等重要的因素引入地理信息系统,这便产生了时态地理信息系统(temporal GIS,TGIS)。时态地理信息系统的组织核心是时空数据库,其基础则是时空数据模型。

10.1.1 概 述

在许多应用领域,如环境监测、抢险救灾、交通管理等,相关数据随着时间变化而变化。在管理这些随时间变化的空间数据的过程中,时空数据库应运而生。它是指能支持现实世界中与时间有关的空间数据的存储与操作的数据库。

1. 时空数据的组成

时空数据是对地理实体、地理系统特征、时间变化、空间分布的描述,是对区域分异和区域发展等地面特征的综合,包括空间、属性与时间三个基本要素。时间和空间是运动物质存在的两种基本形式,其中空间刻画了地理实体的空间位置、空间分布与空间相关性,时间刻画了地理实体的存在时间、变化状态、时间相关性。任何地理实体都处在一定的时空坐标系中。地理属性特征偏重对地理实体质量和度量信息的描述;地理空间特征偏重对地理实体在地球表面及附近的空间分布的描述;地理时间特征则偏重对地理实体时间尺度和时态关系的描述。空间由 X、Y、Z 三维来定义,加上时间与属性构成了五维,在 GIS 中并不是每一维都被使用。时空数据的表示方法影响时空数据模型的建立。

时间的结构通常可以分为四种,即线性结构、循环结构、分支结构与多维结构。

(1)线性结构认为时间是一条没有端点、向过去和将来无限延伸的线轴,除了与空间一样具有通用性、连续性和可量测性外,还具有运动的不可逆性(或称单向性)和全序性。

(2)循环结构反映了时间的周期性、稳定性,与时间的线性结构不可分割,相辅相成,形成了现实世界在继承中的发展。

(3)分支结构分为单向和双向分支结构,分别反映了具有不同的历史时间结构和未来时间结构的多个目标现象的时间结构。分支结构可以用来解释事件多种可能变化的现象,每一种变化都将拥有自己的历史和未来,它尤其适合回答条件语义"如果……什么……"。分支结构又有三种情况:第一种情况是时间从过去到现在是线性递增的,但从现在到将来有许多可能,如图 10.1(a)所示;第二种情况是时间从过去到现在有许多种可能,但从现在到将来是单调递增的,即只有一种可能,如图 10.1(b)所示;第三种情况是时间从过去到现在有多种可能,而且从现在到将来也有多种可能,如图 10.1(c)所示。

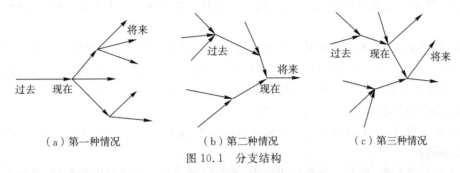

（a）第一种情况　　　　（b）第二种情况　　　　（c）第三种情况

图 10.1　分支结构

（4）多维结构用于处理单一事件或对象历史的多面性,具体到空间数据库中主要是指有效时间(即一个对象在现实世界中发生并保持的那段时间,也称世界时间、数据时间、逻辑时间、事件时间)、数据库时间(即目标数据录入数据库系统的时间,也称事务时间、物理时间、执行时间、系统时间)和用户定义时间(即用户根据需要为目标标注的时间)。

2．时空数据的关系

现实世界中的地理实体存在着普遍联系,时空数据模型不仅要描述单一实体的成分,同时还要描述实体间的关系。这种关系表现为实体间的空间关系、时间关系与语义关系(图 10.2)。空间关系描述实体间在空间方面的关系,如拓扑关系、方向关系与度量关系等;时间关系描述实体间在时间方面的关

图 10.2　地理实体间的关系

系,如时态拓扑关系;语义关系是实体间的属性关系,如组成关系、派生(继承)关系等。

时态信息除了时刻信息和时间区间信息外,还包括时间关系。时间关系主要指时间方向(事件发生的次序不变性)、时间距离和时态拓扑关系(事件发生的同时不变性)。沿着时间维,两个独立的时空对象有十三种时态拓扑关系,包括在……之前(before)、相遇(meet)、交叉(overlap)、同时结束(finished by)、包含(contain)、开始(start)、相等(equal)、同时开始(started by)、在……期间(during)、完成(finish)、被交叉(overlapped by)、被相遇(met by)和在……之后(after)。这种时态拓扑关系与空间拓扑关系存在一定的联系。这是因为时态信息在本质上可以对应于空间上的一个几何体(点、线段),因此时态拓扑关系也可以看成是一种几何拓扑关系。

3．时空数据库的类型

到目前为止,已建立的时空数据库可以分为如下类型。

1）根据处理时间的能力分类

根据处理时间的能力,时空数据库可以分为静态数据库、回滚式数据库、历史数据库和双时序数据库,如表 10.1 所示。

表 10.1　时空数据库基于时间处理的划分

	静态数据库	回滚式数据库	历史数据库	双时序数据库
实际时间	×	×	√	√
系统时间	×	√	×	√

注:×为不支持,√为支持。

(1)静态数据库,或称为快照数据库,仅记录当前数据状态,反映现实中的一个片段,使用插入、删除、替换等数据操作方式。数据更新后,旧数据或变化值不再保留,导致数据库的过去状态丢失。

(2)回滚式数据库,根据事务时间在系统中保存对象的所有过去的数据。所有过去的状态均以时间索引形式存储,因此可以用"回滚"的方式对过去的数据进行检索和分析,并能对数据库中任何数据做更新操作。这种数据库的问题是使用了事务时间而非有效时间,只可对最近进入数据库的内容做更新,效率不高。

(3)历史数据库,根据有效时间在系统中保存对象的所有历史状态,并能对数据库中任何数据做更新操作。

(4)双时序数据库,保存目标的历史时间,有效时间和事务时间都作为参照,还加入了用户定义时间。

2)根据有效时间和事务时间的关系分类

根据时间二维(有效时间和事务时间)关系,时空数据库可分为:①历史数据库,其目标对象的有效时间早于事务时间;②实时数据库,其目标对象的有效时间和事务时间相等(或非常接近);③预测数据库,其目标对象的有效时间晚于事务时间。

3)根据时间结构的分类

根据时间结构,时空数据库可分为线性数据库、分支数据库和循环数据库,它们采用的时间结构分别为线性时间结构、分支时间结构和循环时间结构。

4)根据对象的状态和事件分类

事件的发生和事物状态的改变是人类对时间最直观的感知,因此事件和状态是时空数据库中最重要的一对基本概念。一个对象在其生命周期里有不同的状态,状态可以认为是对象逐渐进化的过程,通常采用时间段表示;事件是对象从一个状态变化到另一个状态的质变过程,通常采用时刻点表示(图 10.3)。根据这对概念,时空数据库有两种类型:①基于状态的数据库,用一个时间段来表示状态的整个过程,它显式表达状态而隐含事件的表达;②基于事件的数据库,用时刻点表示事件的发生或结束,它显式表达事件而隐含状态的表达。

状态1　　　　事件1　　　　状态2　　　　事件2　　　　状态3
图 10.3　事件和状态之间的关系

时态 GIS 的关键问题是建立合适的时间与空间联合的数据模型,目的是能有效地组织和管理地理数据的属性、空间和时间语义,以便重建历史状态、跟踪变化、预测未来。把客观世界中受关注的事物和现象用数据描述出来,是一个建模及把数据按模型组织起来的过程,即定义数据模型的结构与内容的过程。时空数据模型反映了现实世界中空间实体及其相互间的动态联系,为时空数据组织和时空数据库模式设计提供了基本的概念和方法。

10.1.2　时空数据模型

时空数据模型是连接时空环境和计算机世界的桥梁,是一种语义更完整的地理数据模型,不但强调地理实体的空间和属性特征描述,而且相比传统地理数据模型更多地强调实体时间特征的描述。时态地理信息系统的数据模型,即时空数据模型,大都是在静态的 GIS 数据模型的基础上增加时态表达实现的。由于时空环境的复杂性,一种模型难以反映现实世界的所有方面,因而在时态地理信息系统中有多种数据模型并存。

1．时空立体模型

时空立体模型用几何立体表示二维空间沿第三维时间发展变化的过程,以表达现实世界平面位置随时间的演变(图 10.4)。给定一个时间位置值,就可以从三维立体中获得相应截面的状态。该模型将时刻标记在空间坐标点上,存在时间标记本身的冗余存储,随着数据量的增大,对立体的操作会变得越来越复杂。

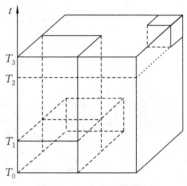

图 10.4　时空立体模型

2．连续快照模型

连续快照模型的基本思想是,将某一时间段内地理现象的变化过程,用一系列时间片段的序列快照保存起来,反映整个空间特征的状态(图 10.5)。连续快照模型的优点是非常直观和简单,容易理解和实现,甚至可以直接在当前的 GIS 中实现。该模型将有效时刻标记在全局空间状态上,但存在不变空间状态数据的大量冗余存储;当模型应用变化频繁且数据量较大时,系统效率急剧下降。此外,连续快照模型不表达单一时空对象的时空变化特征,如分割、合并、复杂变化等。为了获得这些时空变化特征,必须很麻烦地比较不同快照。

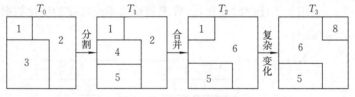

图 10.5　连续快照模型

3．基态修正模型

基态修正模型也称为底图叠加模型,它按事先设定的时间间隔采样,只存储某个时间的数据状态(基态)以及相对于基态的变化量。基态修正模型对每个对象只存储一次,避免了连续快照模型将未发生变化部分的特征进行重复记录(图 10.6)。在基态 T_0 中存储了 1、2 和 3 地块;在 T_1 时刻,3 分割为 4 和 5;在 T_2 时刻,4 发生了变化(消失);在 T_3 时刻,1 消失及 8 产生。

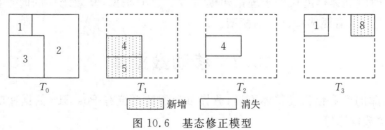

图 10.6　基态修正模型

4. 时空复合模型

时空复合模型将空间分割成具有相同时空过程的最大的公共时空单元,每次时空对象的变化都将在整个空间内产生一个新的对象。以土地城市化为例,城区在 T_2 时刻建设,经过 T_3、T_4 时刻,城区规模不断扩大,农村范围不断缩小,如图 10.7(a)所示。时空复合模型将时限内不同时间的空间状态人为地叠加在一起,碎分地理实体的空间状态,形成若干公共时空单元,如图 10.7(b)所示。例如,地块 1 从 T_1 时刻到 T_4 时刻不变,而地块 2 在 T_2 时刻变为城区并持续到 T_4 时刻。

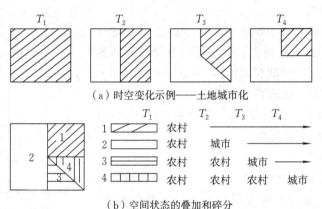

(a) 时空变化示例——土地城市化

(b) 空间状态的叠加和碎分

图 10.7　时空复合模型(阴影为农村用地,白色为城市用地)

5. 基于事件的时空数据模型

1995 年 Peuquet 提出了基于事件的时空数据模型,显式存储事件(状态变化)序列。如图 10.8 所示,基态 M_0 表示开始的状态,T_i 为时刻,C_i 为 T_i 所发生的变化,事件序列是变化的序列,该模型把所有的变化按照事件序列进行存储,每次变化按照升序从基态 T_0 开始进行存储。模型顾及了时间语义,适用于不连续的变化,但管理和检索不同粒度的变化数据很困难。

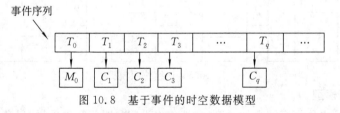

图 10.8　基于事件的时空数据模型

上述时空数据模型各具优缺点。连续快照模型可以很好地存储历史数据,但难以做出基于时间的分析。基态修正模型很容易在当前的 GIS 上实现,但对于时间的分析也比较困难。时空复合模型中包含了时态分析所必需的拓扑,是一种比较理想的数据结构,但难以在现有的 GIS 上实现。时空立体模型仅处于理论建模阶段。总的来说,高效统一的时空数据模型尚未建立,在具体应用时需要选择合适的模型。

10.2　移动数据库

移动数据库的商业化程度整体不高,业界可应用的系统有 PostGIS 数据库的 temporal 模块、Ganos 时空数据库等。

10.2.1　概　述

1. 移动对象

移动对象是指随时间的变化位置也在不断变化的物体,其特点是在任意时刻都同时具有时间和空间特性。按照对象的空间特性,通常可以分为两大类:①移动点对象,如各种行驶的车辆、飞机、轮船、移动手机用户、掌上电脑以及具有无线通信功能的笔记本电脑等;②移动区域对象,如运动的云层、迁徙的种群、风暴、沙漠、植被区域、油田、森林火灾、流行疾病传播的区域等。移动对象具有如下特点:

(1)移动对象信息内容具有多样性和复杂性。除了它自身的属性信息及不断变化的位置信息外,它还与周边的地理环境信息(如街区、道路、商业点、居民住宅区、旅游点等)密切相关。移动对象数量大,数据覆盖面广,语义及拓扑关系复杂。

(2)移动对象具有随机性和规律性。例如,出租车根据乘客的需要到达指定的地点,因为不同乘客要去的地方不同,所以出租车司机不知道自己的车下一站要去哪里;而公共汽车则不同,它有固定的线路和运行的时间表。另外,出租车司机虽然不能确切知道下一步要去哪里,但根据交通需求的特点,一段时间(如数周、数月)内出租车的行驶轨迹可能存在某种程度的规律性,这也是交通预测和规划等的重要依据。

(3)移动对象具有静态性和动态性。任何移动对象都有起点和终点,且具有静止和运动两种基本的状态。用户关心其静止的状态,如车辆停车的原因、是否出现拥堵或出现故障等;也关心其运动的状态,如运动的速度、方向和行驶轨迹等。用户不仅需要知道某移动对象在当前时间及过去某一时间段内的运动轨迹,还需要知道在将要到来的某一时间段内的运动趋势。

(4)移动对象具有不精确性和不确定性。受采集设备精度的限制,移动对象存储的位置信息在空间上与实际的位置会存在一定的偏差。受传输的时延性等影响,移动对象存储的位置信息与实际位置在时间上总有滞后性。受移动对象运动的连续性以及基于一定时间间隔的位置采样的影响,两个样本点之间的时空位置具有不确定性。时空不确定性可分为空间不确定性(如对象空间位置的不确定性和对象边界的模糊性)、时间不确定性(事件发生时间的不确定性)和时空关系不确定性(时空对象随时间变化的位置运动轨迹和形状变化趋势的不确定性)。

(5)移动对象的查询结果与用户查询的时间、所在位置有关。

2. 移动对象的管理环境

移动对象数据产生于移动计算的环境,它相较于基于固定网络的传统分布计算环境具有其自身的一些特点。

(1)移动性。在移动计算环境中,最突出的特征是设备的移动性。一个移动设备可以在不同的地方连通网络,而且在移动的同时也可以保持网络连接。这种计算平台的移动性可能导致系统访问布局的变化和资源的移动。

(2)频繁间断性。移动设备在移动过程中,受使用方式、电源、无线通信费用、网络条件等因素的限制,一般不采用持续联网的工作方式,而是主动或被动地间歇性入网、断接。

(3)网络条件多样性。移动计算机的移动性使得不同时间可用的网络条件(如网络带宽、通信代价、网络延迟以及服务质量等)一般是变化的。

(4)无线连接的低带宽。与固定网络相比,无线连接的带宽要小很多。

(5)网络通信的非对称性。受物理通信媒介的限制,一般的无线网络通信都是非对称的,表现在固定服务器节点可以拥有强大的发送设备。移动设备的发送能力非常有限,于是下行链路(服务器到移动设备)的通信带宽和代价与上行链路(移动设备到服务器)相差很大。

(6)低可靠性。无线网络与固定网络相比,可靠性较低,容易受到干扰而出现网络故障。

3. 移动对象的数据

移动对象的数据具有空间数据的特点,不同的是空间数据是静止的而移动对象数据是随时间不断变化的。因此,在分析移动对象数据时应考虑其时间属性和空间属性的特点:①时间信息的变化总是单调递增的;②移动数据库与时空数据库一样,需要支持有效时间和事务时间;③空间对象变化的频率决定了数据库表示移动对象数据的方式,包括离散型和连续型两种;④不可排序性,多维空间中的移动对象数据无法建立一个可以反映其邻近性的排序;⑤相关性,移动对象之间往往存在一定的时空相关性;⑥数据复杂性,移动对象的空间分布往往不总是均匀的,大小也可以是多种多样的,所以移动对象在计算机中的表示比较复杂。由于移动对象不断地运动,因此它的空间位置的判定也比较复杂。

4. 移动数据库

移动数据库是时空数据库的特例,是对移动对象的位置和其他相关信息描述、存储和处理的一种时空数据库系统。随着无线通信和全球定位技术的发展,移动对象轨迹的概念变得越来越重要,这些发展和变化使管理空间移动对象动态信息成为可能。由于移动数据库系统通常应用在诸如掌上电脑、车载设备、移动电话等嵌入式设备中,因此,又称为嵌入式移动数据库系统。

移动数据库是能够支持移动式计算环境的数据库,其数据在物理上分散而在逻辑上集中。它涉及数据库技术、分布式计算技术、移动通信技术等多个学科。与传统数据库相比,移动数据库具有移动性、位置相关性、频繁间断性、网络通信的非对称性等特征。尽管传统数据库技术为移动对象的管理提供了基础,但要在数据库中表示移动对象的信息还需要考虑移动对象所独有的特性,即移动性。在移动数据库服务器的设计中,移动对象轨迹模型的建立、移动对象轨迹的存储更新以及涉及这些轨迹的查询等问题是非常重要的。

移动数据库是对移动对象的位置及其相关信息进行表示和管理,并对移动对象的现在、过去进行查询和对未来进行预测的数据库。其基本功能包括两个方面:①对移动对象数据的存储;②对移动对象数据查询的支持。

一个理想的移动数据库系统要做到有效地支持移动计算环境中的各种数据应用,满足人们能在任意地点、任意时刻访问任意数据的需求。应当实现四个目标:①可用性与可伸缩性,在保证系统稳定性的同时,提供高可用性,并且移动客户数不受限制,能满足大规模移动用户的同时接入;②移动性,允许移动计算机在与网络断接的情况下访问和更新数据库;③可串性,支持满足可串性的并发事务执行;④收敛性,使系统总能收敛于一致状态,避免出现混乱。

移动数据库基本上由三种类型的主机组成,包括移动主机、移动支持站点和固定主机,如图 10.9 所示。

固定主机就是通常含义上的计算机,它们之间通过高速固定网络进行连接,不能对移动主机进行管理。移动支持站点具有无线通信接口,可以和移动主机进行数据通信。移动支持站点和固定主机之间的通信是通过固定网络进行的。一个移动支持站点能与其覆盖地区内的移动主机通过无线通信网络进行通信,完成信息数据的检索。

图 10.9　移动数据库的基本体系结构

10.2.2　移动数据模型

1. 移动对象的数据建模

移动对象数据模型可以分为抽象数据模型和离散数据模型。抽象数据模型以无限集为基础,不必担心是否存在这些集合的有限表示。一个二维移动点可以看成三维空间中一条连续的曲线,二维运动区域是一个连续的运动曲面。它们实际上是从无限的时间域到无限的空间域的任意映射,如图 10.10 所示。

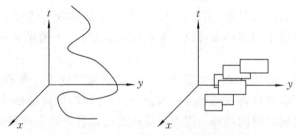

图 10.10　二维移动空间对象抽象表示

这些映射函数的定义域和值域都是无限集。例如,飞机的飞行轨迹是连续的,不论是否能为该轨迹找到一个有限的表示,任意时刻总存在一个值代表飞机的移动位置。抽象模型的问题是其无法在计算机内实现,这是因为只有有限的、合理大小的集合才可以存储在计算机中。离散模型实际上是对无限模型的一种有限表示,是一种近似。例如,二维移动对象的近似可以是三维空间中的一条多拐点的折线,一个移动区域的近似可以是一个多面体的集合,如图 10.11 所示。

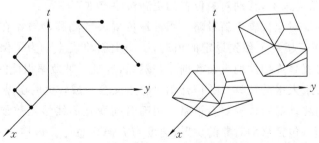

图 10.11　二维移动点和移动区域的离散表示

二维移动点的位置建模可以归结为三类:①基于点的建模方法,将移动对象的位置建模为时间的常量函数,即固定的位置点,通常只包含移动对象位置信息;②基于矢量的建模方法,将移动对象的位置建模为随时间变化的线性函数,包含移动对象运动的位置、速度与方向信息;③基于路段的建模方法,将移动对象的位置建模为移动对象匀速运动的路径,除了移动对象运动的位置、速度与方向信息外还有路段的信息。

2. 移动对象的数据存储

移动对象的数据存储是空间数据存储领域的一个突出问题。移动对象的属性用于描述移动对象特有的性质,可以分为静态属性和动态属性。以车辆对象为例,静态属性主要指对象ID、型号、所有者等,可以采用普通的数据库表示方法进行管理;动态属性主要指移动对象的位置、速度、方向、时间、所在区域与状态等,其最大的特点在于其值是连续动态变化的。移动对象的数据存储主要有以下三类:

(1)空间位置点存储。使用关系数据库将移动对象在移动过程中采样的每个位置信息依次存储起来,包括 X 和 Y 坐标、运动方向、速度和时间信息等。对原始数据进行存储,优点是灵活性好,可满足多种需要;缺点是如果移动对象数量很大,如一个城市的所有出租车,系统需存储的数据量就很大。

(2)移动函数存储。通过构造移动对象的移动函数来表示对象的移动轨迹。移动函数采用一般的函数方法,在有效的时间内推算出对象的位置和相应的移动类型。移动参数表示了移动函数所描述的移动物体的移动特性,如移动对象的开始位置、移动的速度和方向。其特点是,对于移动比较规律的移动对象,如飞机、船只,只需存储比较少的移动参数就能满足历史轨迹查询的需要,同时也便于预测移动对象未来的位置;但对于不遵循移动规律的移动对象,移动函数存储将会失效。

(3)移动轨迹存储。移动对象各个空间位置点的数据组成了一条移动轨迹。为了分析移动轨迹各时间段的情况,可以将移动轨迹分成很多段,分段的依据是移动对象方向的改变或状态的变化,也可以是确定的时间间隔。因为移动轨迹能比较好地反映移动对象的移动轨迹,所以常作为移动对象查询等的基本单位,且移动轨迹存储的数据量要比空间位置点存储的数据量小,可节省很大的存储空间,将有利于系统性能的提高。

3. 移动对象的数据更新

有效减小移动对象位置存储的更新频率,能提高通信效率与提供精确的位置服务。更新开销主要有:①通信开销,由于通信网络带宽的限制,移动对象频繁地更新可能增加网络开销;②服务器端开销,传统数据库管理系统难以对大量频繁更新提供支持,并付出巨大的额外开销;③客户端开销,由于通信网络带宽的限制,移动对象客户端必须支出执行复杂计算的开销。从移动对象建模的角度来看,移动对象位置的更新策略有如下三种:

(1)基于点的移动对象位置更新策略。用常量位置去预测移动对象在未来某一时刻的位置,当它的当前位置值超过了预先设定的值时,一个更新将发生。为了保持位置信息的有效性,一种简单的方法就是周期性地更新数据库。然而,这是一种效率很低的方法。如果周期选择过短,会给系统带来大量的计算及通信开销;反之,又会造成较大的误差。

(2)基于矢量的移动对象位置更新策略。用随时间变化的线性函数预测移动对象在未来某一时刻的位置信息,包括移动对象的位置、速度与方向信息等。这样一来,移动对象就不再需要周期性地向服务器报告自己的当前位置,而只有当实际位置与计算位置的偏差达到一定的阈值时,才需要发出位置更新请求并对数据库进行更新。这种方法极大地降低了数据库的计算及通信代价,目前已经成为移动数据库研究领域中位置建模的主要方法之一。

（3）基于路段的移动对象位置更新策略。按照移动对象的速度与所在路段的形状预测移动对象在未来某一时刻的位置。假定移动对象在受约束（受限）的道路网络上做匀速运动，当移动对象运动到路的终点时将会改变运动方向或路段，这时移动对象的实际位置将偏离预测的位置，移动对象将向服务器发出更新请求。当服务器接到请求时，它应用地图匹配原则定位移动对象的运动路段，然后将其发送到移动对象客户端。当移动对象不能被安置于新的路段时，服务器将转向基于矢量的移动对象位置更新策略。

综上所述，基于点的更新策略实现比较简单，适用于运动方向不可预知的移动对象，如行人；基于矢量的更新策略适用于直线运动的移动对象，并且没有可靠的交通网络信息，如汽车、飞机；基于路段的更新策略适用于在已知交通网上运动的移动对象。

思考题

1. 什么是时空数据库？
2. 时空数据的基本组成是什么？
3. 时空数据模型的基本概念？
4. 基本的时空数据模型有哪些？
5. 移动对象具有哪些特点？
6. 什么是移动数据库？

参考文献

包剑,2004. 面向移动环境的时空数据挖掘研究[D]. 阜新:辽宁工程技术大学.

崔铁军,2010. 地理空间数据库原理[M]. 北京:科学出版社.

杜道生,2003. 地理信息标准化的最新进展[J]. 地球信息科学学报,5(2):74-78.

方裕,楚放,2001. 空间查询优化[J]. 中国图象图形学报(4):2-9.

龚健雅,杜道生,高文秀,等,2009. 地理信息共享技术与标准[M]. 北京:科学出版社.

郭平,陈海珠,2004. 空间查询代价模型[J]. 计算机科学(12):65-67.

郭薇,郭菁,胡志勇,2006. 空间数据库索引技术[M]. 上海:上海交通大学出版社.

郝忠孝,2012. 移动对象数据库理论基础[M]. 北京:科学出版社.

何建邦,闾国年,等,2003. 地理信息共享的原理与方法[M]. 北京:科学出版社.

胡鹏,黄杏元,华一新,2002. 地理信息系统教程[M]. 武汉:武汉大学出版社.

华一新,赵军喜,张毅,2012. 地理信息系统原理[M]. 北京:科学出版社.

黄杏元,马劲松,2012. 地理信息系统概论[M]. 北京:高等教育出版社.

李清泉,李德仁,1998. 三维空间数据模型集成的概念框架研究[J].测绘学报,27(4):325-330.

齐庆超,2008. TGIS 时空数据模型研究[D].长沙:中南大学.

邱建华,2004. 空间数据库索引技术研究[D]. 武汉:武汉大学.

萨师煊,王珊,2000. 数据库系统概论[M]. 北京:高等教育出版社.

石潇,张红日,牛兴丽,2007. 空间数据模型与查询处理[J]. 计算机与数字工程(12):79-81.

苏旭芳,2012. 基于 ArcSDE 的北部湾经济区空间数据库设计与实现[D]. 桂林:广西师范大学.

汤国安,刘学军,闾国年,等,2011. 地理信息系统教程[M]. 北京:高等教育出版社.

万幼,2008. K 邻近空间关系下的离群点检测和关联模式挖掘研究[D]. 武汉:武汉大学.

邬伦,刘瑜,张晶,等,2013. 地理信息系统:原理、方法和应用[M]. 北京:科学出版社.

毋河海,1991. 地图数据库[M]. 北京:测绘出版社.

吴昊,2013. 空间数据库索引技术与应用研究[D].南京:南京邮电大学.

吴信才,2012. 空间数据库[M]. 北京:科学出版社.

尹章才,李霖,2013. Web 2.0 地图学[M]. 北京:科学出版社.

张海军,李仁杰,傅学庆,等,2013. 地理信息系统原理与实践[M]. 北京:科学出版社.

张新长,马林兵,张青年,2010. 地理信息系统数据库[M]. 北京:科学出版社.

邹森忠,2013. 空间数据共享平台的数据交换与检索及应用模型研究[D]. 武汉:中国地质大学.

FOLEY J D,DAM A V, FEINER S K, HUGHES J F, 1995. Computer graphics:principles and practice in C
　　[M]. Boston:Addison-Wesley Professional.

GRÖGER G, PLÜMER L,2012. CityGML-Interoperable semantic 3D city models[J]. ISPRS journal of
　　photogrammetry and remote sensing,71:12-33.

HAN J W, KAMBER M, PEI J,2012. 数据挖掘概念与技术[M]. 范明,孟小峰,译. 北京:机械工业出版社.

INMON W H, 2006. 数据仓库[M]. 王志海,译. 北京:机械工业出版社.

LANGRAN G, 1992. Time in geographic information system[J]. Taylor & Francis,7(2):334-347.

OGC city geography markup language (CityGML) encoding standard:version 2.0 [EB/OL]. (2012-04-04)
　　[2022-03-09]. https://www.ogc.org/standards/citygml.

PEUQUET D J, DUAN N,1995. An event-based spatiotemporal data model (ESTDM) for temporal analysis
　　of geographical data[J]. International Journal of GIS,9(1):7-24.

SHEKHAR S,CHAWLA S,2004. 空间数据库[M]. 谢昆青,马修军,杨冬青,等,译. 北京:机械工业出版社.

YEUNG K W,HALL G B,2013. 空间数据库系统设计、实施和项目管理[M]. 孙鹏,曾涛,朱效民,等,译. 北京:国防工业出版社.

ZLATANOVA S,2000. 3D GIS for urban development[D]. Graz:Graz University of Technology.